“大数据应用开发（Java）”1+X 职业技能等级证书配套教材
蓝桥学院“Java 全栈工程师”培养项目配套教材

软件测试技术

国信蓝桥教育科技（北京）股份有限公司　组编
董　　　龄　　　编著

電子工業出版社
Publishing House of Electronics Industry
北京·BEIJING

内 容 简 介

本书是“大数据应用开发（Java）”1+X 职业技能等级证书配套教材，同时也是蓝桥学院“Java 全栈工程师”培养项目配套教材。全书共 10 章，以软件测试概念和流程为基础，以易用性测试和 Web 测试知识为补充，系统介绍软件测试计划、软件测试用例、软件缺陷和软件测试报告以及缺陷管理工具的使用，重点突出软件测试用例的 8 种设计方法及软件缺陷的编写方法。本书内容丰富实用，语言通俗易懂，章节设计合理，配套资源丰富，从零基础开始讲解，尽可能降低初学者的学习门槛。

本书直接服务于“大数据应用开发（Java）”1+X 职业技能等级证书工作，可作为职业院校、应用型本科院校的计算机应用技术、软件技术、软件工程、网络工程和大数据应用技术等计算机相关专业的教材，也可供从事计算机相关工作的技术人员参考。

图书在版编目（CIP）数据

软件测试技术 / 国信蓝桥教育科技（北京）股份有限公司组编；董昤编著. —北京：电子工业出版社，2020.12
ISBN 978-7-121-40018-6

Ⅰ. ①软… Ⅱ. ①国… ②董… Ⅲ. ①软件－测试－职业技能－鉴定－教材 Ⅳ. ①TP311.55

中国版本图书馆 CIP 数据核字（2020）第 234114 号

责任编辑：程超群
印　　刷：三河市华成印务有限公司
装　　订：三河市华成印务有限公司
出版发行：电子工业出版社
北京市海淀区万寿路 173 信箱　邮编：100036
开　　本：787×1 092　1/16　印张：14.5　字数：371 千字
版　　次：2020 年 12 月第 1 版
印　　次：2020 年 12 月第 1 次印刷
定　　价：49.00 元

凡所购买电子工业出版社图书有缺损问题，请向购买书店调换。若书店售缺，请与本社发行部联系，联系及邮购电话：（010）88254888，88258888。

质量投诉请发邮件至 zlts@phei.com.cn，盗版侵权举报请发邮件至 dbqq@phei.com.cn。

本书咨询联系方式：（010）88254577，ccq@phei.com.cn。

序

国务院 2019 年 1 月印发的《国家职业教育改革实施方案》明确提出，从 2019 年开始，在职业院校、应用型本科高校启动“学历证书+若干职业技能等级证书”制度试点（即“1+X”证书制度试点）工作。职业技能等级证书，是职业技能水平的凭证，反映职业活动和个人职业生涯发展所需要的综合能力。

“1+X”证书制度的实施，有赖于教育行政主管部门、行业企业、培训评价组织和职业院校等多方力量的整合。培训评价组织是其中不可忽视的重要参与者，是职业技能等级证书及标准建设的主体，对证书质量、声誉负总责，主要职责包括标准开发、教材和学习资源开发、考核站点建设、考核颁证等，并协助试点院校实施证书培训。

截至 2020 年 9 月，教育部分三批共遴选了 73 家培训评价组织，国信蓝桥教育科技（北京）股份有限公司（下称“国信蓝桥”）便是其中一家。国信蓝桥在信息技术领域和人才培养领域具有丰富的经验，其运营的“蓝桥杯”大赛已成为国内领先、国际知名的 IT 赛事，其蓝桥学院已为 IT 行业输送了数以万计的优秀工程师，其在线学习平台深受院校师生和 IT 人士的喜爱。

国信蓝桥在广泛调研企事业用人单位需求的基础上，在教育部相关部门指导下制定了“1+X”《大数据应用开发（Java）职业技能等级标准》。该标准面向信息技术领域、大数据公司、互联网公司、软件开发公司、软件运维公司、软件营销公司等 IT 类公司、企事业单位的信息管理与服务部门，面向大数据应用系统开发、大数据应用平台建设、大数据应用程序性能优化、海量数据管理、大数据应用产品测试、技术支持与服务等岗位，规定了工作领域、工作任务及职业技能要求。

本丛书直接服务于职业技能等级标准下的技能培养和证书考取需要，包括 7 本教材：

- 《Java 程序设计基础教程》
- 《Java 程序设计高级教程》
- 《软件测试技术》
- 《数据库技术应用》
- 《Java Web 应用开发》
- 《Java 开源框架企业级应用》
- 《大数据技术应用》

目前，开展“1+X”试点、推进书证融通已成为院校特别是“双高”院校人才培养模式改革的重点。所谓书证融通，就是将“X”证书的要求融入学历证书这个“1”里面去，换言之，在人才培养方案的设计和实施中应包含对接“X”证书的课程。因此，选取本丛书的全部或部分作为专业课程教材，将有助于夯实学生基础，无缝对接“X”证书的考取和职业技能的提升。

为使教学活动更有效率，在线上、线下深度融合教学理念指引下，编委会为本丛书配备了丰富的线上学习资源。资源访问地址为 https://www.lanqiao.cn/oneplusx/。

最后，感谢教育部、行业企业及院校的大力支持！感谢丛书编委会全体同人的辛苦付出！感谢为本丛书出版付出努力的所有人！

郑　未
2020 年 12 月

丛书编委会

前　言

软件系统越来越成为生活中不可或缺的一部分，广泛应用于各个领域。然而，很多人都有过这样的经历：软件并没有按照预期的那样进行工作。软件的不正确执行可能导致许多问题，包括资金、时间和商业信誉等方面的损失，甚至可能导致人员的伤亡。通过有效的软件测试可以使这种风险大为降低，所以，软件测试作为一种提高软件质量的有效手段越来越受到重视。因此，软件测试职业发展前景向好，软件测试人才在国内也越来越受到欢迎。

但由于我国软件企业对软件测试技术的认知较晚，导致目前国内软件测试人才缺口巨大，并且仍在以较高的速度增加。中国软件行业每年新增大量的测试岗位，而企业、学校培养出来的软件测试人才仍无法满足需求，所以需求与供给间的差距仍在进一步拉大。从事软件测试职业，门槛相对较低，而薪酬相对较高。在这种形势下，计算机相关专业学生对于软件测试知识的学习与应用显得尤为重要，而一本优秀的软件测试教材对于学习者来说则是必不可少的。

本书是“大数据应用开发（Java）”1+X 职业技能等级证书配套教材，同时也是蓝桥学院“Java 全栈工程师”培养项目配套教材，主要介绍软件测试的入门知识。为了帮助读者切实地掌握书中讲解的内容，蓝桥学院搭建并部署了蓝桥云平台，在云平台上提供了配套的实验环境、图文教程和视频课程，书中涉及的所有案例都可以在蓝桥云平台上模拟实现。本书编写团队依据“大数据应用开发（Java）”1+X 职业技能等级标准制定了本书大纲，并将多年软件测试教学经验和教学实践成果融入本书的编写，在内容分布上充分考虑理论与实践相结合的原则。

本书共 10 章，具体安排如下：

第 1 章软件测试概述，介绍软件测试的概念、目的、重要性、与 SQA 的区别，软件测试技术的分类，以及常见的软件测试工具。

第 2 章软件测试流程和过程模型，概括介绍软件测试流程，几个常见的软件测试过程模型，以及软件测试的原则。

第 3 章软件测试计划，介绍软件测试需求、软件测试计划的概念和具体内容。

第 4 章软件测试用例概述，介绍测试用例的概念、测试用例的设计过程、测试点的获取、模板、优先级和设计原则，以及测试用例的维护。

第 5 章高效设计测试用例，重点介绍测试用例的 8 种黑盒设计方法，包括等价类划分法、边界值分析法、判定表法、因果图法、正交实验法、场景法、大纲法、错误推测法，以及各种设计方法的综合运用策略。

第 6 章软件缺陷报告，重点介绍软件缺陷的定义和产生原因，软件缺陷的内容和书写准则，缺陷的处理流程，以及缺陷管理工具 BugFree 的使用。

第 7 章软件测试报告，介绍软件测试结束的标准，软件测试报告的内容，并补充介绍质量管理体系 ISO 9000 和 CMM，以及几个软件测试的前沿技术领域，如敏捷测试方法、测试驱动开发 TDD、大数据和云计算。

第 8 章易用性测试，详细介绍安装易用性测试、功能易用性测试、界面易用性测试以及辅助选项易用性测试的内容。

第 9 章 Web 测试，介绍 Web 测试的主要测试点，如页面内容的测试、功能测试、性能测试、安全性测试、图形用户界面测试、配置和兼容性测试、数据库测试、接口测试等。

第 10 章软件测试人员的职业素养，主要介绍软件测试人员的软技能，如软件测试人员的必备技能、职业素养、应遵守的道德规范和团队协作，软件测试部门组织架构和考核方式以及职业发展，还补充介绍软件技术支持，包括售前技术支持和售后技术支持。

本书以就业为导向，内容丰富实用，语言通俗易懂。同时，在易用性上做了充分考虑，从零基础开始讲解，尽可能降低初学者的学习门槛。本书章节设计合理，在每章开头都设计了学习引导，各节内容为理论和实践的结合，在知识点介绍后紧跟大量的实际操作案例，在每章的末尾对常见的知识点再次重点强调，并通过练习帮助读者巩固相关知识。

本书配套资源丰富，在蓝桥在线学习平台（www.lanqiao.cn/oneplusx/）上汇集了微课及实验等多种学习资源。

本书编者为蓝桥学院教研组资深教研员，拥有丰富的软件测试项目实战经验及测试管理经验，同时拥有多年一线讲师授课经验。感谢丛书编委会各位专家、学者的帮助和指导；感谢蓝桥学院郑未院长逐字逐句的审核和批注以及在写作方面给予的指导；感谢蓝桥学院各位同事的大力支持和帮助。另外，本书参考和借鉴了一些专著、教材、论文、报告和网络上的成果、素材、结论或图文，在此向原创作者一并表示衷心的感谢。

期望本书的出版发行，能够为相关专业的学生和从业人员了解软件测试的基础知识起到快速入门的作用，希望读者都可以顺利取得 1+X 证书，入职理想的企业。

由于时间仓促，加之编者水平有限，疏漏和不足之处在所难免，恳请广大读者和社会各界朋友批评指正！

编者联系邮箱：x@lanqiao.org

编　者

目　录

第1章 软件测试概述

本章简介

软件测试是软件工程的一个环节，是伴随软件工程的诞生而诞生的，其目的是让软件变得更加完善。随着软件复杂程度的增加、软件规模的扩大，软件测试作为一种能够保证软件质量的有效手段，越来越受到人们的重视。

本章主要介绍软件测试的概念、目的、重要性及其在软件工程中的地位，以及软件测试的技术分类和常见的软件测试工具，让学生对软件测试有一个宏观了解，培养软件测试的基本思维。

1.1 软件测试简介

1.1.1 软件测试的概念

在早期的软件开发中，测试的含义比较狭隘，将测试等同于调试，用于纠正软件中已知的故障，常常由开发人员自己完成这项工作；对于测试的投入极少，测试介入也较晚，常常是等软件产品已基本开发完成时才开始进行测试，这种情况至今依然存在。

由于早期的软件代码行数很少，程序员可以独立进行开发、调试，直至最后的发布使用。然而，随着大规模商业软件的出现，程序规模爆炸式地增长，程序代码行数增加至千万数量级。随着软件的复杂度不断增加，开发的难度也越来越大，为了保证程序的正确性和可靠性，要在程序的技术内涵和用户特定领域的需求之间找一个平衡点，必须提升软件测试的专业化程度，并将软件测试岗位视为一个专门的工种。

IEEE 对测试的定义：使用人工或自动手段来运行或测定某个系统的过程，其目的在于检验它是否满足规定的需求或弄清楚预期结果与实际结果之间的差别。

以上概念定义于 1983 年，但无法让我们了解软件测试的全貌。为了弄清楚软件测试的概念，先来了解一下什么是软件。

软件是计算机系统中与硬件相互依存的一部分，包括程序、数据及其相关文档的完整集合。其中，程序是按事先设计的功能和性能要求执行的指令序列；数据是使程序能正常操作

信息的数据结构；文档是与程序开发、维护和使用有关的图文材料。

软件中不同的组成部分对应不同的测试工作，所以有人对软件测试进行了新的定义：

> 软件测试：依据规范的软件检测过程和检测方法，按照测试计划和测试需求对被检测软件的文档、程序和数据进行测试的技术活动。

因此，软件测试工作不仅是程序测试，还包括数据和文档测试。

随着软件产业的发展，软件测试技术及其概念也在“与时俱进”。为了能更好地理解软件测试概念的发展与沿袭，以下罗列一些不同时期关于测试的定义：

✧ 确信程序做了它应该做的事（Hetzel，1973）。
✧ 为找出错误而运行程序或系统的过程（Myers，1979）。
✧ 查出规格说明中的错误，以及与规格说明不符的地方。
✧ 一切以评价程序或系统的属性、能力为目的的活动（Hetzel，1983）。
✧ 对软件质量的度量（Hetzel，1983）。
✧ 评价程序或系统的过程。
✧ 验证系统满足需求，或确定实际结果与预期结果之间的区别。
✧ 确认程序正确实现了所要求的功能。
✧ 测试是与软件开发或维护工作并行进行的一个过程。
✧ 是在用户需求和开发技术之间找一个平衡点。

1.1.2 软件测试的目的

> **GB/T 15532—2008 中计算机软件的测试目的：**
> ✧ 验证软件是否满足软件开发合同或项目开发计划、系统/子系统设计文档、软件需求规格说明、软件设计说明和软件产品说明等规定的软件质量要求；
> ✧ 通过测试，发现软件缺陷；
> ✧ 为软件产品的质量测量和评价提供依据。

实际上，不同的测试阶段，需要考虑不同的测试目标。比如，在开发阶段中，如单元测试、集成测试和系统测试等的主要目标是识别和修正尽可能多的缺陷；在验收测试中，测试的主要目标是确认系统是否按照预期工作，建立满足用户需求的信心。

通常情况下，软件测试至少要达到下列目标：

（1）确保产品完成了它所承诺或公布的功能。

开发出的软件所有功能应该达到书面说明需求。当然书面文档的不健全甚至不正确将会导致测试效率低下、测试目标不明确和测试范围不充分，进而导致最终测试的作用得不到充分发挥、测试效果不理想。因此，具体问题一定要具体分析，一个好的测试工程师应该尽量弥补文档不足所带来的缺陷。

（2）确保产品满足性能和效率的要求。

现在的用户对软件性能方面的要求越来越高，系统运行效率低或用户界面不友好、用户操作不方便的产品市场空间肯定会越来越小。因此，通过测试改善产品性能和效率也是软件测试工作的一个目标。实际上用户最关心的不是软件的技术有多先进、功能有多强大，而是能从这些技术、这些功能中得到多少好处。

（3）确保产品是健壮的、适应用户环境的。

健壮性即稳定性，是产品质量的基本要求，尤其对于一款用于事务关键或时间关键的工作环境中的软件。软件只有稳定地运行，才不会中断用户的工作。因此，通过健壮性测试确保产品的稳定性也是软件测试工作的一个目标。

1.1.3　软件测试的重要性

第一，软件测试可以减少因为软件的不正确执行而导致的资金、时间和商业信誉损失，甚至能减少人员伤亡风险。

人类历史上真正意识到软件缺陷的危害是通过一起医疗事故。20世纪80年代，加拿大的一个公司生产了一种用于治疗癌症的放射性治疗仪，当时在加拿大和美国共使用了11台这样的放射性治疗仪，结果造成了6例病人很快死亡，原因是放射性治疗仪的软件存在缺陷。

接下来再看看不完整的软件测试带来的其他教训：

2006年，英国伦敦希思罗机场航站楼因应用软件缺陷导致行李处理系统故障，积压行李达万件；

2008年，奥运票务系统因无法承受每小时800万次的流量而宕机；

2010年，世界杯足球赛期间，Twitter多次大规模的宕机事件让用户无法忍受；

2010年，国内某银行核心业务系统发生故障，导致该银行包括柜台、网银、ATM机在内的所有渠道的业务停滞4.5小时；

2016年，雅虎遭遇两轮重大数据泄露事故，9月的第一轮影响超过5亿雅虎用户账户，而12月则导致约10亿用户账户信息泄露。

通过这些例子可以看出软件缺陷导致的严重后果，而严格的软件测试可以使这种风险降低，保障软件质量，从而保障人们的生命财产安全。

第二，软件测试可以降低软件开发成本，强化项目进度和质量上的控制。有调查显示，通过必要的测试，软件缺陷可以减少75%，而软件的投资回报率则可增长到350%。在软件测试上投入更多成本，会降低软件项目的整体成本和风险。

第三，软件测试的发展推动了软件工程的发展。通过分析在若干项目中发现的缺陷和引起缺陷的根本原因，就可以改进软件开发过程；过程的改进又可以预防相同的缺陷再次发生，从而提高以后系统的质量。

所以，软件测试在软件工程中是不可或缺的。

1.1.4　软件质量保证和软件测试的区别

软件测试是软件质量保证（Software Quality Assurance，SQA）的一部分，有助于提高软件的质量，但不是软件质量保证的全部。测试与质量的关系很像在考试中“检查”与“成绩”的关系。学习好的学生，在考试时通过认真检查能减少因疏忽而造成的答题错误，从而“提高”考试成绩（取得本来就该得的好成绩）。而学习差的学生，遇到原本就不会做的题目，无论检查得多么细心，也无法提高成绩。所以说，软件的高质量是设计出来的，而不是靠测试修补出来的。

> 软件质量保证的目的是提供一种有效的人员组织形式和管理方法，通过客观地检查和监控“过程质量”和“产品质量”，从而实现持续地改进质量，是一种有计划的、贯穿于整个产品生命周期的质量管理方法。

它与软件测试的主要区别是：质量保证侧重事前预防，而软件测试侧重事后检测；质量保证要管理和控制软件开发流程的各个过程，软件测试只能保证尽量暴露软件的缺陷。当然，软件测试对于促进软件质量提升有重要意义，质量保障可以从缺陷中学习，进而提高设计水平，制定预防措施。

另外，相关人员的角色也有较大差别。

> 软件质量保证人员的主要职责是创建和加强促进软件开发并防止软件缺陷的标准和方法。软件测试工程师的目标是在最短的时间内发现尽可能多的缺陷，并确保这些缺陷得以修复。

现在很多公司都把测试人员作为质量保证部门中的成员，冠以 SQA 的头衔。在这里需要注意的是，不管是单纯的测试人员还是赋予了部分 SQA 角色的测试人员，都不要以一种管理者的姿态出现在开发人员面前，应该始终保持一种帮助开发人员纠正错误、保证产品质量的服务态度。

1.2 软件测试技术分类

随着软件测试行业的发展，软件测试技术也变得五花八门，按照不同的分类标准，软件测试技术所包含的技术也不同。按照软件测试时是否查看程序内部代码结构，可以分为黑盒测试和白盒测试；按照软件的开发阶段，可以分为单元测试、集成测试、系统测试和验收测试；按照是否需要执行被测软件的角度，可以分为静态测试和动态测试；按照测试目标的不同，可以分为功能测试和非功能测试；按照测试的执行方式，又可以分为手工测试和自动化测试等。

1.2.1 黑盒测试和白盒测试

1. 黑盒测试（Black-box Testing）

黑盒测试是把软件产品当作一个黑盒子，在不考虑程序内部结构的情况下，在程序接口进行测试，它只检查程序功能是否按照需求说明书的规定正常使用，程序是否能接收输入数据而产生正确的输出结果。

在黑盒测试中，测试人员不用费神去理解软件里面的具体构成和原理，只需要像用户一样看待软件产品就行了，如图 1-1 所示。

图 1-1 黑盒测试

但是，如果仅仅像用户使用和操作软件一样去测试是否足够呢？黑盒测试着眼于程序的外部结构，不考虑内部逻辑，主要针对软件界面和软件功能进行测试。如果内部特性本身的设计有问题或规格说明的规定有错误，那么用黑盒测试方法是发现不了的。

黑盒测试方法主要有等价类、边界值、判定表、因果图、状态图、正交法、错误猜测法、大纲法等。这些内容将在本书第 5 章详细介绍。

2．白盒测试（White-box Testing）

白盒测试是一种以理解软件内部结构运行方式为基础的软件测试技术。测试人员采用各种工具设备对软件进行检测，甚至把软件摆上“手术台”剖开来看个究竟，通常需要跟踪一个输入在程序中经过了哪些函数的处理，这些处理方式是否正确。这个过程如图 1-2 所示。

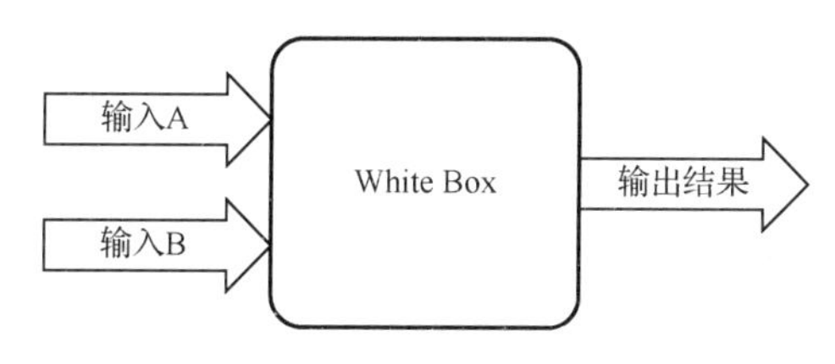

图 1-2　白盒测试

但白盒测试也有其局限性，无法检查程序的外部特性，无法对未实现的规格说明的程序内部的欠缺部分进行测试。

白盒测试方法一般包括控制流测试（语句覆盖测试、分支覆盖测试、条件覆盖测试、条件组合覆盖测试、路径覆盖测试）、数据流测试、程序编译、程序插桩、域测试和符号求值等。

在软件测试过程中，应该综合应用黑盒测试和白盒测试。不要用黑盒测试和白盒测试来划分自己属于哪一类测试人员，一个优秀的测试人员应该懂得各种各样的测试技术和寻找缺陷的手段。

1.2.2　手工测试和自动化测试

1．手工测试（Manual Testing）

手工测试，顾名思义是利用人工的方式去执行测试，由人一个一个地输入用例数据，然后观察结果。手工测试和自动化测试相对应，属于最基本的测试方法。

2．自动化测试（Automated Testing）

自动化测试是利用工具或程序来代替人工的测试方法。

自动化测试是软件测试发展的一个必然结果。随着软件技术的不断发展，测试工具也得到了长足的发展，人们开始利用测试工具来帮助自己做一些重复性的工作。

自动化测试有很强的优势，它借助了计算机能力，可以重复地、不知疲倦地运行，对于数据能进行精确的、大批量的比较，而且不会出错。当然，自动化测试也有其局限性，比如测试工具本身不能满足所有的测试要求，测试工具的复杂性制约了人们的使用，而且有些测试工具非常昂贵，尤其是在程序本身不稳定时，不建议使用自动化工具。另外，脚本的维护量也很大，需要专人去维护。

手工测试胜在测试业务逻辑，而自动化测试胜在测试底层架构，比如测试一些崩溃、挂起、错误返回码、异常和内存使用等。自动化测试速度快，但是组织起来也困难一些。

所以，自动化测试永远也不会完全取代人工测试，手工测试和自动化测试结合起来才是硬道理。因为很多数据的正确性、界面美观、业务逻辑的满足程度等都离不开测试人员的人工判断。但仅仅依赖手工测试的话则会让测试过于低效，尤其是回归测试的重复工作量对测试人员会造成巨大压力。

1.2.3 V 模型的测试级别

所谓的 V 模型是软件开发过程中的一个重要模型，由于其模型构图形似字母 V，所以又称软件测试的 V 模型，将在第 2 章中详细介绍。

1. 单元测试（Component Testing/Unit Testing）

单元测试也被称为组件测试，是指对软件中的最小可测试单元进行检查和验证，如一个模块、一个过程等。单元测试的目的是检验软件基本组成单元的正确性。

对于单元测试中单元的含义，一般来说，要根据实际情况去判定，如 C 语言中单元指一个函数，Java 中单元指一个类，图形化的软件中单元可以指一个窗口或一个菜单等。总的来说，单元就是人为规定的最小的被测功能模块。单元测试是在软件开发过程中进行的最低级别的测试活动，软件的独立单元将在与程序的其他部分隔离的情况下进行测试。

单元测试时要编写一小段代码，用于检验被测代码的一个很小很明确的功能是否正确，编写的这一小段代码被称为桩或驱动。

桩（Stub）：是指模拟被测试的模块所调用的模块。

驱动器（Driver）：代替某个软件组件来模拟控制和调用其他组件或系统的软件或测试工具。

一个好的单元测试将会在软件开发阶段发现大部分缺陷，并且修改它们的成本也很低，因为在软件开发后期，修改缺陷会变得很困难，并且要耗费大量的时间和开发费用。

一个单元测试人员需要具备一些测试知识，比如代码编写能力，基本的测试技能，单元测试工具的使用等。

单元测试的缺点是无法发现一些接口问题和大环境的缺陷，但接口测试的问题可以在集成测试阶段发现。

2. 集成测试（Integration Testing）

集成测试是将通过测试的单元模块组装成系统或子系统再进行测试，目的是对组件之间的接口进行测试，以及测试一个系统内不同部分的相互作用。

比如测试操作系统、文件系统、硬件或系统之间的接口，集成测试是单元测试的逻辑扩展。集成测试最简单的形式是将两个或多个已经测试过的单元组合成一个组件，测试它们之间的接口。集成测试的目标是确保单元组合在一起后能够按既定意图协作运行，并确保增量的行为正确。

集成测试的实施方案有很多种，如自底向上的集成测试和自顶向下的集成测试等。集成测试的内容包括单元间的接口以及集成后的功能。

自底向上的集成是从最底层模块（即叶子节点）开始，按照调用图的结构，从下而上，逐层将各模块组装起来。在自底向上的集成测试环境中，需对那些未经集成测试的模块开发驱动模块。

自顶向下的集成是从主控模块（主程序，即根节点）开始，按照系统程序结构，沿着控制层从上而下，逐渐将各模块组装起来。在自顶向下的集成测试过程中，需对那些未经集成的模块开发桩模块。在集成过程中，可以采用宽度优先或深度优先的策略向下推进。

开展集成测试的人员，需要具备开发技能，具备有关组件间的交互知识，还要具备一些测试基础技能。

集成测试也有其自身的不足，如组件外的缺陷无法被发现。另外，如果程序对整个系统的需求不满足，这样的缺陷是测试不出来的，这时就需要与系统测试相结合。

3．系统测试（System Testing）

系统测试是将已经确认的软件、计算机硬件、外设、网络等其他元素结合在一起，进行信息系统的各种组装测试和确认测试。系统测试是针对整个产品系统进行的测试，其目的是验证系统是否满足需求规格的定义，找出与需求规格不符或与之矛盾的地方，从而提出更加完善的方案。

系统测试发现问题之后，要经过调试找出错误原因和位置，然后进行改正。系统测试是基于系统整体需求说明书的黑盒类测试，应覆盖系统所有联合的部件，测试对象不仅包括需测试的软件，还要包含软件所依赖的硬件、外设甚至包括某些数据、某些支持软件及其接口等。

系统测试主要依据《系统需求规格说明书》文档进行测试，主要测试的是系统需求、整个系统的功能和非功能的需求。从事系统测试的人员，需具备测试技术，要熟悉软件系统的需求，以及掌握性能测试知识和工具的使用。

系统测试也有缺点。它也可能会遗漏一些缺陷。如果对用户需求的理解存在错误，没有实现或者没有完全实现用户的隐性需求，在系统测试中是无法发现的。

4．验收测试（Acceptance Testing）

验收测试是在软件产品完成了功能测试和系统测试之后，在产品发布之前所进行的软件测试活动，是技术测试的最后一个阶段，也称为交付测试。验收测试的目的是对系统、系统的某部分或特定的系统非功能特征建立信心。

验收测试在系统测试的后期进行，以用户测试为主，或有测试人员等质量保证人员共同参与，也是软件正式交付用户使用前的最后一道工序。一般是根据产品说明书严格检查产品，逐字逐句对照说明书上对软件产品做出的各方面要求，确保所开发的软件产品符合用户的各项要求。

验收测试有以下几种典型的类型：

（1）用户验收测试。

用户验收测试一般是验证由商业用户使用一个系统的可用性。通常由用户来组织这些测试，并基于商业应用过程和典型的用户场景选择测试用例。

（2）运行（验收）测试。

运行（验收）测试是由系统管理员来进行验收而开展的相关测试，测试内容主要包括系统备份/恢复测试、灾难恢复测试、用户管理测试、维护任务测试、安全漏洞阶段性检查。

（3）合同和法规性验收测试。

合同验收测试是根据合同中规定的生产客户定制软件的验收准则，对软件进行的测试。应该在合同拟定时定义验收准则。法规性验收测试是根据必须遵守的法律法规来进行的测试，包括政府、法律和安全方面的法律法规。

（4）α 测试和 β 测试。

α 测试是由用户在开发环境下进行的测试，也可以是公司内部的用户在模拟实际操作环境下进行的测试，试图发现错误并修正。其目的是评估软件产品的 FLURPS（即功能、局域

化、可使用性、可靠性、性能和支持)。

α 测试不能由程序员或测试人员完成。

β 测试是由软件的最终用户在一个或多个客户场所进行的测试。经过 α 测试的版本被称为 β 版本。同 α 测试一样，β 测试是由潜在的客户进行测试，而不是由产品的开发者进行测试；不同的是，β 测试时开发者通常不在现场。

α 测试和 β 测试都不能替代内部的系统测试。只有当系统测试已经证明软件足够稳定后，才可将新产品提交给潜在的客户做验收测试。

有些组织也可能使用不同的术语，比如在系统正式移交给客户之前或之后进行的测试分别称为工厂验收测试和现场验收测试等。

要注意的是，在开发方将软件提交用户方进行验收测试之前，必须保证开发方本身已经对软件的各个方面进行了足够的正式测试。用户在按照合同接收并清点开发方的提交物时，要查看开发方提供的各种审核报告和测试报告内容是否齐全，再加上平时对开发方工作情况的了解，基本可以初步判断开发方是否已经进行了足够的正式测试。

1.2.4 功能测试和非功能测试

根据特定的测试目标或测试原因，一系列测试活动可以对软件系统进行验证。每种测试类型都会针对特定的测试目标，可能是测试软件所实现的功能；也可能是非功能的质量特征，如可靠性或可用性、系统或软件的结构或架构；或与变更相关，如确认缺陷已经被修改（确认测试）以及变更后是否引入新的缺陷（回归测试）。

1．功能测试（Functional Testing/Behavioral Testing）

功能测试就是测试系统能做什么。功能测试是一个试图发现程序与其外部规格说明之间存在不一致的过程。外部规格说明是一份从最终用户的角度对程序行为的精确描述。可以采用基于规格说明书的技术，根据软件或系统的功能来设计测试条件和测试用例。功能测试主要考虑软件的外部表现行为。

功能测试通常是一项黑盒操作。功能测试基于功能和特征（在文档中描述的内容或测试员自己的理解）以及专门的系统之间的交互，可以在各个级别的测试中进行（例如，组件测试可以基于组件的规格说明书）。

功能测试涉及软件在功能上正、反两面的测试，而非功能测试就是所有其他方面的测试。

安全性测试也是功能测试的一种，它会对安全性相关的功能（如防火墙）进行测试，从而检测系统和数据能否抵御外部恶意的威胁，如病毒等。有的书籍把安全性测试归类为非功能测试，这也无可厚非。在现代的学科中，安全性测试早已是一种独立的测试类型。

互操作性测试也是一种功能性测试，主要评估软件产品与其他一个或多个组件或系统交互的能力。

2．非功能测试

非功能测试是指为了测量系统和软件的特征需要进行的测试。这些特征可以用不同尺度予以量化，如进行性能测试来检验响应时间。

非功能测试包括但不限于：性能测试、负载测试、压力测试、可用性测试、可维护性测试、可靠性测试和可移植性测试。非功能测试就是测试系统运行的表现如何。非功能测试可以在任何测试级别上执行。

（1）性能测试（Performance Testing）。

性能测试是指通过工具模拟多种正常、峰值以及异常负载条件来对系统的各项性能指标进行测试（如处理速度、响应时间、CPU 使用、内存使用情况等），主要考查一些性能指标是否符合用户要求。

负载测试和压力测试都属于性能测试，两者可以结合进行。

（2）负载测试（Load Testing）。

负载测试用于确定在各种工作负载下系统的性能，目标是测试当负载逐渐增加时系统各项性能指标的变化情况。

（3）压力测试（Stress Testing）。

压力测试是在规定的或超过规定的需求条件下测试组件/系统，以对其进行评估。它是为了评价一个系统或组件达到或超过需求规定界限时的反应的测试，可以检查系统在超负荷情况下的性能反应。

（4）可靠性测试（Reliability Testing）。

软件使用者期望软件能够无误运行，所以可靠性是度量软件如何在主流情形下和非预期情况下维持其功能，有时也包括软件出错时的自恢复能力。例如，自动定时保存现行文件的功能就可以归类到可靠性。

（5）可用性测试（Usability Testing）。

如果用户不明白应该怎么使用，那么即使是零差错的软件也会变得毫无用处。可用性就是用户学习和控制软件以达到用户需求的容易程度。进行可用性研究、重视顾客反馈意见以及对错误信息和交互内容的检查都能提高可用性。

（6）可维护性测试（Maintainability Testing）。

可维护性描述的是修改软件而不引入新错误所需的工作量。产品代码和测试代码都必须具备高度的可维护性。团队成员对代码的熟悉程度、产品的可测性和复杂度都对可维护性有影响。

（7）可移植性测试（Portability Testing）。

可移植性是指一种计算机上的软件安装到其他计算机上的能力。软件移植是实现功能的等价联系，而不是等同联系。从狭义上讲，可移植软件应独立于计算机的硬件环境；从广义上讲，可移植软件还应独立于计算机的软件，即高级的标准化软件，它的功能与机器系统结构无关，可跨越很多机器界限。

（8）兼容性测试（Compatibility Testing）。

兼容性测试是测试软件在特定的硬件平台上、不同的应用软件之间、不同的操作系统平台上、不同的网络等环境中能否很友好地运行。

（9）安全性测试。

安全测试性用于检查系统对非法侵入的防范能力，主要包括用户认证、系统网络安全和数据库安全方面的测试。安全测试期间，测试人员假扮非法入侵者，采用各种办法试图突破防线。

（10）本地化测试（Localizability Testing）。

本地化测试的对象是软件的本地化版本。本地化测试的目的是测试特定目标区域设置的软件本地化质量。本地化测试的环境是在本地化的操作系统上安装本地化的软件。

（11）配置测试（Configuration Testing）。

配置测试是验证被测软件在不同的软件和硬件配置中的运行情况。配置测试执行的环境是所支持软件运行的环境，测试环境适合与否严重影响测试结果的真实性和正确性。

1.2.5 静态测试和动态测试

1．静态测试（Static Testing）

静态测试是指不运行被测软件，只是静态地检查程序代码、界面或文档可能存在的错误的过程和方法。

静态测试方法包括检查单和静态分析等方法。对文档的静态测试方法主要以检查单的形式进行；而对代码的静态测试方法一般采用代码审查、代码走查和静态分析，静态分析一般包括控制流分析、数据流分析、接口分析和表达式分析。

2．动态测试（Dynamic Testing）

动态测试是相对于静态测试而言的，是指实际运行被测程序，输入相应的测试数据，检查输出结果和预期结果是否相符的过程。

目前，动态测试也是软件测试工作的主要方式。

动态测试建立在程序的执行过程中，一般采用白盒测试和黑盒测试相结合的方法。

1.2.6 其他测试术语

与变更相关的测试主要有确认测试（再测试）和回归测试。

1．确认测试（Confirmation Testing）

当发现和修改了一个缺陷后，应该重新进行测试，以确定原来的缺陷已经被成功地修改，称为确认测试。

2．回归测试（Regression Testing）

回归测试是对已修改过缺陷的程序进行重复测试，以发现在这些变更后是否有新的缺陷引入或被屏蔽。

这些缺陷可能存在于被修改的软件中，也可能存在于与之相关或不相关的其他软件组件中。当软件发生变更或应用软件的环境发生变化时，需要进行回归测试。回归测试的规模可以根据在已正常运行的软件中发现新的缺陷的风险大小来决定。

回归测试有两重含义：一是所做的修改达到了预期的目的，也就是确认测试；二是要保证不影响软件的其他功能的正确性。所以，回归测试是包含了确认测试的，同时要测试其他功能模块有没有引入新的缺陷。

回归测试会在所有的测试级别上发生，同时适用于功能测试、非功能测试和白盒测试。回归测试一般都会被执行很多次，而且通常很少有变动，所以利用自动化测试工具来进行回归测试是最好的选择。

3．冒烟测试（Smoke Testing）

该术语源自硬件行业。对一个硬件或硬件组件进行更改或修复后，直接给设备加电，如果没有冒烟，则该组件就通过了基本功能的测试。在软件中，“冒烟测试”是指对测试版本的主要功能的测试。冒烟测试是微软首先提出来的一个概念，具体来说，就是在每日构建后，对系统的基本功能进行简单的测试，目的是确认软件基本功能正常，可以进行后续的正式测试工作，不至于让测试人员白忙活。

4．探索性测试（Exploratory Testing）

探索性测试是一种测试思维技术，没有很多实际的测试方法、技术和工具，却是所有测试人员都应该掌握的一种测试思维方式。探索性测试强调测试人员的主观能动性，抛弃繁杂的测试计划和测试用例设计过程，强调在碰到问题时及时改变测试策略。

探索性测试最直白的定义就是：同时设计测试和执行测试。

虽然未必需要完全采用探索性测试的方法，但是可以把探索性测试方法作为传统测试方法的补充，在每一项测试后留下一定的时间给测试人员做探索性的测试，以弥补相对刻板的传统测试方式的不足，并且应该更多地采用探索性测试的思维方式，将其应用在日常测试工作中。

5．随机测试（Ad-hoc Testing）

随机测试通常是指临时准备的、随机的缺陷搜索的测试过程。它让测试人员发挥自己的想象去测试，其目的是模拟用户的真实操作以发现一些边缘性的缺陷。它没有用例的约束，会起到意想不到的效果，是测试的一个重要补充手段，可以保证测试有效覆盖。随机测试主要是在测试感觉不充分的情况下应用。

其实在测试级别中并没有刻意增加这个测试阶段，但测试人员在工作过程中却一直在做随机测试，因为一个用例不可能完全准确地涵盖功能点，也不可能充分指出所有测试方法和可能的情况，所以想到了就测试，就是这么一种感觉。从定义上看，谁都可以做随机测试，但经验告诉我们，经验越丰富的测试人员，越适合做随机测试，测试覆盖度越高。

随着网络的发展，软件从以单机运行的模式过渡到了基于网络的协同工作模式，这促进了新软件技术的出现。性能测试、压力测试变得越来越重要。同样，伴随着网络出现的问题是安全问题、黑客问题，因此也促进了安全性测试技术的出现。人们一面开始怀念当年那些只要锁住机器就万事大吉的美好时光，一面寻求更安全的软件应用。安全性测试可以说是给了用户和软件开发商一支“安神剂”。

随着操作系统的发展，各种平台和版本的操作系统不断涌现，给人们带来新的卓越体验的同时，也给软件企业带来了烦恼，因为如果想尽可能让更多的用户使用自己的产品，就需要支持各种各样的使用环境。今天，软件再也不是只有在大型机器上才有的神秘东西，不仅充斥于个人计算机、网络，还扩展到了每个人的手机上，因此，手机的软件测试又由于其特殊性而渐渐地成为一个分支。

1.3　常见软件测试工具

随着软件测试地位的逐步提高，测试的重要性逐步显现，测试工具的应用已经成为普遍的趋势。测试工具可以使软件的一些缺陷直观地显示在用户面前。总体来说，软件测试工具分为自动化软件测试工具和测试管理工具。

自动化软件测试工具存在的价值是为了提高测试效率，用软件来代替一些人工输入。自动化测试工具又分为功能自动化测试工具和性能自动化测试工具。

测试管理工具是为了复用测试用例，提高软件测试的价值。一个好的软件测试工具和测试管理工具结合起来使用将会使软件测试效率大大提高。

1.3.1 功能自动化测试工具

功能测试工具一般是通过自动录制、检测和回放用户的应用操作，将被测系统的输出记录与预先给定的标准结果进行比较。功能测试工具能够有效地帮助测试人员对复杂的企业级应用的不同发布版本的功能进行测试，提高测试人员的工作效率和质量。其主要目的是检测应用程序能否达到预期的功能并正常运行。

1．UFT（QTP）

Micro Focus 公司的自动化功能测试工具 Unified Functional Testing，其前身是 HP 公司的 QTP（QuickTest Professional）。UFT 是一个 B/S 结构的自动化功能测试利器，可以覆盖绝大多数的软件开发技术，简单高效，并具备测试用例可重用的特点。它是一款先进的自动化测试解决方案，用于创建功能和回归测试。它自动捕获、验证和重放用户的交互行为。UFT 为每一个重要软件应用和环境提供功能和回归测试自动化的解决方案。

2．Selenium

Selenium 是为正在蓬勃发展的 Web 应用开发的一套完整的测试系统。Selenium 直接运行在浏览器中，就像真正的用户在操作一样。其主要功能包括：测试与浏览器的兼容性——测试你的应用程序能否很好地工作在不同浏览器和操作系统之上；测试系统功能，创建衰退测试检验软件功能和用户需求；支持自动录制动作和自动生成。Selenium 的核心 Selenium Core 基于 JsUnit，完全用 JavaScript 编写，因此可以运行于任何支持 JavaScript 的浏览器上，包括 IE、Mozilla Firefox、Chrome、Safari 等。

3．WinRunner

Mercury Interactive 公司的 WinRunner 是一款强大的企业级自动化功能测试工具，用于检测应用程序能否达到预期的功能及正常运行。通过自动录制、检测和回放用户的应用操作，WinRunner 能够有效地帮助测试人员对复杂的企业级应用的不同发布版进行测试，提高测试人员的工作效率和质量，确保跨平台的、复杂的企业级应用无故障发布及长期稳定运行。

4．SilkTest

SilkTest 是面向 Web 工具、Java 应用和传统的 C/S 应用，进行自动化的功能测试和回归测试的工具。它提供了用于测试的创建和定制的工作流设置、测试计划和管理、直接的数据库访问及校验等功能，使用户能够高效率地进行软件自动化测试。

1.3.2 性能自动化测试工具

性能自动化测试工具的主要目的是度量应用系统的可扩展性和性能，是一种预测系统行为和性能的自动化测试工具。在实施并发负载过程中，通过实时性能监测来确认和查找问题，并针对所发现问题对系统性能进行优化，确保应用的成功部署。

1．LoadRunner

Micro Focus 公司的 LoadRunner 是一种预测系统行为和性能的工业标准级负载测试工具，其前身是 HP 公司开发的。通过模拟上千万用户实施并发负载及实时性能监测的方式来确认和查找问题，LoadRunner 能够对整个软件架构进行测试。通过使用 LoadRunner，企业能最大限度地缩短测试时间、优化性能和加速应用系统的发布周期。

LoadRunner 是一种适用于各种体系架构的自动负载测试工具，能预测系统行为并优化系统性能。LoadRunner 的测试对象是整个企业的系统，它通过模拟实际用户的操作行为和实时性能监测，来帮助更快地查找和发现问题。此外，LoadRunner 还能支持广泛的协议和技术，为特殊环境提供特殊的解决方案。

2. JMeter

JMeter 是 Apache 组织的开放源代码项目，是功能和性能测试工具的综合体。

JMeter 可以用于测试静态或者动态资源的性能（文件、Servlets、Perl 脚本、Java 对象、数据库和查询、FTP 服务器或者其他的资源）。JMeter 用于模拟在服务器、网络或者其他对象上附加高负载以测试其提供服务的受压能力，或者分析其提供的服务在不同负载条件下的总体性能情况。可以用 JMeter 提供的图形化界面分析性能指标或者在高负载情况下测试服务器/脚本/对象的行为。

3. WebLOAD

WebLOAD 是 RadView 公司推出的一款性能测试和分析工具，它让 Web 应用程序开发者自动执行压力测试。WebLOAD 通过模拟真实用户的操作，生成压力负载来测试 Web 的性能。

4. WAS

WAS（Web Application Stress Tool）是由微软的网站测试人员开发，专门用来进行实际网站压力测试的一套工具。透过这套功能强大的压力测试工具，可以使用少量的客户端计算机仿真大量用户上线对网站服务可能造成的影响。

它可通过数种不同的方式建立测试指令，支持多种客户端接口和多用户。

1.3.3 测试管理工具

一般而言，测试管理工具对测试需求、测试计划、测试用例、测试实施进行管理，并且测试管理工具还包括对缺陷的跟踪管理。测试管理工具能让测试人员、开发人员或其他的 IT 人员通过一个中央数据仓库，在不同地方就能交互信息。

1. QC

QC（Quality Center）的前身是大名鼎鼎的 TD（TestDirector），被 HP 公司收购后改名为 QC，是基于 Web 的测试管理工具，可以组织和管理应用程序测试流程的所有阶段，包括制定测试需求、计划测试、执行测试和跟踪缺陷。可使用该软件在较大的应用程序生命周期中实现特定质量流程和过程的数字化。该软件还支持在 IT 团队间进行高水平沟通和协调。

2. BugFree

BugFree 是借鉴微软的研发流程和 bug 管理概念，使用 PHP+MySQL 独立写出的一个 bug 管理系统，简单实用、免费并且开放源代码。因为采用的是 B/S 结构，所以客户端无须安装任何软件，通过 IE、Firefox 等浏览器就可以自由使用。

它可以对软件开发出现的问题进行有效跟踪管理，并协调开发人员、测试人员和需求三方的关系，规范软件的研发流程。通过对问题的有效跟踪管理，可以持续地改进产品的质量，可以记录对问题的处理过程，使之作为知识的积累。

3. 禅道

禅道，除了是一款功能比较齐全的测试管理工具，还是一款优秀的国产开源项目管理软件，由青岛易企天创公司开发。它的特点是将软件研发中的产品管理、项目管理、质量管理三个核心流程融合在一套工具里面，是一款软件生命周期管理软件，为软件测试和产品研发提供一体化的解决方案。

禅道的核心管理思想是基于 Scrum，然后在 Scrum 基础上完善了测试管理、文档管理、

事务管理等功能。

除了以上 3 种常用的测试工具，还有白盒测试工具、测试辅助工具以及测试框架。常见的白盒测试工具包括 Jtest、JUnit、Jcontract、C++ Test。测试辅助工具本身并不执行测试，但可以使用它们生成测试数据，为测试提供数据准备。常见的测试框架有 RFT（Rational Functional Tester）、Robot 等。

测试工具的应用可以提高测试的质量和效率。但是，在选择和使用测试工具时我们也应该看到，在测试过程中，并不是所有的测试工具都适用。同时，有了测试工具并学会使用测试工具并不等于测试工具真正能在测试中发挥作用。

对于测试工具的选择，要遵循以下几个原则：

✧ 只买对的，不买贵的。
✧ 选择主流测试工具。
✧ 分阶段、逐步引入测试工具。
✧ 选择技术支持完善的产品。
✧ 如果需要多种测试工具，尽量选择同一家公司的产品。

1.4 本章小结

通过本章学习，读者要理解软件测试的概念，掌握测试技术的分类，以及了解常用的测试工具，为以后往更高技能领域的深入发展做好准备。这些内容在面试或者笔试中被经常问到，掌握了这些内容，才能在与面试官沟通时有共同语言。

软件测试是一门需要不断学习和补充新知识的学科。要想成为一名优秀的测试人员，就必须像练武之人想成为一名武林高手一样不断演习武艺，博采众家之长，消化吸收后据为己有，这样才能最终称霸武林，立于不败之地。

1.5 本章练习

一、单选题

（1）下列关于软件测试的说法中正确的是（　　）。

A．使用人工或自动的手段来运行或预测某个系统的过程，其目的在于检验它是否满足规定的需求或弄清楚预期结果和实际结果之间的差别。

B．软件测试是用来证明软件中不存在错误。

C．软件测试只能采用手工测试。

D．软件测试可以只采用自动化测试。

（2）人类历史上第一次真正意识到软件缺陷的存在是通过（　　）。

A．放射性治疗仪　　B．迪士尼狮子王游戏

C．千年虫问题　　D．温州动车事故

（3）以下关于 QA 的说法中正确的是（　　）。

A．QA 是质量保证　　B．QA 是质量控制

C．QA 是测试控制　　D．QA 是软件控制

二、多选题

（1）软件包括以下哪几部分？（　　）

A．程序　　B．数据　　C．文档　　D．包装

（2）以下关于软件测试目的的说法中正确的是（　　）。

A．确保产品完成了它所承诺或公布的功能。

B．确保产品满足性能和效率的要求。

C．确保产品是健壮的、适应用户环境的。

D．确保软件当中没有缺陷。

（3）以下关于 QA 和软件测试的说法中正确的是（　　）。

A．QA 人员的主要职责是创建和加强促进软件开发并防止软件缺陷的标准和方法。

B．软件测试工程师的目标是在最短的时间内发现尽可能多的缺陷。

C．QA 侧重于对软件开发流程的管理和控制，杜绝软件缺陷的产生。

D．软件测试是事后检查，只能保证尽量暴露软件的缺陷。

（4）V 模型的测试级别包括（　　）。

A．需求分析　　B．集成测试　　C．系统测试　　D．验收测试

（5）以下关于白盒测试与黑盒测试的说法中正确的是（　　）。

A．白盒测试只能在单元测试阶段使用，黑盒测试只能在系统测试阶段使用。

B．黑盒测试又称功能测试、数据驱动测试或基于规格说明书的测试。

C．白盒测试是对程序内部逻辑结构的测试，黑盒测试是对系统需求方面的测试。

D．白盒测试的优点是能够定位系统需求的缺陷。

（6）自动化测试的优点有哪些？（　　）

A．可以节省测试时间　　B．可以处理精确的事务

C．可以处理大数据事务　　D．自动化工具可以完全取代手工测试

（7）验收测试包括哪几种典型类型？（　　）

A．运行（验收）测试　　B．合同或法规性验收测试

C．α 测试　　D．β 测试

（8）以下属于性能自动化测试工具的是（　　）。

A．LoadRunner　　B．JMeter　　C．UFT　　D．Selenium

三、判断题

（1）软件测试只是软件质量保证的一个重要手段，它只能尽量暴露软件中的缺陷。（　　）

（2）回归测试包含确认测试。（　　）

（3）配置测试是指测试软件在特定的硬件平台上、不同的应用软件之间、不同的操作系统平台上、不同的网络等环境中是否能够很友好地运行的测试。（　　）

第2章

软件测试流程和过程模型

本章简介

软件工程由多个环节组成，每个环节都需要软件测试人员参与，有些环节虽然不是体现软件测试人员主要工作的地方，但却是不可或缺的重要组成部分。相应地，软件测试也由多个环节组成。本章将整体介绍软件测试的各流程环节，以及软件测试人员在这些环节中所需要执行的大体工作内容和需要输出的工作成果。

为了让读者了解软件测试与软件开发在每个环节中的密切联系，本章还将介绍几个传统的软件测试过程模型。通过软件测试流程和过程模型的学习，可以很好地指导读者以后的软件测试工作。

另外，笔者结合实际工作经验，总结了一些软件测试的基本原则，为软件测试初级入门者透彻了解软件测试行业规则和常识提供指导，避免走弯路。

2.1 软件测试流程

在第1章我们了解了软件测试的概念、重要作用以及软件测试技术的分类，也了解了软件测试是伴随着项目的立项而开始的。也就是说，软件项目一旦确立，软件测试工作也就开始了。那么软件测试到底是如何贯穿到整个软件工程中去的呢？

按照尽早进行测试的原则，应该在软件项目中尽早开展软件测试工作。就软件测试过程本身而言，应该包含以下几个阶段：测试需求分析，测试计划制订，测试用例设计，测试环境搭建，测试数据准备，测试执行及缺陷处理，测试总结报告，测试文件归档。

本章将对各个环节进行简单介绍，其中测试计划制订、测试用例设计、软件缺陷报告、测试总结报告等将在以后的章节中详细介绍其概念及编写方法。从测试需求分析开始，直至测试文档归档，形成了一个软件测试的 PDCA 循环（Plan-Do-Check-Analysis，戴明环，又叫质量环）。最终测试的结果和分析以及归档的测试文档可以指导下一次的测试流程。

接下来我们就一起来看看测试人员在这几个阶段的主要工作内容。

1．测试需求分析

软件需求分析是软件测试流程中的基础一环，用来明确软件测试对象和测试范围，并作为测试覆盖的基础。其目的是确保所有风险承担者尽早地对项目功能达成共识并对将来的产品有个相同而清晰的认识。

本阶段主要由需求人员统一收集需求，并整理成文档格式转发给 PM（Project Manager，项目经理；或者 Product Manager，产品经理）、开发经理和测试经理；然后 PM 召集开发经理、测试经理和需求分析人员进行会议讨论，了解每个具体需求的实际含义，明确各个需求的有效性、可用性和可测性，进而确定最终实现的需求和功能点，并整理出重点需求；接着 PM 根据会议讨论结果编写需求说明，并再次召集各职能小组人员参与开会讨论，对需求说明进行修订、完善并最终确定《需求规格说明书》。《需求规格说明书》决定了项目以后所有工作的基调。

这个阶段的主要负责人是 PM，PM 有时候是指项目经理，有时候是指产品经理，这是因为每个公司的组织方式可能不同。有些公司采取项目式组织架构，那么负责人应该是项目经理；有些公司采取职能式组织架构，那么负责人应该是产品经理。二者的英文都可以缩写为 PM，读者要根据实际情况灵活地理解它的含义。

软件测试人员在本环节中的主要作用是参与需求评审，通过提出评审意见的方式对需求进行进一步矫正，并为下一个环节（测试计划制订）中工作量的评估打下基础。

本阶段的输入文档主要是需求说明相关文档，输出文档是《需求规格说明书》。

如图 2.1 所示是软件测试需求分析阶段的主要工作内容。

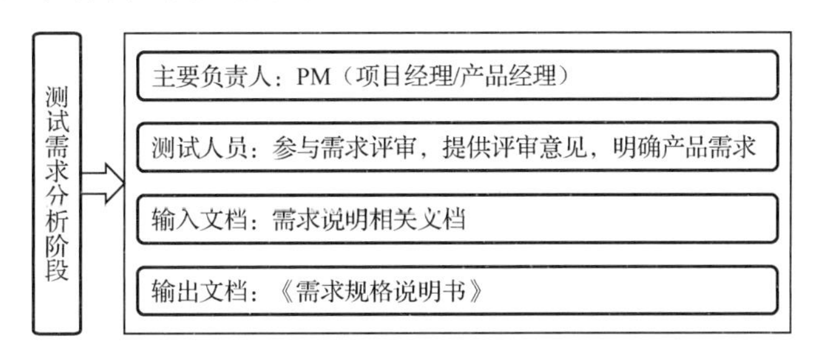

图 2-1　软件测试需求分析阶段的主要工作内容

2. 测试计划制订

了解了软件测试需求之后，软件测试人员会讨论开发这个版本的目的是什么、要包括什么功能、功能的范围是什么样的、有哪些可以参考的文档、用什么测试策略和工具来执行软件测试工作，然后快速地进行风险分析，并据此制定风险应对方案，确定测试资源，还需要确立几个里程碑事件……这看起来就是一个测试计划分析的过程，而最终形成的文档就是《软件测试计划》

《软件测试计划》是指导测试过程的纲领性文件，包含了产品概述、测试策略、测试方法、测试范围、测试配置、测试进度、测试资源、风险分析等内容。借助《软件测试计划》，参与测试的项目成员，尤其是软件测试管理人员，可以明确测试任务和测试方法，保持测试实施过程的顺畅沟通，跟踪和控制软件测试进度，应对软件测试过程中的各种变更。

如何编写软件测试计划，这部分内容将在第 3 章中详细讲解。

本阶段主要负责人是测试经理，但软件测试员会参与软件测试计划中与本人相关部分的内容制订。

本阶段的输入文档是《需求规格说明书》和《项目开发计划》，输出文档是《软件测试计划》。

如图 2-2 所示为软件测试计划制订阶段的主要工作内容。

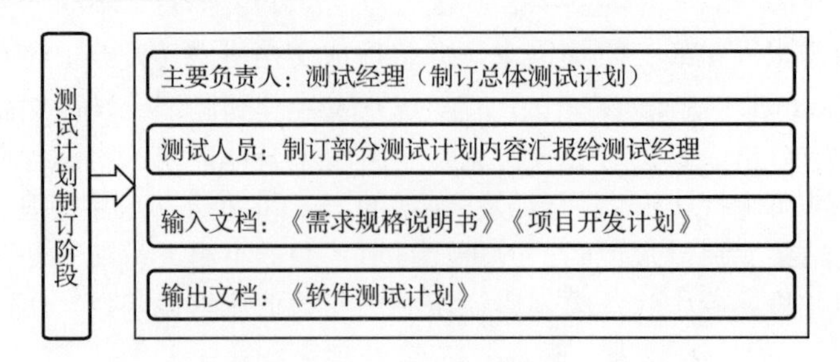

图 2-2　软件测试计划制订阶段的主要工作内容

3．测试用例设计

软件测试用例是指导软件测试工作的一种文档，是通过使用在软件测试计划中确定的测试技术，对于已确定的软件测试需求进行逐步推敲而设计出来的。

软件测试用例设计完成后，要进行综合评审，通过评审可以弥补软件需求中遗漏的一些因果关系和异常案例，可以改善测试分析和设计的过程。类似地，软件测试工作的其他产出文档，如软件测试计划、软件风险分析也应该进行评审。

关于软件测试用例的介绍，比如定义、作用、设计过程等，将在第 4 章中详细讲解。

而软件测试用例的黑盒设计方法将在第 5 章中详细讲解。

本阶段的主要负责人是测试经理和测试工程师。但需要注意的是，很多公司的测试经理不仅要做管理和任务分配工作，也会负担重要功能部分的实际设计和评审工作。

本阶段的输入文档是《需求规格说明书》《软件测试计划》《软件设计文档》（包括《软件概要设计文档》和《软件详细设计文档》），输出文档是《软件测试用例》。

如图 2-3 所示为软件测试用例设计阶段的主要工作内容。

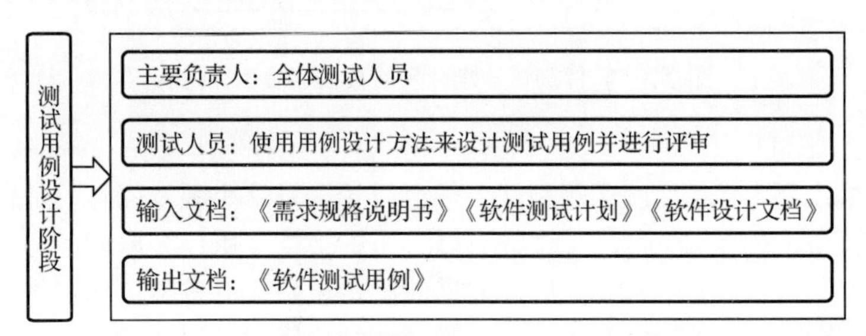

图 2-3　软件测试用例设计阶段的主要工作内容

4．测试环境搭建

要顺利执行测试，首先要确定正确地搭建了软件测试环境。软件测试环境是指为了完成软件测试工作所必需的计算机硬件、软件、网络设备、历史数据的总称。测试环境的搭建是一项非常重要的工作，同时也可能是一项非常耗时的工作。有些软件的测试环境要求比较复杂，需要在测试执行之前做好充分的准备。如果正在测试的是第一个版本，搭建测试环境就尤为重要了，需要从头做起。

有些项目也曾尝试在开发环境下做测试，但效果并不好。开发环境主要是方便程序员调试程序存在的，而测试环境则比较接近于生产环境。如果在测试环境上测试结果无法通过，那么是肯定不能部署到生产环境给用户或客户使用的。

就像程序员有用于程序调试的环境一样，测试人员也需要有对测试环境的独立访问和控制权，以保证一些私有的测试数据不会被其他人用到，这样可以提高他们的工作效率。测试环境

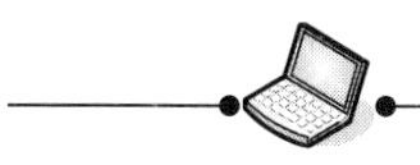

适合与否会严重影响测试结果的真实性和正确性。

通常在搭建测试环境时，开发人员会提供安装指导书，否则也可以在搭建测试环境过程中遇到问题时要求开发人员协助。通常，测试环境会有专人来负责。

在大数据系统的测试过程中，测试环境和数据的准备是测试过程中的重点工作。

大数据系统由于其自身的特点（数据规模大、数据多样、计算复杂度高、分布式结构等），使得对它的测试与传统软件测试有所不同，包括需要使用大数据测试工具、测试环境和数据的准备等，对测试人员提出了更高的专业要求。

大数据系统通常采用分布式架构，测试环境复杂。接下来我们重点讲述大数据测试环境搭建时需要考虑的问题。搭建大数据测试环境，需要我们考虑以下几点：

（1）环境是否具有分布式节点和分布式数据存储的集群；

（2）环境是否有足够的空间来存储和处理大规模数据；

（3）如果是做大数据系统的性能测试的话，还要考虑影响大数据系统性能的一些因素，包括网络环境、应用、虚拟化、数据质量等，所以还应考虑部署合适的监控系统，监控整个集群机器、服务、计算、存储、任务等层面的指标。

而根据对大数据系统所测场景不同，所需要的测试环境也有所不同，但测试环境的软硬件配置、软件模块的版本应与生产环境一致。

（1）如果是在大数据新业务上线前对系统功能做验证测试，通常需要构造单独的类生产的迷你测试环境；

（2）如果是测试实时数据处理业务或是做系统组件的升级测试，则可以按照系统生产环境进行等比例缩放；

（3）如果是测试重要业务功能或是做系统的性能测试，则需要直接在生产环境进行测试。

5．测试数据准备

目前很多互联网软件应用的后台都会有数据库做支撑，那就需要在测试的时候准备相应的测试数据。准备测试数据是软件测试工作的一项必备工作。如何快速地创建测试数据，也是考验测试工程师的重要能力指标之一。

创建测试数据的过程往往需要很长的时间。传统的创建测试数据的方法分为手动创建和自动化创建两种。

手动创建测试数据一般有如下几种方法：

✧ 手动模拟用户的实际操作来创建重要业务流程的测试数据；
✧ 通过 SQL 语句中的 Where 查询条件和 Update 方法来创建符合条件的测试数据；
✧ 导入本地机器上存储的一些符合条件的测试数据；
✧ 导入并加工线上数据，将其变成测试数据。

自动化创建测试数据基本上都是用自动化工具或者自建脚本来实现的。这里推荐几个非常酷炫的工具，可以为所有类型的输入域和边界条件生成测试数据，如 Data Generator、Databene Benerator、TestGen、Datatect 以及 Turbo Data 都可以生成普通文件或是直接向数据库表插入数据。这些工具能够生成各种不同类型的数据，如名字和地址等。

使用自建脚本也可以生成测试数据，如脚本语言 Ruby 或 Python，Fit 或 FitNesse 等工具，以及 Shell 脚本等。

实际工作中，可以结合手工方式和自动化方式，灵活运用多种方法创建不同测试阶段需要的测试数据。另外，也可以在平时就保存一些常用的测试数据。但随着时间的推移，测试数据

也会过时。就算是从实际的生产过程中得到的数据，如果时间太久，也不再精确地代表当前的生产数据了。一个使用了无效数据而“测试通过”的测试场景是没有说服力的。所以，测试数据也需要经常更新。

大数据系统所处理的数据具有大规模（Volume）、类型多样（Variety）、产生速度快（Velocity）、商业价值高（Value）、数据准确和可信赖（Veracity）等特点，所以数据获取方式也与传统项目的数据获取方式有所不同。

常见的大数据获取方式有很多，也不难理解。例如，通过网络爬虫来“爬取”免费的网络数据，向一些数据机构购买有价值的数据，共享合作公司提供的数据，以及使用自己公司的自有数据。

获取自有数据当然更好，因为数据准确、实时、高效。根据使用场景的不同，测试数据可以直接使用真实数据，也可以按照某种算法进行构造。

（1）真实数据引流。就是将生产环境下的流量直接分流到测试系统。这种场景一般用于“强业务”场景测试，比如实时推荐这样的场景。考虑到数据的多样性和数据的非随机性，“强业务”场景一般不采用构造数据，通常采用生产引流的方法。

（2）生产环境数据复制。生产环境数据引流可能会影响到线上的业务系统，因此可以采取一个折中的方法，就是在业务使用流量比较少的时候，通过旁路从线上生产环境复制部分或全部数据流量。这样对生产环境的影响比较小。

（3）构造数据。就是以实际业务场景的数据作为基础，基于历史数据的特征，通过算法来生成和模拟数据。构造数据通常使用基准数据集或人工构造的方法。大数据系统中的组件测试通常采用构造的数据，例如 Hive 或 Spark SQL 功能与性能的测试，或者 Spark Streaming 和 Flink 的功能与性能测试。

拿到数据之后，我们要对数据进行预处理。数据预处理是一种数据挖掘技术，本质就是为了将原始数据转换为可以理解的格式或者符合我们挖掘的格式。为什么要进行预处理呢？因为直接获取的数据通常质量比较低，主要表现为以下这些现象：

（1）数据可能是不完整的，缺少某些属性值；

（2）高维度，所谓的高维度是指数据的属性或字段太多；

（3）数据可能存在重复；

（4）数据可能会由于包含代码或者名称的差异，导致跟实际需要的数据不一致；

（5）可能含噪声，所谓含噪声是指数据中存在错误或异常数据。

数据预处理是解决上述所提到的数据问题的可靠方法。首先要进行数据清洗，数据清洗完成之后接着进行或者同时进行数据集成、转换、归一化等一系列处理，这个过程就是数据预处理。通过数据预处理，一方面提高数据的质量，另一方面可以让数据更好地适应特定的项目环境。初学者可以了解以下几种数据预处理的方法：

（1）缺失值的处理。总的原则是，使用最可能的值代替缺失值，使缺失值与其他数值之间的关系保持最大。

（2）异常值的处理。异常值是数据集中偏离大部分数据的数据。

（3）数据的标准化处理。数据的标准化是将数据按比例缩放，使之落入一个小的特定区间。

（4）数据连续属性离散化。一些数据挖掘算法，特别是分类算法，要求数据是分类属性形式，常常需要将连续属性变换成分类属性，即连续属性离散化。

6. 测试执行及缺陷处理

提交了测试对象并且测试对象满足了测试执行的进入准则后（测试的进入准则将在第3章中详细讲述，就是满足了一定的条件才能开始执行测试），可以开始测试执行。

测试执行是指按照之前设计好的测试用例，按照里面的步骤一步一步地执行，查看预期结果与实际结果是否一致的过程。

测试执行只能有两种结果：Pass 或者 Fail。测试不通过的话，测试人员就应该将发现的问题及时记录下来，报告给开发人员以做出相应的修改。缺陷记录是测试人员工作的具体表现形式，是测试人员与开发人员沟通的基础。因此，如何录入一个高质量的缺陷报告，是每个测试人员都要重视的问题。

测试工程师对于那些已经被开发人员修复的缺陷，需要做回归测试以验证其是否得到正确修复，确认已经被修复的，就将缺陷关闭，否则重新提交给开发人员进行修复。对于缺陷的处理，可以使用缺陷管理工具。

关于缺陷以及缺陷的处理，将在第6章中详细讲解。

本阶段的负责人是测试经理。测试经理需要跟踪每个项目的实际测试情况，并对难以处理的情况做出决定。在本阶段，测试工程师的工作是执行具体的测试工作、提交缺陷、回归缺陷。

本阶段的输入文档是《需求规格说明书》《软件测试计划》《软件设计文档》《软件测试用例》《测试数据》，输出文档是《软件缺陷报告》。

如图2-4所示为测试执行阶段的主要工作内容。

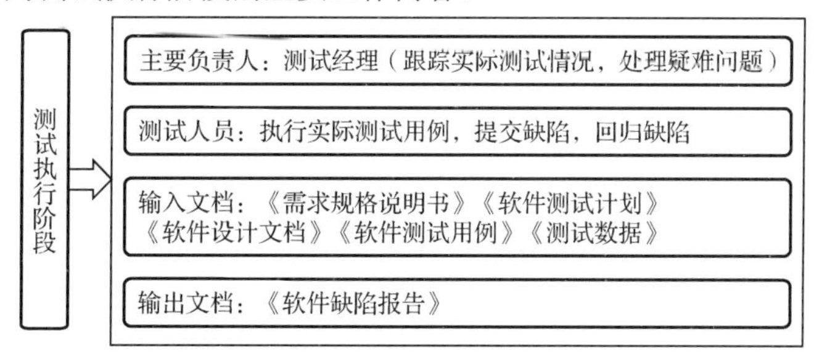

图2-4　测试执行阶段的主要工作内容

7. 测试总结报告

软件测试进行到一定程度就要进行测试评估了。测试评估可以在软件测试过程中阶段性进行，也可以在测试整体结束后进行。通过测试评估生成的测试总结报告（又叫测试评估报告）来确定测试是否达到了出口准则。

测试总结报告是一个展示测试人员工作过程的机会。软件缺陷列表和软件测试用例都太细了，而且篇幅比较大，专业性又强，很多人对其不感兴趣。但是测试总结报告却是很多人都会看的一份文档。所以，学会撰写软件测试总结报告会帮助你更好地在工作中找到自己的价值。

测试总结报告要介绍项目的基本信息，展示软件的遗留问题，回顾整个测试过程，同时得出测试结论，并在最后提出自己的建设性意见，然后用PDCA循环来进行过程改进。完成软件测试总结报告之后要进行评审，以确定软件测试是否要结束。

如何进行测试评估以及如何编写一份完整的软件测试总结报告，这部分内容将在第7章中详细讲解。

本阶段的主要负责人是测试经理，测试总结报告一般由其来完成。但测试执行人员会提

供自己所负责模块的测试情况给测试经理，以帮助其完成这份文档。

本阶段的输入文档是《需求规格说明书》《软件测试计划》《软件设计文档》《软件测试用例》《测试数据》《软件缺陷报告》，输出文档是《软件测试总结报告》。

如图 2-5 所示为测试总结阶段的主要工作内容。

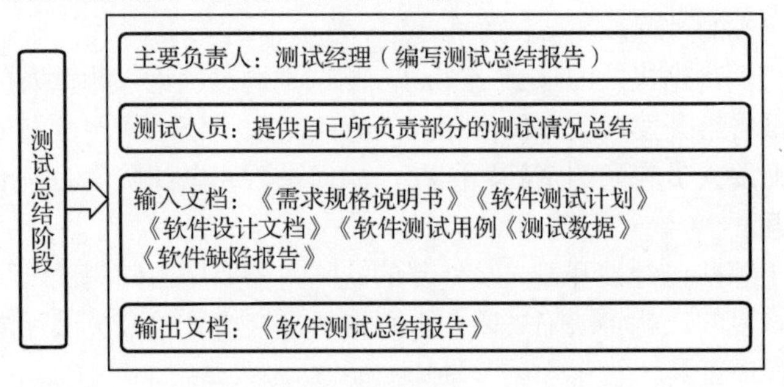

图 2-5　测试总结阶段的主要工作内容

8．测试文件归档

软件测试到此是否就结束了呢？还有最后一个环节，那就是测试文件的归档。测试文件归档是在测试验收结束，宣布测试有效及结束测试后，对整个过程中涉及的各种标准文档进行归档、存档。可以使用文档管理工具来完成此项工作，如 FTP、SVN、Git、VSS、Wiki 等。

软件测试的过程，其实是一个完整的 PDCA 循环。测试不应该在执行完软件测试后就戛然而止，应该使用这次测试总结出来的经验和教训指导下一次测试的设计和执行。软件测试中处处都体现着 PDCA 循环的精神。

（1）大的测试流程中，制订好测试计划，执行测试，通过测试结果来检查测试计划制订的合理性，然后分析计划偏离的原因，再将总结出来的经验用于指导下一次测试的计划，这样就形成了一个 PDCA 循环过程。

（2）提交一个缺陷也可以应用 PDCA 循环。先写下来，再检查，然后提交审核，对提出的意见进行分析，总结写得不好的地方，将总结的经验用于指导下一次报告的编写，这样的过程同样是一个 PDCA 循环。

（3）编写测试用例也是一个 PDCA 循环。选择好测试用例的编写方法，开始设计测试用例，然后通过评审来发现更多问题，或者通过执行测试用例来发现 bug，再根据执行的情况和 bug 的情况来分析测试用例的有效性，将这些总结出来的经验用于指导下一次的测试用例设计，这也是一个 PDCA 循环。

测试工作就像进行一场战争，敌人不是开发人员，而是可恶的、狡猾的、隐蔽的 bug。测试人员应该与开发人员成为亲密的战友，共同对“万恶的”bug 展开一场轰轰烈烈的歼灭战，并且最好能将它们消灭在产生的源头。

2.2　软件测试过程模型

软件开发过程模型（也叫软件开发生命周期模型）是指软件开发全部过程、活动和任务的结构框架，是无数前辈通过无数项目总结、沉淀下来的固有模型，是前人的智慧结晶。

在软件开发几十年的实践过程中，人们总结了很多的开发模型，比如大爆炸模型、边写边改模型、瀑布模型、原型模型、增量模型、渐进模型、RAD 模型以及近些年互联网项目中流行的敏捷开发模型 Scrum 等。这些模型对于软件开发过程具有很好的指导作用。但遗憾的是，这些过程模型中并没有对测试的作用予以重视，所以无法利用这些模型更好地指导软件测试的实际工作。

软件测试贯穿软件工程的始终，是与软件开发紧密相关的一系列有计划的、系统性的活动，显然软件测试也需要模型去指导实践。非常可喜的是，软件测试专家通过测试实践总结出了很多很好的测试模型，如 V 模型、W 模型、H 模型。由于测试和开发的结合非常紧密，在这些测试模型中也都将开发过程进行了很好的总结，体现了测试与开发的融合。下面对这几种模型做一些简单的介绍。

2.2.1　V 模型

如图 2-6 所示，V 模型是最具有代表意义的测试模型。V 模型在英国国家计算机中心文献中发布，旨在改进软件开发的效率和效果。V 模型最早由 Paul Rook 在 20 世纪 80 年代后期提出。

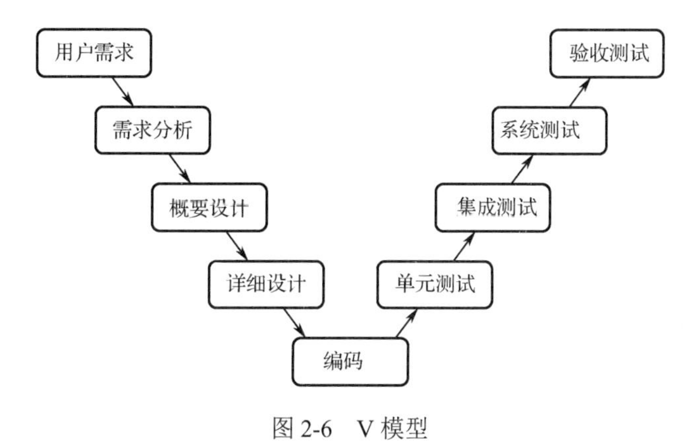

图 2-6　V 模型

V 模型是软件开发瀑布模型的变种。在瀑布模型中，人们通常把测试过程作为在需求分析、概要设计、详细设计和编码之后的一个阶段。尽管有时测试工作会占用整个项目周期一半的时间，但是有人仍然认为测试只是一个收尾的工作，而不是主要的过程。V 模型的推出就是对此认识的改进，它反映了测试活动与分析、设计、开发的关系，从左到右，描述了基本的开发过程和测试行为，非常明确地表明了测试过程中存在不同的测试级别，并且清楚地描述了这些测试阶段和开发过程各阶段的对应关系。

典型的 V 模型一般都有四种测试级别，分别与四种开发级别相对应。实际上，V 模型的测试级别可能会比上面提到的四种多，也可能少，或者有不同的测试级别，这取决于不同的项目和软件产品。例如，在组件测试后，可能有组件集成测试；在系统测试后，有系统集成测试。在图 2-6 中，这四种测试级别是单元测试（Component/Unit Testing）、集成测试（Integration Testing）、系统测试（System Testing）、验收测试（Acceptance Testing）。

这四种测试级别在第 1 章中也有详细介绍。V 模型的软件测试策略既包括底层测试又包括高层测试，底层测试是为了保证源代码的正确性，高层测试是为了使整个系统满足用户的需求。

尽管如此，V 模型也存在一定的局限性，它把测试过程作为需求分析、概要设计、详细

设计和编码之后的一个阶段，容易使人认为测试是软件开发过程的最后一个阶段以及软件测试的对象仅限于程序。

2.2.2 W 模型

V 模型的局限性在于没有明确地说明早期的测试，不能体现“尽早地和不断地进行软件测试”的原则。在 V 模型中增加软件开发各阶段应同步进行的测试，就演化成了 W 模型。W 模型又叫双 V 模型，因为实际上开发是“V”，测试也是与此并行的“V”。W 模型是由 Evolutif 公司提出的，如图 2-7 所示。

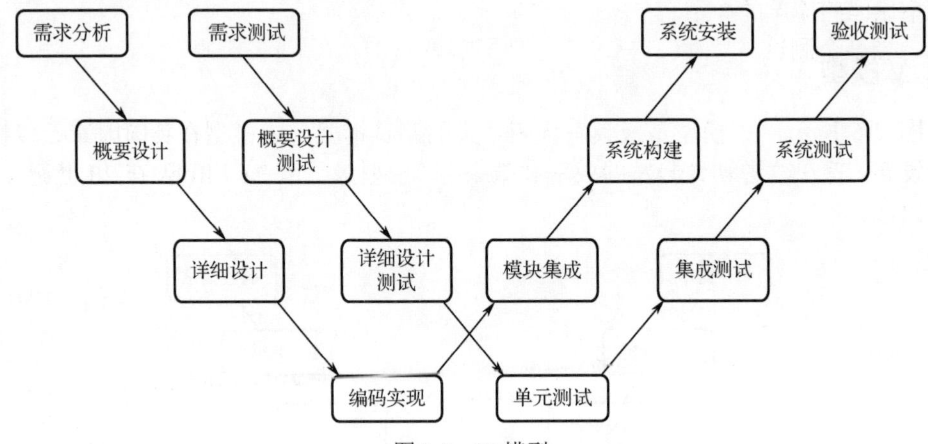

图 2-7　W 模型

相对于 V 模型，W 模型更科学。W 模型强调软件测试伴随着整个软件开发周期，而且测试的对象不仅仅是程序，还包括需求、设计以及开发输出的文档。这样，只要相应的开发活动完成，我们就可以开始执行测试。可以说，测试和开发是同步进行的，测试人员尽早参与项目，才有利于尽早地发现问题。以需求为例，需求分析一旦完成，我们就可以对需求进行测试，而不是等到最后才开始针对需求进行验收测试。

根据 W 模型的要求，一旦有文档提供，就要及时确定测试条件，以及编写测试用例。当需求被提交后，就需要确定高级别的测试用例来测试这些需求。当概要设计编写完成后，就需要确定测试条件来查找该阶段的设计缺陷。W 模型中所有的测试产出文档都需要评审，而且在对开发各个阶段中所产生的文档进行评审时，测试人员也都需要参与其中，比如概要设计文档、详细设计文档。

如果测试文档能尽早提交，那么就有了更多的测试时间。另外还有一个很大的益处是，测试者可以在项目中尽可能早地找出缺陷所在，从而帮助改进项目内部的质量。参与前期工作的测试者可以预先估计问题和难度，这可以显著减少总体测试时间，加快项目进度。

W 模型也是有局限性的，最大的局限性就是无法支持迭代。W 模型和 V 模型都将软件的开发视为需求、设计、编码等一系列串行的活动。同样地，软件开发和测试也是保持一种线性的前后关系，需要有严格的指令表示上一阶段完全结束，才可正式开始下一阶段工作，这样就无法支持迭代。

2.2.3 H 模型

W 模型和 V 模型都把软件的开发视为需求、设计、编码等一系列串行的活动，而事实上，

虽然这些活动之间存在互相牵制的关系，但在大部分时间内，它们是可以交叉进行的。虽然软件开发期望有清晰的需求、设计和编码阶段，但实践告诉我们，严格的阶段划分只是一种理想状况。试问：有几个软件项目是在有了明确的需求之后才开始设计的呢？如果需求全都明确才开始设计，就不会有那么多的需求变更了。所以，相应的测试活动也不存在严格的次序关系。同时，V 模型和 W 模型都没有很好地体现测试流程的完整性。

为了解决以上问题，有专家提出了 H 模型。它将测试活动完全独立出来，形成一个完全独立的流程，将测试准备活动和测试执行活动清晰地体现出来。H 模型是配合敏捷开发模式产生的。

在 H 模型中，软件测试模型是一个独立的流程，贯穿于整个产品周期，与其他流程并发地进行。当某个测试条件就绪时，软件测试即从测试准备阶段进入执行阶段。H 模型的简单示意图如图 2-8 所示。

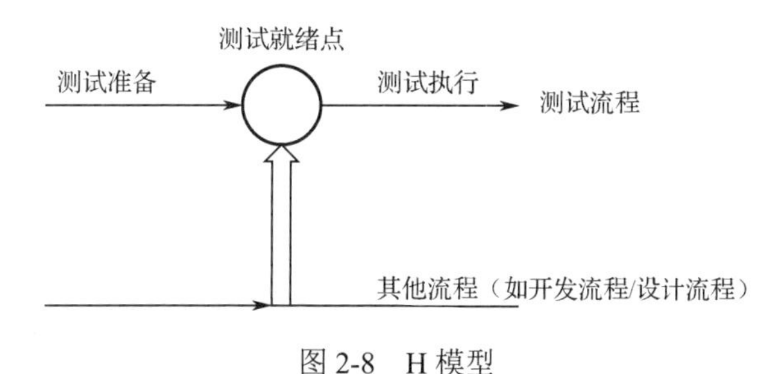

图 2-8　H 模型

图 2-8 中的其他流程可以是任意流程，如开发流程、设计流程、编码流程、SQA 流程，甚至是测试流程自身。也就是说，只要测试条件成熟，测试准备活动完成，测试执行活动就可以（或者需要）进行了。概括地说，H 模型揭示了以下现实：

（1）软件测试不仅指测试的执行，还包括测试准备工作；

（2）软件测试是一个独立的流程，贯穿产品整个生命周期，与其他流程并发地进行；

（3）软件测试要尽早准备、尽早执行；

（4）软件测试是根据被测物的不同而分层次进行的，支持被测物的多次迭代。

以上介绍了三种典型的测试过程模型。在这些模型中，V 模型强调了在整个软件项目开发中需要经历的若干个测试级别，而且每一个级别都与一个开发级别相对应，但它忽略了测试对象不应该仅仅包括程序，而这一点在 W 模型中得到了补充。W 模型强调了测试计划等工作的先行以及对系统需求和系统设计的测试，但 W 模型不能很好地支持各个流程的迭代。事实上，随着人们对软件质量的要求越来越高，软件测试也逐步发展成为一个独立于软件开发的知识体系，就每一个软件测试的细节而言，它都有一个独立的流程。例如，现在的第三方测试就包含了从测试计划和测试案例编写，到测试实施以及测试报告编写的全过程，这个过程在 H 模型中得到了相应的体现，表现为测试是独立的，也就是说，只要测试的前提具备了，就可以开始进行测试了。

这三种模型对指导测试工作的进行都具有重要的意义。但在实际工作中，不能为了使用模型而使用模型，要灵活运用各种模型的优点，取其精华、去其糟粕。例如，可以在 W 模型的框架下，运用 H 模型的思想进行独立测试，同时将测试和开发紧密结合，寻找恰当的就绪点开始测试并反复迭代测试，最终保证按期完成预定目标。

2.3 软件测试的原则

在 2.1 节中我们讲述了软件测试的流程，2.2 节中讲到了软件测试的过程模型。但遗憾的是，那些理想的过程在实际测试工作中很难遇到。例如，项目模式可能并不是纯粹的按照模型开展的，需求文档有可能不完善甚至根本没有，测试时间也可能会因为各种原因而被挤压。所以，作为软件测试人员，必须直面现实，才能做好测试工作。

接下来列举一些软件测试的原则，它们可以视为软件测试的“行业潜规则”或者“工作常识”。每一条原则都是宝贵的知识结晶。

（1）所有的测试最终都应该以用户需求为依据。

软件测试的目的是寻找实际结果和预期结果之间的差异。从用户角度来看，最严重的错误就是那些导致程序无法满足需求的错误。如果系统不能完成客户的需求和期望，那么，这个系统的研发是失败的。通常，所有的测试都是依据用户需求来进行的，一旦在测试过程中发生争执，所有问题的解决都要依据需求说明中的规定，追溯用户需求。

（2）应尽早开展软件测试工作。

软件项目中 40%～60%的问题都是需求分析阶段埋下的“祸根”（Leffingwell，1997），而软件项目在软件生命周期的各个阶段都可能产生错误。实践证明，缺陷发现得越早，修改缺陷的成本越低。随着时间的推移，修复软件缺陷的费用在成倍地增长，在维护阶段发现缺陷的修复成本甚至是在需求阶段的 200 倍，如图 2-9 所示。

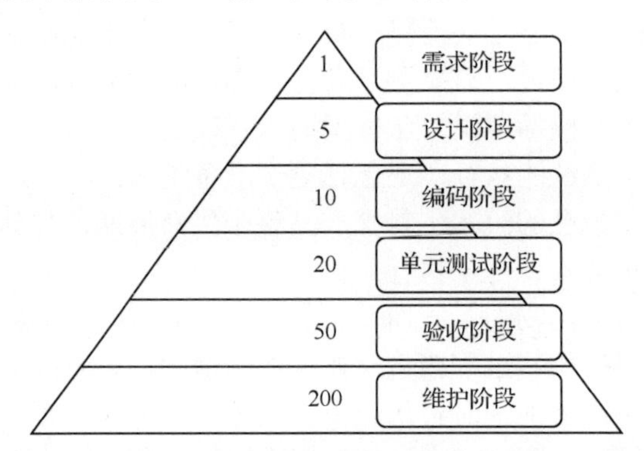

图 2-9　软件开发不同阶段发现的缺陷修复成本倍数关系

如同我们前面讲过的奥运票务系统因无法承受每小时 800 万次的流量而宕机的案例，如果早在编写需求说明书的时候就指出系统需要的最大性能指标，然后再配置设计和测试，付出的代价小得几乎可以忽略不计，即便在开发的某一阶段发现该缺陷，其修复成本与最终奥运票务系统所承担的负面影响、投诉和新一轮的修改相比，也要低得多。由此可见，我们必须尽早地开始软件测试。

（3）软件测试中的 Pareto 法则。

Pareto 法则又称为 80/20 效率法则，是意大利经济学家帕累托（Vilfredo Pareto）提出的，可以适用于各行各业。在软件测试中，Pareto 法则暗示：软件测试发现的 80%的错误很可能起源于 20%的程序模块；也可以表示，在分析、设计、实现阶段的复审和测试工作能够发现和避免 80%的缺陷，而系统测试又能找出其余缺陷的 80%（其余 20%的 80%），最后 4%的软件缺陷可能只有在用户大范围、长时间使用后才会暴露出来，如图 2-10 所示。所以软件测试只能保证尽可能多地发现错误，无法保证发现所有的错误。

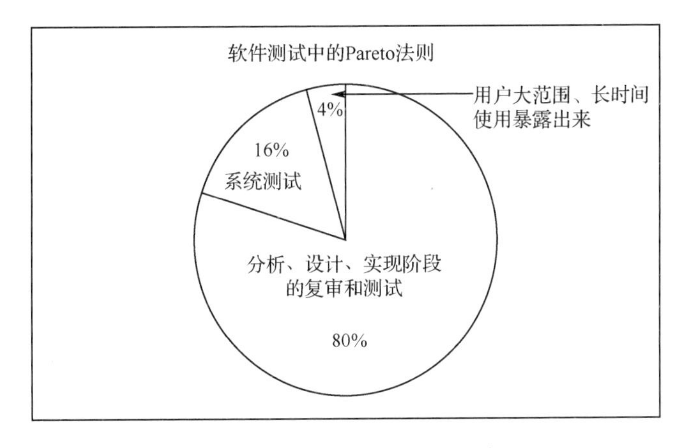

图 2-10　软件测试中的 Pareto 法则

（4）程序员应该尽量避免测试自己编写的程序。

这一说法并不意味着程序员不能测试自己的程序，而是说让独立的第三方来构造测试会更加客观、有效，并容易取得成功。软件测试的目的是寻找错误，但是人们常具有一种不愿意否定自己工作的心理，认为揭露自己程序中的问题总是一件很不愉快的事情，这一心理状态就会成为程序员测试自己程序的障碍。仅次于上述心理学原因，如果程序员本身就对需求理解有误，那就会带着同样的误解来测试自己的程序，这种错误根本不可能测试出来。

（5）穷尽测试是不可能的。

即使是功能非常简单的程序，其输入路径的组合数量也非常庞大。

例如，计算器程序的测试，要测试加法、减法、乘法、除法、平方根、百分数和倒数等操作，加法又有 2 个数相加、3 个数相加、4 个数相加……小数相加，等等。

除了正常数字的加法需要测试之外，还要测试异常输入的时候，程序是否正确地进行了处理，比如通过键盘输入字母、特殊符号等。

输入的数据组合无穷无尽，即使使用全世界最先进的设备和工具来输入也无济于事。所以，穷尽测试是不可能的，即使是最简单的程序也不行。

（6）软件测试是有风险的。

因为穷尽测试是不可能的，所以缺陷被遗漏的可能性永远存在，这就是软件测试的风险。例如，计算器程序的测试中，如果选择不去测试 1000+1000=2000 会怎么样呢？有可能程序员碰巧在这种情况下留下了软件缺陷，然后客户在使用过程中碰巧就发现了这个缺陷。软件已经发布并投入使用，再修复这种缺陷，其成本是非常高的。怎么办呢？如何把数量巨大的可能测试减少到可控的范围，是软件测试人员应该学习的技能。

（7）Good-Enough 原则。

既不要做过多的测试，也不要做不充分的测试，这就是“Good-Enough 原则”。也就是说，当软件测试到达一个“最优工作量”的时候就停止测试。如图 2-11 所示，有个明显的转折点，它就是我们所说的“最优工作量”。在这个点之前，测试成本的投入能取得明显的效果，即发现的 bug 数与投入的成本有显著的正比例关系；在这个点之后，虽然投入的测试成本在增加，但发现的 bug 数却并没有显著增加。实际工作中通过制定最低测试通过标准和测试内容，帮

助我们尽可能在“最优工作量”附近停止测试工作。

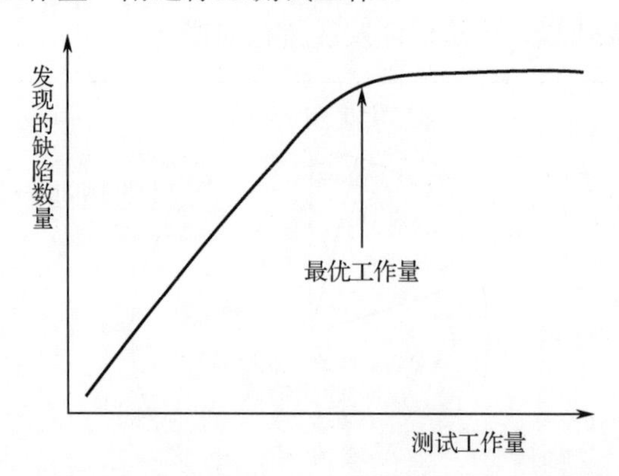

图 2-11　测试工作量和发现的软件缺陷数量的关系

（8）程序中存在软件缺陷的可能性与该部分已经发现的缺陷成正比。

通常一段程序中已发现的错误数越多，意味着这段程序的潜在错误也较多，这是软件缺陷的集群现象。软件缺陷和生活中的害虫“小强”几乎一样——都是发现一个，附近就可能有一群。有时，软件测试人员会在长时间内找不到软件缺陷，但找到一个之后就可能会找到更多。

为什么会出现这样的情况呢？因为人总是会反复犯下自己容易犯的错误，程序员也不例外。另外一个可能是，错误聚集的模块是软件的底层架构，这样的位置牵一发而动全身。

（9）软件测试经常会有免疫现象发生。

在软件测试中，免疫现象用来描述测试人员对同一测试对象进行的测试次数越多，发现的缺陷就会越来越少的现象。这是 1990 年 Boris Beizer 在其编著的《软件测试技术》第二版中提出的。

为了克服免疫现象，软件测试人员必须常常采用新技术，编写不同的测试程序，对程序的不同部分进行测试，以发现更多的缺陷。也可以引入新人来测试软件，往往新人能发现一些意想不到的问题。

（10）无法通过软件测试发现所有的软件缺陷。

软件测试是质量保证中的一环，只能保证尽量暴露软件中的缺陷。通过软件测试可以证明缺陷存在，但不能证明系统不存在缺陷。测试可以减少软件中遗漏的缺陷数量，但即使测试没有发现任何缺陷，也不能证明软件或系统是完全没有缺陷的。软件测试无法揭示潜伏的软件缺陷。

（11）并非所有的软件缺陷都会修复。

在实际的软件测试项目中，经常会发生带着 bug 上线的情况，也就是说在上线之前并没有修复所有的缺陷。但这并不意味着软件测试人员未达到目的，或者项目小组将发布质量欠佳的产品。带着 bug 上线的原因通常有以下几个：

①到项目发布时间，没有足够的时间修复缺陷。

②不是真正的软件缺陷，而是理解错误或测试错误或者说明书变更导致的。

③修复一个缺陷，有可能会引入更多或者更严重的缺陷。在紧迫的产品发布进度压力下，修改软件缺陷将冒很大的风险，除非重构。暂时不去理睬这种软件缺陷是比较明智的做法。

④一些随机缺陷或者出现在不常使用的模块中的软件缺陷是可以暂时放过的，等以后有

时间的时候再修复或者根本不修复。

（12）前进两步，后退一步。

这是指修复软件缺陷，总会以 20%～50%的概率引入新的缺陷，所以整个过程是“前进两步，后退一步”的。通过合理的回归测试，可以有效地解决部分这种问题。

2.4　本章小结

在本章重点讲述了三个方面的知识：软件测试的整体流程，软件测试过程模型，以及软件测试的原则。

软件测试的流程使读者可以窥见软件测试的全貌，也是贯穿本书的一条主线索，以后的章节会对该流程中的部分内容进行详细讲授。

软件测试过程模型除了本文讲到的三种过程模型之外，还有 X 模型和前置模型，它们在三种测试过程模型的基础上增加了许多不确定因素的处理情况。读者也可以自行学习敏捷开发模型中软件测试的实践，其在快速迭代的互联网项目中应用极其广泛。

如果说软件测试流程让读者明白软件测试的全貌，软件测试过程模型则表明了软件测试过程与开发的配合关系。

软件测试的原则让读者明白在实际工作中的一些行业“潜规则”，遵循这些原则可以让实际的测试工作做得更好。

2.5　本章练习

一、单选题

（1）以下哪一项不是常见的软件测试过程模型？（　　）

A．H 模型　　B．V 模型　　C．W 模型　　D．瀑布模型

（2）以下哪一项属于 W 模型的测试环节？（　　）

A．需求分析　　B．概要设计　　C．详细设计　　D．验收测试

（3）以下不属于测试原则的是（　　）。

A．软件测试是有风险的行为

B．穷尽测试程序是不可能的

C．测试无法显示潜伏的软件缺陷

D．找到的缺陷越多，证明软件的潜在缺陷就越少

（4）关于软件测试的原则，以下说法中错误的是（　　）。

A．所有的测试都应追溯到用户需求。

B．软件测试应尽早启动。

C．程序员测试自己的程序可以达到最佳效果。

D．软件测试是有风险的。

（5）以下哪一项不是大数据系统数据的特点？（　　）

A．大规模（Volume）　　B．类型多样（Variety）

C．产生速度快（Velocity）　　D．高精确度（Accurate）

二、多选题

（1）以下哪几项属于软件测试流程中的重要环节？（　　）

A．编写需求文档　　B．设计测试用例　　C．执行软件测试　　D．进行测试总结

（2）W 模型中，以下哪些文档需要测试人员参与评审？（　　）

A．需求说明书　　B．详细设计文档　　C．测试用例　　D．测试总结报告

（3）关于 Pareto 法则，以下说法中正确的是（　　）。

A．80%的缺陷来自 20%的程序模块。

B．在需求、设计、实现阶段，测试能发现 80%的软件缺陷。

C．系统测试能找出其余 20%的缺陷中的 80%，也就是 16%的软件缺陷。

D．用户可能会在长时间、大范围的使用中发现 20%的缺陷。

（4）软件测试需要由第三方去执行，关于这一点说法正确的是（　　）。

A．开发人员找自己程序的缺陷可能会有心理障碍。

B．开发人员可能对需求理解有误，导致无法找出缺陷。

C．第三方测试一般都有专业成熟的测试技术。

D．开发人员比较忙，没有时间测试自己的程序。

（5）所测场景不同，所需要的测试环境也有所不同，以下说法中正确的是（　　）。

A．如果做大数据新业务上线前的功能测试，需要构造类生产的迷你测试环境。

B．如果测试实时数据处理业务，可按照系统生产环境等比例缩放。

C．如果测试大数据系统的性能，需要直接在生产环境进行测试。

D．如果测试比较重要的新功能，必须直接在生产环境进行测试。

（6）使用自有数据时，常用的方法有几种？（　　）

A．购买数据　　B．生产环境真实数据引流

C．生产环境数据复制　　D．构造数据

（7）关于 H 模型揭示的内容，以下说法中正确的是（　　）。

A．软件测试不仅仅指测试的执行，还包括很多其他的活动。

B．软件测试是一个独立的流程，贯穿产品生命周期，与其他流程并行。

C．软件测试要尽早准备、尽早执行。

D．软件测试是根据被测物的不同而分层次进行的。

（8）大数据测试环境有什么特点？（　　）

A．数据规模大　　B．数据多样　　C．计算复杂度高　　D．分布式结构

三、判断题

（1）V 模型存在一定的局限性，是指 V 模型仅仅把软件测试过程作为在需求分析、概要设计、详细设计及编码之后的一个阶段。容易使人误解软件测试是软件开发过程的最后一个阶段，有可能需求分析阶段隐藏的问题会一直到后期的验收测试才被发现。（　　）

（2）W 模型不能很好地支持迭代，不能体现测试流程的完整性。（　　）

（3）软件测试总结报告可以展示软件测试人员的工作成果。（　　）

第3章 软件测试计划

本章简介

中国有句古话"凡事预则立，不预则废"，这里的"预"就有计划的意思。在软件项目中有项目计划，而软件测试计划作为软件项目计划的子计划，在项目启动初期是必须规划的。如何规划整个项目周期的测试工作，如何将测试工作上升到测试管理的高度，都依赖于测试计划的制订。详细的测试计划可以帮助测试组之外的人了解为什么和怎样验证软件产品。

本章重点讲解软件测试需求分析、软件测试计划概述以及如何编写软件测试计划的各项内容，如项目背景、术语定义、测试范围、测试策略、测试工具、角色分工、任务分工、进度计划以及测试进入和退出的标准、风险及风险分析等内容。

3.1 软件测试需求分析

制订软件测试计划的前提是对软件产品进行需求分析。而作为测试人员，一定要了解需求相关工作内容。IT 行业有句话是这么说的，"一个优秀的产品人员是半个测试人员，而一个优秀的测试人员是半个产品人员"，说明这两个岗位的工作内容有一定的重合度。本书不对需求环节做过多的介绍，只重点说明不同类型的软件需求的获取方式以及测试人员在需求评审的时候应该做些什么。

根据需求来源的不同，软件分为产品类软件和项目类软件。每种软件需求的获取方式不一样，对人员素质要求也不一样。

（1）项目类软件。项目类软件的需求由特定用户以合同等契约形式明确下来。需求是通过和用户交流沟通的方式如访谈、交流、一起工作等渠道获取。它要求需求获取人员具有良好的业务背景，很好的交流沟通能力和亲和力，还需要具有很强的分析能力。

（2）产品类软件。产品类软件没有特定用户以合同形式明确需求，需求主要由市场分析人员分析潜在客户的潜在需求获得，开发的产品源于公司已有的一些项目、技术专利等，如 Office、Photoshop、微信等软件。产品类软件的需求获取一般通过市场调查、问卷、用户反馈、心理分析研究等方式，需要我们的需求获取人员具有深厚的业务背景、敏锐的洞察力、前瞻的预测能力和创造性思维。

虽然需求的获取通常是需求人员去完成，测试人员只需要根据需求规格说明书进行测试

需求分析即可，但尴尬的是，通常测试人员并没有足够的需求文档来指导测试，这个时候测试人员学会一些需求获取的方法就会非常有用了。

测试需求的分析是整个测试过程的基础，被确定的测试需求项必须是可核实的，它们必须有一个可观察、可评测的结果。无法核实的需求就不是测试需求。这里所说的测试需求是一个比较大的概念，它是在整个测试计划文档中体现出来的，测试需求的分析还包括与客户的交流以澄清某些混淆，并明确哪些需求是更为重要的。其目的是确保所有风险承担者尽早地对项目达成共识并对将来的产品有个相同而清晰的认识。

软件测试需求分析的作用非常重要，这里引用一项调查的结果来说明它的重要性：

一项调查的结果表明：56%的软件缺陷其实是在软件需求阶段被引入的，而这其中的 50%是由于需求文档编写不明确、不清晰、不正确等问题导致的，剩下的 50%则是由于需求的遗漏导致的。

所以，经常会发生这样的现象：项目组开发出来的软件，虽然已经通过了严格的测试和质量保证人员的确认，但依然会收到很多用户抱怨，甚至开发者团队自身可能都不喜欢使用。原因就是需求从一开始就是错误的。

为了避免出现“需求从一开始就是错误的”现象，软件测试人员需要对软件的需求规格说明书进行测试，而且要尽早参与需求评审会。

什么是评审？

ANSI/IEEE 729-1983 规定：在正式的会议上将软件项目的成果（包括各阶段的文档、产生的代码等）提交给用户、客户或有关部门人员对软件产品进行评审和批准，其目的是找出可能影响软件产品质量、开发过程、维护工作的适用性和环境方面的设计缺陷，并采取补救措施，以及找出在性能、安全性和经济方面的可能的改进。

评审的目的是在软件开发与测试的各个阶段进行相应的检查，有利于软件产品与过程的质量提高。据笔者的工作经验来看，通常会发生测试人员参加需求评审会而不知道如何下手的情况。测试人员虽然参加需求评审，但大多数人提不出建设性的问题，或者干脆不提问题，只是去需求评审会上学习而已，这样的评审态度是不正确的。如果在需求评审中不提出与可测试性相关的问题，会给后期的测试带来很大的困难，甚至会设计出错误的测试用例，导致测试质量下降。

测试工程师应主要针对“需求是不是可测试”来进行评审，这里列一个需求评审检查单，如表 3-1 所示。

表 3-1　软件测试工程师需求评审检查单

序　号	检　查　单
1	需求中的每个规格是否都有明确的说明
2	软件的需求表述是否清晰
3	软件的需求是否存在二义性
4	是否对特定含义的术语给予了定义
5	需求是否有自相矛盾的情况
6	需求中有没有遗漏一些异常的约束关系
7	需求中有没有包含不确定的描述，如大约、可能等
8	环境搭建是否有困难或可能有困难

3.2 软件测试计划概述

软件测试是有计划、有组织和有系统的软件质量保证活动，而不是随意的、松散的、杂乱的实施过程。为了规范测试内容、方法和过程，在对软件进行测试之前，必须创建测试计划，为后续的测试工作提供直接的指导作用。

1．什么是软件测试计划

软件测试计划包含了产品概述、测试策略、测试方法、测试区域、测试配置、测试周期、测试资源、测试交流、风险分析等内容。借助软件测试计划，参与测试的项目成员，尤其是测试管理人员，可以明确测试任务和测试方法，保持测试实施过程的顺畅沟通、跟踪以及控制测试进度，应对测试过程中的各种变更。

> ANSI/IEEE 软件测试文档标准 829-1983 定义测试计划为：
>
> 软件测试计划（Software Test Plan）是一个叙述了预定的测试活动的范围、途径、资源及进度安排的文档。它确认了测试项、被测特征、测试任务、人员安排，以及任何偶发事件的风险。

一般情况下，软件测试计划采用的形式是书面文档，但是不能片面地认为制订软件测试计划就是写一篇文档。实际上，文档只是创建详细计划过程的一个副产品，并非计划过程的根本目的。测试过程的最终目标是交流软件小组的意图、期望，以及对将要执行的测试任务的理解。所以，重要的是计划过程，而不是产生的结果文档。

但这并不是说描述和总结计划过程结果的最终测试计划文档就不需要了，相反，仍然需要有一个记录计划过程的结果文档作为参考和归档使用——在一些行业这是法律的要求。

2．编写测试计划有什么作用

在项目管理中，决定项目成败的是项目管理三约束条件TRQ：T-Time（项目进度）、R-Resource（项目资源配置/成本）、Q-Quantity（项目范围），如图 3-1 所示。

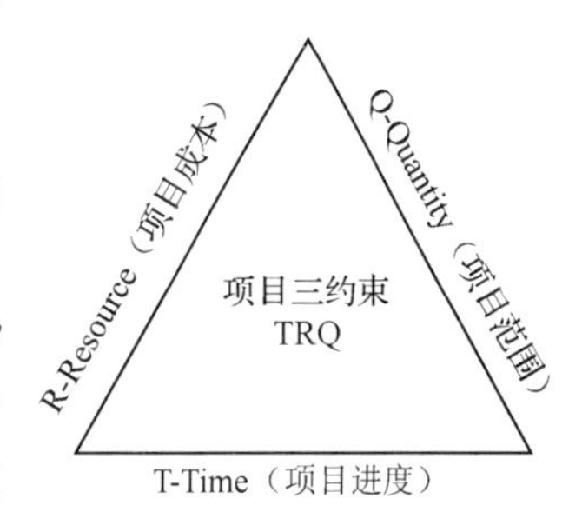

图 3-1　项目管理三约束

项目管理就是以科学的方法和工具来寻找这三者之间的平衡点。项目管理三约束中强调了这三者之间的制约平衡关系，比如当功能范围“Q”发生变更时，通常会通过增加人力资源“R”或者拉长“T”来平衡；同样，当资源“R”发生减少时，通常会减小功能范围“Q”或者拉长项目时间“T”来平衡，所以三者达到了互相约束的作用。

但通过实际项目的经验来看，当项目因为某种原因不能按计划完成，而 TRQ 都固定的情况下，项目组成员往往会选择牺牲项目质量，使软件变得粗制滥造。由此可见，软件质量在项目管理中也是一个非常重要的约束条件，所以项目管理三约束中的“Q”应该是指 Quantity+Quality（项目范围+项目质量），从而变成影响项目成败的四个关键约束。而覆盖项目质量的文档就是 QA 计划或软件测试计划，所以软件测试计划是保证项目成功的重要因素之一。

软件测试计划是指导测试过程的纲领性文件，在项目执行中发挥核心作用，设定了测试准备工作和执行测试的必备条件，同时形成了测试过程质量保证的基础。

综上所述，关于编写软件测试计划的好处总结如下：

（1）软件测试计划是保证项目成功的重要因素之一；

（2）管理者可以根据测试计划做宏观调控，进行相应资源的配置管理；

（3）可以增加团队间交流，使测试人员了解整个项目不同阶段所要进行的工作安排；

（4）便于其他成员了解测试人员的工作内容，配合有关工作；

（5）如果是项目式软件的话，可以通过测试计划交代的内容，如测试过程、人员技能、资源、使用工具等信息，给客户信心。

但需要记住一个核心的基本点，编写软件测试计划的重要目的就是使测试过程能够发现更多的软件缺陷。

3. 如何做好软件测试计划工作

做好软件的测试计划工作并不是一件容易的事情，需要综合考虑各种影响测试的因素。为了做好软件测试计划，需要注意以下几个原则：

（1）测试计划的制订越早越好。测试计划越早制订越好，通常需求文档评审通过后，测试组就需要开始测试计划工作了，并通过计划过程形成测试计划文档。当然，对于开发过程不是十分清晰和稳定的项目，测试计划也可以在总体设计完成后开始编写。

（2）坚持 5W1H 的基本思路，明确软件测试计划内容的 6 要素，如图 3-2 所示。

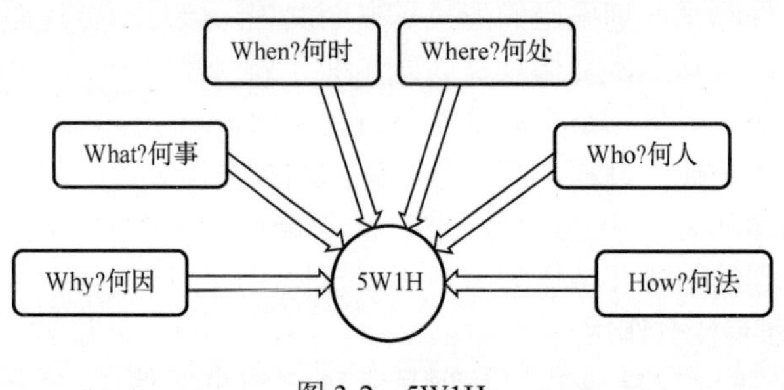

图 3-2　5W1H

Why（何因？）：测试的目标。指为什么要做测试，测试的目标必须是明确的、可量化的，而不是模棱两可的宏观描述。

What（何事？）：测试的范围和内容。指要测试什么功能。测试范围必须高度覆盖功能需求，并突出关键部分，确定测试内容的优先级。这需要我们准确理解被测软件的功能特征及应用行业的知识。

When（何时？）：指测试的开始和结束日期。测试各阶段的时间安排要明确合理，并且要与项目计划和开发计划密切结合。

Where（何处？）：指测试环境及测试文档的存放位置。比如在哪里进行测试，测试系统的哪个部分。对于测试文档的存放，在第 2 章软件测试流程部分也有讲到，测试文档通常会使用文档管理工具进行管理，此处不再赘述。

Who（何人？）：测试的人员安排、任务分工。指谁来做测试的设计，谁来做测试的执行。人员分工要根据每个测试人员的特点进行安排，“好钢用在刀刃上”。

How（何法？）测试的方法和工具。指如何进行测试，如何组织人员，如何规避项目风险等。测试方法要切实可行，测试工具要具有较高的实用性，生成的测试结果直观、准确等。

“5W1H”原则是制订测试计划时需要考虑的最重要的 6 个要素。牢记这 6 点，会使制订测试计划的工作变得容易起来。虽然软件测试计划一般是由测试经理编写的，但作为软件测试新手，也要准备着为测试计划向测试经理提供内容。

（3）采用评审和更新机制。测试计划编写完成后，一般要对测试计划的正确性、全面性以及可行性等进行评审，评审人员的组成包括项目经理、软件开发人员、测试人员、测试负责人以及其他有关负责人。如果没有经过评审，直接发送给测试团队，测试计划内容可能不准确或有遗漏。因为可能需求发生了变更，而测试计划没有及时更新；也有可能受编写人员自身经验和对软件需求的理解所限而导致内容不完善。

所以一定要对软件测试计划进行评审，而且根据审阅意见和建议进行修正和更新。即便如此，在后续的软件测试执行过程中，仍然会出现“计划赶不上变化”的情况，所以软件测试计划需要不断更新。

（4）软件测试计划要简洁、易读。编写软件测试计划要避免“大而全”、无所不包、长篇大论，这样既浪费写作时间，也浪费测试人员的阅读时间。“大而全”的一个常见表现就是测试计划文档包含详细的测试技术指标和测试用例。最好的方法是分开创建测试计划和测试用例以及详细的测试技术指标。

测试计划和测试用例之间是战略和战术的关系，测试计划主要从宏观上规划测试活动的范围、方法和资源配置，而测试用例是完成测试任务的具体战术。

3.3 软件测试计划内容

如何编写软件测试计划呢？软件测试计划都包含哪些内容呢？我们先来看一份测试计划的案例模板目录，如下所示：

目　录

4.4　测试工具
五、测试进度
5.1　任务分工
5.2　测试里程碑
六、测试准则
6.1　测试进入的准则
6.2　测试暂停的准则
6.3　测试恢复的准则
6.4　测试退出的准则
七、风险及应对方案
7.1　风险分析
7.2　风险应对方案
八、测试提交的文档

这个目录是在IEEE 829标准的基础上编写的一份比较实用的测试计划目录，以下就这些内容一一来做分析，并以此来带领读者掌握软件测试计划的编撰过程。

3.3.1　项目概述

1．项目背景

项目背景中需要列出测试计划所从属的软件系统的名称，并说明没有这个产品的时候所处的“悲惨境地”；还要说明这个产品解决了什么问题，能达到什么样的美好未来，以及促成这个转变所需要的产品功能点。例如：

软件系统的名称：《学生考试系统》

组织学生考试工作是教学管理中的一项重要工作内容，但现在学院对于学生考试的管理仍采取人工出题、组卷、纸张打印的方式，效率明显太低，而且成本也相对比较高，也不环保。随着信息技术的发展以及计算机的广泛普及，人们的日常学习办公越来越离不开计算机，而对于学校的教务管理中心和老师来说，若能有一套有效的学生考试系统，无疑会大大地提高效率，方便对学生考试的管理。因此，项目组准备开发一套功能完善的考试系统软件，快速处理出题、组卷、发布试卷以及参加考试等功能。该系统包含学生端和教师端两个部分。学生端的功能主要是：学生信息展示，学生登录功能，学生参与考试以及查看考试解析等；而教师端的功能主要是：学生信息录入，试题录入，组卷，发布考试，教师阅卷等。

2．编写目的

是指编写这个文档要达到的目的。例如：

（1）使项目测试工作的所有参与人员（客户方参与人员、测试管理者、测试人员）对本项目测试的目标、范围、策略、方法、组织、资源等有一个清晰的认识；

（2）使项目测试工作的所有参与人员理解测试控制过程；

（3）从策略角度说明本项目测试的组织和管理，指导测试进展，并作为项目测试工作实施的依据；

（4）为测试工作提供一个整体框架和规范。

3．计划受众

是指可能会阅读和参考这份文档的人员。预期的读者主要有两类受众：测试管理人员（项目经理、客户指派人员）和测试人员。

（1）项目经理可以根据该测试计划制订进一步的计划、安排（工作任务分配、时间进度安排）和控制测试过程；

（2）客户指派人员通过该测试计划了解测试过程和相关信息；

（3）测试人员根据该测试计划中制定的范围、方法确定测试的需求、设计测试用例、执行测试和报告缺陷。

4．术语定义

项目小组中的全部成员在高级质量和可靠性目标上达成一致是一件困难的事情，如对软件缺陷的定义：

（1）软件未实现产品说明书要求的功能；

（2）软件出现了产品说明书中指明不应该出现的错误；

（3）软件实现了产品说明书未提到的功能；

（4）软件未实现产品说明书虽未明确提及但应该实现的目标；

（5）测试人员认为软件不好用或者不应该出现的功能。

能确认小组全部成员都知道、理解这个定义吗？更重要的是，开发人员同意这个定义吗？项目经理知道软件测试人员的目标吗？如果不是这样，可以想见争执在所难免。测试计划的过程就是保证他们能理解和同意。

所以，术语定义的第一个作用就是让小组内全体人员说法一致。另外，也是为了让非专业人士也能看懂这份测试计划文档，因为非专业人士可能并不懂什么是冒烟测试，什么是流量、吞吐量等，那么看文档的效果就会打折。所以，我们要进行术语定义，以减少歧义和降低沟通成本。在术语定义中，需要列出文中出现的专门术语和外文首字母缩略词的原词组，包括通用词语在本文中的专用解释，如表3-2、表3-3和表3-4所示。

表3-2　专有术语定义表

术　语	说　明
流量	指一个网站的访问量，包括网站的独立用户数量、总用户数量（含重复访问者）、页面浏览数量、每个用户的页面浏览数量、用户在网站的平均停留时间等
点击率	指网站页面上某一内容被点击的次数与被显示次数之比，它反映了网页的受关注程度
吞吐量	指服务器单位时间内处理事务的数量
禅道	项目管理软件，同时也是一款测试管理软件
测试策略	测试工程的总体方法和目标
测试范围	测试该项目所需要执行的全部工作
测试用例	为特殊目标编制的输入、执行条件以及预期结果

表 3-3　缩略语定义表

缩　略　语	说　　明
Web	浏览器方式的万维网
IE	微软互联网浏览器
Windows Server	微软服务器操作系统
SQL Server	微软数据库管理系统
I5、I6	英特尔处理器及型号
RAM	计算机或手机的运行内存

表 3-4　缺陷的严重级别定义表

缺陷严重级别	等级定义及描述
致命缺陷 Fatal	（1）操作系统无法正常使用，死机，出现致命错误； （2）数据丢失； （3）被测系统频繁崩溃，程序出错，使功能不能继续使用； （4）性能与需求不一致； （5）系统资源引发性能问题； （6）系统配置引发错误； （7）安全性问题
严重缺陷 Critical	（1）功能与需求不一致，或功能未实现； （2）功能有错误，影响使用； （3）数据传输有错误； （4）安装与卸载问题
重要缺陷 Major	（1）功能有错误，但不影响使用； （2）界面错误； （3）边界条件出错
一般缺陷 Minor	（1）界面设计不规范； （2）消息、提示不准确； （3）交互界面不友好
改进意见 Enhancement	测试人员认为的改进意见或建议

5．参考资料

撰写测试计划，不是凭空写出来的，要有一定的依据，所以需要列出用到的参考资料。参考资料通常包括如下几种：

（1）本项目经核准的计划任务书、合同或上级机关的批文；

（2）属于本项目的其他已发表的文件；

（3）本文件中各处引用的文件、资料，包括所要用到的软件开发标准，列出这些文件的标题、文件编号、发表日期和出版单位，说明这些文件资料的来源。

例如：

- 《计算机软件工程规范国家标准汇编 2003》，中国标准出版社；
- 《GB/T 15532—2008　计算机软件测试规范 2008》；
- 《GB/T 9386—2008　计算机软件测试文档编制规范 2008》；

- 《某某项目需求规格说明书》V1.5 版，项目小组内部文档；
- 《某某项目开发计划书》V1.2 版，项目小组内部文档；
- 《某某项目产品原型图》V1.7 版，项目小组内部文档。

3.3.2　测试范围

测试范围用于确定哪些内容要测试，哪些不要测试。有时会惊讶地发现，软件产品中包含的某些内容不必测试，这些内容可能是以前发布过或者测试过的软件部分。计划过程需要验明软件的每一部分，确定它是否要测试。例如，有的项目是把几个项目整合到一个大的系统中去，那么就需要事先确定好，是测试全部的子系统，还是仅仅测试其接口部分。

我们通常根据功能范围整理测试范围，包括各模块所包含的功能和项目负责人特别确定的测试范围。可以采用 WBS 来分解测试任务，如图 3-3 所示；也可以采用 Excel 格式列出被测模块的功能大纲，如表 3-5 所示。

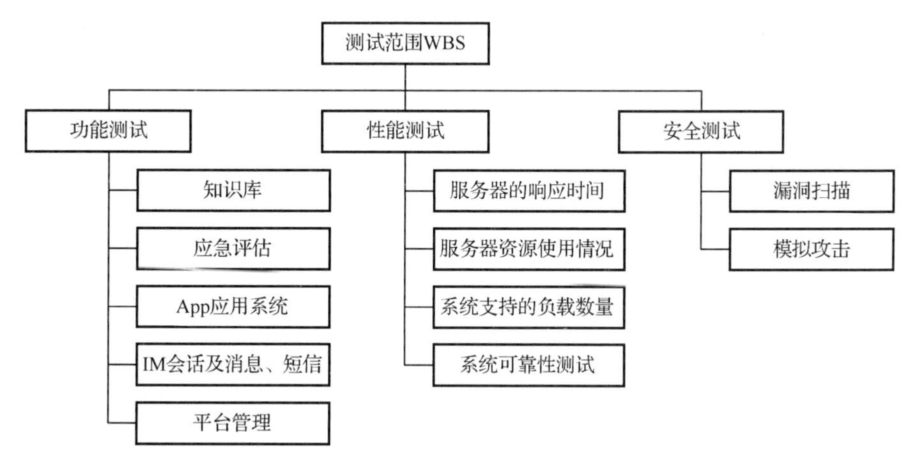

图 3-3　测试范围 WBS 分解图

注意：测试范围中比较容易忽略手册、使用说明等文档和数据库的测试。通过第 1 章的学习，我们知道软件是程序、文档和数据的集合，所以文档及数据的测试也应包含在测试范围中。

表 3-5　功能测试范围

编　号	测试模块	模块范围	子　功　能
1	会员管理	会员管理	会员管理
			回收站
		注册管理	会员注册条款
			会员类型管理
			添加会员类型
			会员扩展属性设置
		系统设置	会员审核设置
			会员删除设置
			邮件模板设置

续表

编　号	测试模块	模块范围	子功能
1	会员管理	积分等级管理	等级管理
			等级积分历史记录
			消费积分添加记录
			消费积分使用记录
		角色管理	添加角色
			角色查询
2	商品管理	商品管理	商品添加
			捆绑商品添加
			商品管理
			商品分类

3.3.3 测试策略/方法

测试策略是描述测试小组用于测试整体和每个阶段的方法。

面对需要测试的产品，使用黑盒测试技术还是白盒测试技术？如果决定使用这两种技术，那么在软件的什么地方使用白盒测试技术？什么地方使用黑盒测试技术？兼容性测试需要做吗？界面测试需要做吗？某些代码用手工测试，而其他代码用工具和自动化测试也许是个不错的想法。如果要使用工具，那么是否需要开发？或者能够买到已有的商用解决方案？如果是，选择哪一种情况？

做决策是一项复杂的工作——需要由经验相当丰富的测试员来做，因为这将决定测试工作的成败。使项目小组全体成员都了解并同意预定计划是极其重要的。

测试策略这一项需要注意以下几点：

（1）列出对测试对象进行测试的推荐方法；

（2）对于每种测试，都应提供测试说明，并解释其实施的原因；

（3）将要使用的测试技术以及完成标准。

我们来看几个测试策略/方法的使用，分别如表 3-6、表 3-7、表 3-8 和表 3-9 所示。

表 3-6　功能测试策略描述

功能测试策略	
测试目标	确保系统提供的功能与需求和用户手册相符
使用技术	（1）基于黑盒测试技术，通过 GUI 与应用程序进行交互，并对交互的输出或结果进行分析，以此来核实应用程序及其内部进程； （2）系统测试阶段依据需求规格说明书逐项测试； （3）重要的功能应该投入更多的精力进行测试并及时小结
完成标准	需求规格中指明的功能实现，且可以正确执行
特殊事项	（1）注意多种状态中的组织和转换，不要有遗漏； （2）注意值域测试的提示信息

表 3-7　用户界面测试策略描述

用户界面测试策略	
测试目标	（1）确保页面正确反映业务的功能和需求，包括窗口与窗口之间、字段与字段之间的浏览； （2）确保各种访问方法（Tab 键、鼠标移动和快捷键）的使用符合标准规范； （3）确保使用窗口的对象和特征（菜单、大小、位置、状态）符合标准
使用技术	（1）按照相关规定逐项检查，包括菜单、按钮、版权信息等； （2）检查提示信息中的文字和标点符号、图标等
完成标准	程序界面符合相关的规范
特殊事项	并不是所有定制或第三方的对象特征都可以访问

表 3-8　兼容性测试策略

兼容性测试策略	
测试目标	核实测试对象是否按需求可以在 Windows XP 中文版和 Windows 10 中文版中正常运行
使用技术	使用自动化测试工具 Selenium 通过功能测试脚本的回放进行测试
完成标准	在两个系统平台中可以完成同样的事件
特殊事项	暂无

表 3-9　接口测试策略

接口测试策略	
测试目标	确保接口调用的正确性，测试所有软件、硬件接口，记录输入/输出数据
使用技术	优先使用 JMeter 接口测试工具，或者 SoapUI、HttpClient 等工具
完成标准	每个输入数据对应的接口输出数据与预期相符
特殊事项	接口的限制条件

3.3.4　测试资源

测试资源包括软、硬件资源和人力资源。在项目期间测试可能用到的任何资源都要考虑到。详细列出如下：

✧ 人员：人员数量、经验和专长。他们是全职、兼职、合同工还是学生？承担什么角色？

✧ 设备：计算机、测试硬件、打印机、工具。

✧ 办公室和实验室空间：在哪里？有多大？如何布局？

✧ 软件：文字处理程序、数据库程序和自定义工具。要购买哪些东西？要写什么材料？

✧ 外包测试公司：用他们吗？选择他们有什么原则？他们的费用如何？

✧ 其他设备：磁盘、电话、参考书、培训资料。在项目期间还需要别的吗？

特定资源需求取决于项目、小组和公司，因此测试计划工作要仔细估算测试软件的要求。如果开始时不做好预算，到项目后期获取资源通常很困难，甚至无法做到，因此创建完整清单是必要的。

1．软件资源和硬件资源

以下是展示硬件资源和软件资源的一个案例：

硬件资源：

主体：ThinkPad 笔记本电脑

CPU：第十代智能英特尔酷睿 i7-1065G7 处理器，1.3GHz 睿频至 3.9GHz。

内存：8GB

显卡：LED 背光，分辨率 1920×1080，宽屏 16∶9，集成显卡，支持双屏显示

硬盘：1 块 SCSI 系统硬盘 512GB SSD

机箱：带有配套视频接口背板的机箱

软件资源：

操作系统：Windows 10 操作系统

浏览器：IE10，Firefox 33.1.1，Google Chrome 81.0.4044.92

2. 测试人员配置（人力资源）

测试团队所涉及的工作角色，通常有测试项目负责人、测试分析员、测试设计员、测试开发人员、测试员、测试系统管理员以及系统配置管理员。在实际实施测试工作时，配置管理员通常由软件开发项目的配置管理员承担；当独立的测试组织实施软件测试时，应配备测试活动的配置管理员。一个人可以承担多个角色的工作，一个角色也可以由多个人承担。这些工作角色所对应的具体职责如表 3-10 所示。

表 3-10　软件测试人员配备

工作角色	具体职责
测试项目负责人	管理测试项目，提供技术指导，获取适当的资源，制定基线，技术协调，负责项目的安全保密和质量管理
测试分析员	确定测试计划、测试内容、测试方法、测试数据生成方法、测试（软、硬件）环境、测试工具，评价测试工作的有效性
测试设计员	设计测试用例，确定测试用例的优先级，搭建测试环境
测试开发人员	开发软件测试所需要的辅助工具和软件
测试员	执行测试，记录测试结果，提交缺陷，回归缺陷
测试系统管理员	对测试环境和资产进行管理和维护
系统配置管理员	设置、管理和维护配置数据库

3. 测试工具

测试工具是指本项目中所用到的测试工具。测试过程涵盖单元测试、集成测试、系统测试、回归测试、交付测试等各个阶段。如何有效地组织管理起这些不同阶段的测试尤为重要，这就需要软件测试工具的辅助，如软件测试管理工具、功能测试工具、性能测试工具等。软件测试管理工具能管理整个测试过程，从测试计划、测试用例、测试执行、测试结果到测试报告，提供一个基于中央数据库的、协同合作的环境，即使测试人员分布在各地，也可以随时随地参与整个测试过程。除软件测试管理工具之外，还有功能测试工具、性能测试工具等，这些在第 1 章中已有讲解，此处不再赘述。

3.3.5 测试进度

1．任务分工

在编写测试进度这部分内容时，我们应该先明确任务分工。任务分工就是确定每个人所负责的测试内容，可以参照如表 3-11 所示案例。

表 3-11 “写字板”程序的人员任务分配

测 试 员	测试任务分配
张三	测试字符格式：字体、大小、颜色、样式
李四	测试布局：项目符号、段落、制表位、换行
王五	配置和兼容性测试
赵六	用户界面测试：易用性、外观、辅助特性
董昤	压力测试和负载测试

实际责任表会更加详细，确保软件的每一部分都分配有测试人员，每一个测试员都会清楚地知道自己负责什么，而且有足够的信息开始设计测试用例。最好征求组内人员意见，尽可能把能力比较强的人放到核心模块上，可以更好地保证质量和控制风险。

2．测试里程碑

软件测试时间安排很大程度上依赖于开发的时间表，因此测试时间安排应与开发紧密协调。测试进度在测试计划工作中至关重要，因为通常原以为很容易设计和编码的一些必要特性可能后来被证实非常耗时。测试进度安排可以为产品小组和项目经理提供信息，以便更好地安排整个项目的进度，他们甚至会根据测试进度决定是否砍掉产品的一些特性，或者将其推迟到下一个版本中推出。

在测试中，通常有几个里程碑，如系统培训、制订测试计划、设计测试用例、执行测试用例、测试总结报告。进度计划就是完成每个里程碑的开始时间和结束时间，以及对应的工时，如表 3-12 所示。

表 3-12 测试里程碑

序 号	测 试 活 动	计划开始日期	计划结束日期	所 需 工 时
1	系统培训	2025-08-04	2025-08-08	5 个工作日
2	制订测试计划	2025-08-11	2025-08-15	5 个工作日
3	设计测试用例	2025-08-18	2025-09-30	34 个工作日
4	执行测试用例	2025-10-08	2025-11-07	22 个工作日
5	测试总结报告	2025-11-10	2025-11-13	4 个工作日

一般可以安排 3 轮系统测试，如表 3-13 所示，每轮测试周期可以根据测试用例的多少，采用最大关键路径法来评估。而整体的测试时间安排可以采用倒推法。

最大关键路径法：

例如，如果张三负责的 A 模块需要 3 天完成，李四负责的 B 模块需要 5 天完成，王五负责的 C 模块需要 4 天完成，那么这轮测试计划的时间就按照 5 天来算。这个时间计算的前提是这 3 人的工作是并行的。

倒推法：

简单地说，如果一个项目是 3 个月，其中 2 个月是开发时间，那最终的测试时间就只有 1 个月了，测试就只能在这 1 个月之内进行计划和安排。

表 3-13 系统测试执行计划

序号	测试活动	计划开始日期	计划结束日期	所需工时
1	第 1 轮测试	2025-10-08	2025-10-22	12 个工作日
2	第 2 轮测试	2025-10-23	2025-10-31	7 个工作日
3	第 3 轮测试	2025-11-03	2025-11-07	5 个工作日

但是在实际的测试进度中，经常会遇到“进度破坏”（Schedule Crunch）现象的发生。也就是由于项目中某部分提交给测试组的时间推迟而导致测试时间压缩的情况。摆脱进度破坏的一个方式就是避免以固定日期制定测试进度表。表 3-13 中开始时间和结束时间均采用的是固定时间，这肯定会使测试小组陷入“进度破坏”的境地。可以采用相对日期的形式来规避这种风险，如表 3-14 所示。

表 3-14 采用相对日期的测试进度

序号	测试活动	计划开始日期	所需工时
1	制订测试计划	说明书完成后 7 天	2 个星期
2	设计测试用例	测试计划完成	6 个星期
3	执行第 1 轮测试	代码构建完成	3 个星期
4	执行第 2 轮测试	Beta 版代码构建完成	3 个星期
5	执行第 3 轮测试	发行版构建完成	2 个星期
6	测试总结报告	软件测试到达最佳平衡点	1 个星期

另外，关于测试进度还有一个需要注意的事情，就是测试工作通常不能平均分布在整个产品开发周期内，有些测试以说明书和代码审查、工具开发等形式在早期进行，但是测试任务的数量、人员的数量和测试花费随着项目的进展不断增长，在产品发布时会形成短期的高峰。可以制作一个人员随时间的增加而增加的图或表来说明，如图 3-4 所示。

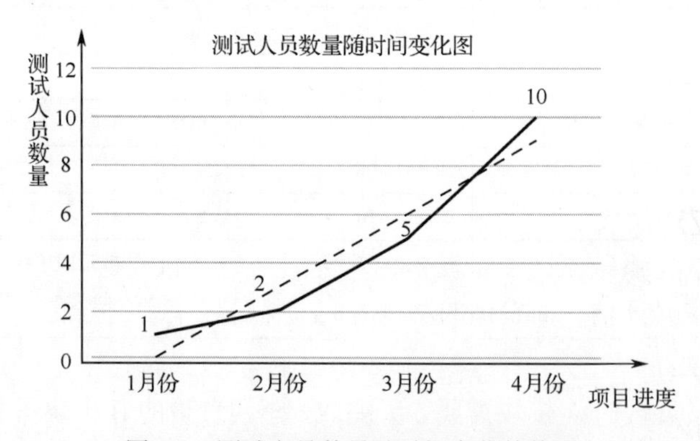

图 3-4 测试人员数量随时间变化趋势图

项目经理或者测试经理最终负责进度安排，可以使用进度管理工具进行管理，如前面讲过的禅道。

3.3.6　测试准则

在测试过程中，经常会遇到一种情况：系统提交给测试人员时，根本无法运行或者页面访问失败；或者测试人员根本不知道他们修改了什么内容。根本原因就是测试组没有就测试准则与项目组成员达成一致意见。

设置测试准则需要注重实用性。测试准则通常包括测试进入、暂停、恢复和退出的准则。

（1）测试进入的准则：是指开始执行测试的时机；

（2）测试暂停的准则：描述系统在什么情况下暂停全部或部分测试工作；

（3）测试恢复的准则：描述系统恢复测试的必要条件；

（4）测试退出的准则：描述测试退出的条件，有正常退出，也有非正常或意外的退出。

下面以“系统测试准则”为例，向读者介绍其具体内容，如表 3-15 所示。

表 3-15　系统测试准则

准　　则	描　　述
测试进入的准则	（1）测试环境已经准备好； （2）软件源代码正确通过编译或汇编； （3）系统基本业务流程能走通，能通过冒烟测试； （4）测试所需的文档资料已经完整
测试暂停的准则	（1）测试环境被破坏； （2）系统基本业务流程不通，无法通过冒烟测试； （3）重要功能的页面点击错误
测试恢复的准则	（1）测试环境重新搭建好； （2）系统基本业务流程可以走通； （3）重要功能的页面点击错误解决
测试退出的准则	（1）测试内容已经完成； （2）实际测试的过程遵循了原定的软件测试计划和软件测试说明； （3）客观地记录了软件测试中发现的所有问题； （4）软件测试文档齐全、符合规范，且已归档； （5）软件中的问题或异常有合理解释或正确有效的处理； （6）软件测试工作通过了测试评审

测试准则需要在制订测试计划时和相关人员沟通，且得到项目经理审批通过。

3.3.7　风险及应对方案

测试工作的风险是指对测试工作有影响的地方。以下列出在测试过程中可能遇到的风险，供读者参考：

（1）需求风险。需求理解不准确或者需求发生变更而导致测试时间被压缩的风险。

（2）测试用例风险。测试用例设计不完整导致测试时间被压缩的风险。

（3）缺陷风险。缺陷难以复现或者没有很好地被跟踪的风险。

（4）代码风险。代码质量差，修改难度大；或者系统架构设计不足导致扩展性不足的风险。

（5）测试环境风险。测试环境数据量不足可能导致测试结果误差；再如一些功能（如支付功能）无法在测试环境进行实际测试，可能导致实际生产环境出现问题。

（6）测试技术风险。测试人员技能局限导致测试结果不准确的风险。

（7）回归测试风险。回归测试时，业务流程不通导致修复验证，从而造成进度延后的风险。

（8）沟通协调风险。部门之间的沟通协作不畅的风险，例如，需求变更没有及时沟通，测试结果的反馈不及时等问题。

（9）研发流程风险。研发流程不规范导致的一些临时风险。

（10）其他不可预计的风险。例如，一些突发状况、不可抗力的因素。

软件测试员要明确指出计划过程中的风险，并与测试经理和项目经理交换意见。这些风险应该在测试计划中明确指出，在进度中给予说明。有些是真正的风险，而有些最终证实是无关紧要的。重要的是尽早明确指出，以免在项目晚期发现时感到惊慌。

对于风险，要尽量避免，同时要做好备份方案和容灾机制，规范流程，明确职责，尽可能将风险降到可以接受的范围。

常见的风险应对方案：如测试时间不够，可以加班或者增加测试力量；测试人员技术不纯熟，可以组织成员培训；如考虑到有人员离职或请假，可以提前设定好后备力量。

3.3.8　测试提交的文档

软件测试计划应规定测试完成后测试人员需要归档的文档，如软件测试计划、软件测试用例、软件缺陷报告、缺陷处理日志、软件测试总结报告等。

3.4　本 章 小 结

本章介绍了软件测试需求分析、软件测试计划概述以及如何编写软件测试计划文档。用较大的篇幅介绍了在需求分析的前提下，如何通过对测试过程的规划，来编写软件测试计划的最终文档。除此之外，读者在以后的工作中可能还会听到“测试方案”一词，要明白二者是有区别的。

这里需要注意的是，软件测试计划的内容和格式不是一成不变的，也有公司和专家推崇“一页纸测试计划”。不管是标准规范的软件测试计划文档，还是“一页纸测试计划”文档，它们都只是软件测试计划的副产品，测试计划的过程才是计划的重点。虽然由软件测试经理填写模板的空白项很容易，几个小时甚至更少时间就可以打印出一份软件测试计划来，但这样显然无法抓住重点，等到参与项目的测试人员对软件测试计划中的内容一无所知的时候就看出这样做的弊端了。要想编写出来的软件测试计划文档实用有效，就必须重视计划的过程，否则软件测试计划只能是“废纸一张”，在实际工作中被“束之高阁”。

3.5　本 章 练 习

一、单选题

（1）以下关于做好软件测试计划工作的说法中错误的是（　　）。

A. 要明确测试的目标。
B. 坚持 5W1H 的基本思路。
C. 在测试计划中包含测试详细规格和测试用例。
D. 采取评审和更新机制。
(2) 以下关于测试进度的说法中不正确的是( )。
A. 测试进度一旦确定了，就不能再变了。
B. 系统测试的进度安排可以采用最大关键路径法。
C. 整体的测试进度安排可以采用倒推法。
D. 在实际的测试中，经常会遇到“进度破坏”的现象。
(3) 以下关于编写软件测试计划好处的说法中错误的是( )。
A. 为组织、安排和管理测试提供一个整体框架。
B. 可以增进团队间的交流，明确不同测试阶段所要进行的工作。
C. 有利于其他成员了解测试人员的工作。
D. 测试计划是一个形式上的文档，主要是为了测试文件存档。
(4) 软件测试所需要的资源应该包含哪三大类？( )
A. 硬件资源、软件资源、人力资源
B. 网络资源、软件资源、人力资源
C. 硬件资源、软件资源、开发资源
D. 硬件资源、软件资源、风险资源

二、多选题

(1) 在软件项目中，影响项目的关键约束有哪几个？( )
A. 项目范围　　B. 项目资源
C. 项目进度　　D. 项目质量
(2) 根据需求来源的不同，软件分为哪几种类型？( )
A. 系统类软件　　B. 产品类软件
C. 功能类软件　　D. 项目类软件
(3) 软件测试计划中为什么要进行术语定义？( )
A. 可以让小组内全体人员对于术语定义的说法一致。
B. 为了让非专业人士也能看懂测试计划文档，减少争议。
C. 术语定义应该包括专门术语和外文首字母缩略词的原词组。
D. 术语定义包括通用词语在本书中的专用解释。
(4) 在测试中，可能遇到的风险有哪些？( )
A. 需求风险　　B. 缺陷风险
C. 沟通协调风险　　D. 研发流程风险
E. 测试环境风险　　F. 代码风险

三、判断题

(1) 软件测试计划一般由测试经理编写，测试新手不需要学习如何编写测试计划。( )

（2）软件测试计划的模板是固定的，所以记住软件测试计划的模板内容，就可以写好一份软件测试计划。（　　）

（3）调查结果表明：56%的缺陷是在软件需求阶段引入的，而这其中的 50%是由于需求文档编写有问题、不明确导致的，剩下的 50%是由于需求的遗漏导致的。（　　）

（4）编写软件测试计划占用很多时间，而且计划赶不上变化，所以不需要花费太多时间在制订测试计划上面。（　　）

第4章 软件测试用例概述

本章简介

软件测试是软件质量管理最有效的方法之一，同时也是耗时最多的一项工作，基于时间因素的考虑，软件测试行为必须能够加以量化，才能让管理层清晰地把控测试过程。而测试用例就是将测试行为量化的具体方法之一，设计软件测试用例的目的，就是为了能够将软件测试的行为转化为可管理的模式。

在具体的测试实施之前，我们需要明白测试什么，怎么测试，这就需要我们通过制定测试用例，来指导软件测试的实施。软件测试用例就像是演员手中的剧本。本章将对软件测试用例的概念、重要性、设计过程、测试用例模板以及测试用例的优先级做详细讲解，为第5章介绍软件测试用例的设计方法打下基础。

4.1 测试用例简介

从未有足够的时间做所有我们需要做的事情，这是在软件项目中，尤其是测试环节中的一个普遍的现象。当应用程序发布时，总会有些遗漏的缺陷没有被发现，这是无法避免的一件事情。对于测试人员而言，如何在有限的时间内，把测试工作做到最好是我们需要考虑的事情，设计测试用例就是为了让测试过程在一定程度上变得可控。

所谓的软件测试用例设计就是将执行软件测试的行为活动做一个科学化的组织归纳，通过对每个测试需求进一步实例化，来指导软件测试的实施过程。如果没有软件测试用例，软件测试的实施就只能按照测试人员的心情进行了，就如同演员没有剧本凭感觉演戏一样，即兴发挥，东拼西凑，效果可想而知。

当软件测试计划评审完成（此时，开发的设计文档也已经评审完成并进入了编码阶段），就可以开始测试用例的设计了。

那么到底什么是软件测试用例呢？首先我们要弄明白它的概念。

什么是软件测试用例？

软件测试用例是指对一项特定的软件产品进行测试任务的描述，体现测试方案、方法、技术和策略，内容包括测试目标、测试环境、输入数据、测试步骤、预期结果、测试脚本等，并形成文档。

IEEE Standard 829-1983 中定义测试用例为：

测试用例是指定输入、预期结果和一组测试项的执行条件的文档。

简单地说，测试用例就是设计一种情况，软件程序在这种情况下，必须能够正常运行并且达到程序所设计的预期执行结果。如果程序在这种情况下不能正常运行，而且这种问题会重复发生，那就表示该条测试用例已经检测出软件有缺陷，这时候就必须将缺陷标识出来，开发人员会在下一个测试版本内修复这个问题。软件测试工程师取得新的测试版本后，必须利用同一个测试用例来验证这个问题，确保该问题已修改完成。

从软件测试用例的概念可以看出，软件测试用例的最终形态也是一种文档，它是软件测试执行的基础，是软件测试的核心。好的测试用例能够大大提高测试效率、节约测试时间。本文从四个方面说明测试用例在软件测试中的作用，希望测试人员特别是测试新人，能够对测试用例给予足够的重视。

（1）避免盲目测试，提高测试效率。

编写测试用例有利于测试的组织。在开始实施测试之前设计好测试用例，可以避免盲目测试，提高测试效率，特别是对于测试人员中的新手，好的测试用例可以帮助他们更好地完成复杂的测试任务，提高测试工作的效率。

（2）确保功能需求不被遗漏。

测试用例是根据功能需求仔细推敲而来的并且通过了严格的评审，按照测试用例执行测试，可以使软件测试的实施重点突出、目的明确，确保功能不会被漏测。

（3）便于回归测试。

在项目执行测试期间会有多次回归测试，以保证老的缺陷被成功修复，同时没有引入新的缺陷。如果没有测试用例，凭脑子记住之前的操作步骤是不可能的，这样就无法复原原有的测试过程。

（4）为测试的度量提供评估基准。

测试完毕后需要对测试结果进行评估，并且编制测试报告。判断软件测试是否完成、衡量软件测试质量都需要一些量化的结果。比如测试用例的执行率是多少，成功测试用例的执行率是多少，需要的测试合格率是多少，等等。测试用例可以为这些结果提供量化数据和评估的基准。

4.2 测试用例的设计

上面谈到了测试用例的重要性，接下来谈一下测试用例的设计步骤。

设计测试用例的时候，需要有清晰的测试思路，对要测试什么、按照什么顺序测试、覆盖哪些需求做到心中有数。测试用例编写者不仅要掌握软件测试的技术和流程，而且要对被测软件的设计、功能规格说明、用户使用场景以及程序/模块的结构都有比较透彻的理解。一般测试用例设计的时候，会考虑如下步骤：

（1）获取需求的测试点。

分析系统程序的工作流程，明确各个功能模块的需求，明确测试范围，提取所要测试的具体测试点，为编写测试用例提供依据和思路。

（2）设计测试用例模板，设计测试步骤。

确定一份符合规范的测试用例模板，结合软件需求文档，在掌握一定测试用例设计方法的基础上（测试用例设计方法将在第 5 章中详细讲解），设计出比较全面、合理的测试用例，并且生成规范的测试用例表。

（3）确定测试数据。

根据测试用例表的内容，复审测试用例，并确定支持这些测试用例的实际值，包括用作输入的测试数据、用作预期结果的数据值、用作支持测试用例所需的其他数据。如果是自动化测试的话，在这里需要编写自动化测试脚本。

（4）评审测试用例。

软件测试用例在形成文档后还需要评审、更新之后才能算是有效的测试用例。评审会议一般至少会进行两轮。第一轮一般是测试负责人召集测试人员进行小组内部评审；第二轮是与项目有关的其他部门的人员进行的评审，比如项目经理、产品人员、开发人员等。一方面可以再次确认需求和预期结果，另一方面可以让各方再次就需求达成共识，减少出错的可能性。

4.2.1　获取需求的测试点

在进行软件测试计划的制订时需要对需求进行分析，那个阶段的需求分析主要是就宏观的功能模块进行分析，以及对需求规格说明书进行评审测试。而在设计测试用例时进行的需求分析的目的则是获取详细的测试点，然后根据测试点来编写测试用例，这个阶段的分析更加细化，更加具体。比如：

在功能测试中，通过分析需求描述中的输入、输出、处理、限制关系、约束等，给出对应的验证内容。

在功能交互测试中，通过分析各个功能模块之间的业务顺序，以及各个功能模块之间传递的信息和数据，对存在功能交互的功能项给出对应的验证内容。

在其他的一些测试中（如界面测试、可靠性测试、易用性测试等），则需要考虑到需求的完整性，测试用例要充分覆盖需求的各种特征，包含隐性需求的验证，如界面的验证、注册账号的唯一性验证等。

做好测试用例的关键就是对需求和设计文档的理解，以及对系统的熟悉，所以测试用例的基础是软件需求。软件需求决定了测试点，但测试点却不完全来自软件需求。测试点的来源有显性和隐性两种。需求文档是显性需求；而一些通过测试的原则、行业传统和常识推理出来的需求则属于隐性需求，它们无法从需求文档中直接导出。

软件测试用例必须建立在需求的基础上，检查系统的实际行为与需求指定的行为是否一致。显然，一份可测试的、完整的和详细的需求说明书是对测试工作最大的帮助。但是在实际工作中，需求的定义通常是不完善的，有的项目甚至根本没有需求文档，虽然这从流程上来说绝对是不规范的，但是确实常常因为项目比较紧张而存在不少这种“缺胳膊少腿”的现象。那么作为软件测试人员，该如何在这种情况下突围呢？笔者经常被问到这个问题，尤其是测试新人对此处疑惑最多。

通常没有明确的需求文档的时候，软件测试人员可以像软件需求人员一样根据不同的项目类型去获取测试需求。除此以外，还要学会灵活应对。常用的方式有以下几种：

（1）阅读遗留文档，收集整理已有的需求。

如果没有可以用来导出测试用例的需求，测试人员可以通过阅读项目的原有文档来获取，例如当前系统或者遗留系统的用户手册、有关遗留系统的测试工作的风险的讨论、遗留系统的缺陷列表以及软件测试总结报告等。什么是遗留系统呢？当系统由于某些局限如技术方面的局限，而无法满足新的业务需求，从而需要进行超出维护范畴的修改时，系统就变成

了遗留系统，也可以理解为上一个版本的系统。如果存在遗留系统，那么可能会得到用于遗留系统开发过程的设计文档、设计标准、缺陷列表等。但是，新老系统之间肯定会有部分业务的变更，所以遗留系统的文档只能作为一个参考。

（2）向相关人员咨询。

可以和产品经理对需要测试的内容进行逐条确认。如果没有专门的产品经理（这种情况也不少见），也可以向项目负责人、设计人员、开发人员等当面进行咨询。或者让他们介绍一下产品的功能模块，并在自己使用后对产品进行模块划分，通过应用和分析来确定应用程序的测试点。

（3）参考同类产品的需求说明。

如果连遗留文档和开发文档也没有，也可以去网上查询一些同类产品的使用说明，幸运的话，还能找到一些类似产品的需求说明。这些文档虽然不是自己产品的需求说明，但是因为是同类产品，功能方面也总会有几分相似。研究同类产品，也可以增加对自己产品的把握。

（4）采用探索性测试的解决方案。

测试人员还可以通过探索性测试来获得更多的需求。我们可以把软件当作产品说明书来对待，分步骤地逐项探索软件特性，记录软件执行的情况，详细描述功能。探索性测试与经过深思熟虑的、计划好的测试过程有所不同，它并不预先设计测试用例或者精确地按照一个计划来执行，它依靠的是测试员的知识水平和创造力。探索性测试可以运用在整个计划、编写用例和执行测试过程中。

运用探索性测试发现的问题将有助于我们确定工作的重点。例如，如果测试出系统的某个部分缺陷较多，而另一个部分却相对较少，那么我们就可以根据这些信息调整工作的重点。在这种情况下，无法像有些产品说明书那样完整测试软件，无法断定是否遗漏功能，但是可以系统地测试软件，肯定也可以找到缺陷。当然了，我们同时也要注意一点，探索性测试虽然在获取测试点的时候起到一定的作用，但它本身并不是非常强大的测试技术，它不能预先规划，不能确定和衡量测试的覆盖率，并且可能会遗漏重要的功能路径。

4.2.2 测试用例模板

编写测试用例应有文档模板，模板必须符合内部的规范要求。软件测试用例的基本要素应该包括用例编号、测试模块（测试对象）、测试标题（测试点）、用例级别、测试环境、测试输入、操作步骤、预期结果。

通常，我们用 Excel 表格或 Word 表格的形式来书写测试用例，如表 4-1 所示为测试用例 Excel 模板，如表 4-2 所示为测试用例的 Word 模板。也可以直接保存在用例管理系统中。以下，我们对测试用例的这几个基本要素进行说明。

表 4-1 测试用例 Excel 模板

项目名称				程序版本			
编写人				编写时间			
审核人				审核时间			
用例编号	测试对象	测试点	测试环境	操作步骤	测试数据	用例级别	预期结果

表 4-2 测试用例 Word 模板

项目名称		项目版本	
编写人		编写时间	
审核人		审核时间	
功能模块			
用例编号			
测试点			
测试环境			
操作步骤			
测试输入			
用例级别			
预期结果			
特殊说明			
测试结果	（通过/不通过）	缺陷编号	

（1）用例编号。

用例编号是标识该测试用例的唯一编号，用以区别其他测试用例。测试用例的编号有它的定义规则，可以写成“项目名称-测试阶段类型-编号”或者“项目名称-模块名-编号”。比如 LQ-ST-001（LQ 软件系统测试用例 001，此处假设“LQ”是一个项目的名称）或者 LQ-Login-001（LQ 软件登录模块测试用例 001）。定义编号的规则主要是便于检索。

（2）测试对象。

也可以叫作“测试模块”，指明要测试的项目、子项目或者软件的被测模块。如××菜单、登录模块、购物车等。测试模块有时候还会有子模块、子子模块，直接增加在表格中即可。

（3）测试点。

也可以叫作“测试标题”。测试点应该清楚地表达测试用例的用途，如“测试输入错误的密码进行登录时，软件的响应情况”。

（4）测试环境。

有时候也写作“前提条件”，是执行测试时所单独需要的特殊环境要求。或者执行测试用例之前所做的操作，如启动程序等。

（5）操作步骤。

操作步骤是执行本测试用例的每一步操作。需要注意的是，每一步骤都要有一个编号，便于查看。描述要简洁、清楚、明确、完整、一致。

（6）测试数据。

描述测试用例所需的输入数据或条件。例如，测试计算器时，输入可以是 1+1，也可以是 1+2；除了数据之外，还可以是文件或具体操作（如单击鼠标、在键盘做按键处理等）。

（7）用例级别。

也叫测试用例的优先级，这部分涉及内容比较多，也是测试用例中比较重要的一个项，在 4.2.3 小节中单独详细介绍。

（8）预期结果。

描述输入数据后程序应该的输出结果。例如，输入 1+1，预期结果是 2；输入文件名，预期结果是可以正确打开文件，文件的内容和预期一致。通常，我们可以通过检查具体的屏幕、报告、文件等方式来确认实际结果与预期结果是否一致。

以下以登录界面（假设界面只有“用户名”输入框和“密码”输入框，以及“登录”按钮）为例，来写几条测试用例，供读者熟悉具体写法，如表 4-3 所示。

表 4-3 “登录”界面测试用例案例

用例编号	测试对象	测试点	测试环境	操作步骤	测试输入	用例级别	预期结果
LQ-Login-001	登录界面	测试登录时，输入正确的用户名和正确的密码，系统的响应情况	测试环境已搭建完毕	1. 打开 LQ 登录界面； 2. 在“用户名”输入框输入正确的用户名； 3. 在“密码”输入框输入正确的密码； 4. 单击“登录”按钮	用户名：dongling 密码：123456	BVTs	成功登录系统，并跳转至个人中心
LQ-Login-002	登录界面	测试登录时，输入正确的用户名、错误的密码（少于标准位数），系统的响应情况	测试环境已搭建完毕	1. 打开 LQ 登录界面； 2. 在“用户名”输入框输入正确的用户名； 3. 在“密码”输入框输入错误的密码（少于标准位数，取 5 位）； 4. 单击“登录”按钮	用户名：dongling 密码：12345	高	登录 LQ 系统失败，并提示“用户名或密码错误”

4.2.3 测试用例的优先级

在实际软件测试项目中，经常无法在每一个应用程序的版本上执行全部的测试用例。所以，在测试资源和时间都有限的情况下，你必须知道哪些测试用例应该被优先执行，哪些测试用例是在有富裕时间的时候可以被增加执行，这很大程度上是由测试用例的优先级来决定的。

总体来说，制定了测试用例的优先级，可以有以下好处：

（1）可以优先执行优先级高的测试用例，即使测试时间不足，也能尽量保证测试工作达到良好的效果；

（2）可以根据优先级策略，高效分配测试资源，从而达到成本、质量的平衡；

（3）可以为待定的自动化测试做一个好的起点，那些反复被执行最多次数的测试用例，可以使用自动化的解决方案。

因此，测试用例优先级在一个测试项目中至关重要。

Ross Collard 在“Use Case Testing”一文中说，“测试用例的前 10%～15%可以发现 75%～90%的重要缺陷。”而测试用例的优先级别划分就是帮助我们找出这前 10%～15%的测试用例。

测试用例的优先级别划分在不同的公司会有所差异，以下推荐一种常见的测试用例优先级别的定义。如图 4-1 所示，我们将测试用例分成 4 类：BVTs、高、中和低。先对它们进行一个简单的说明。

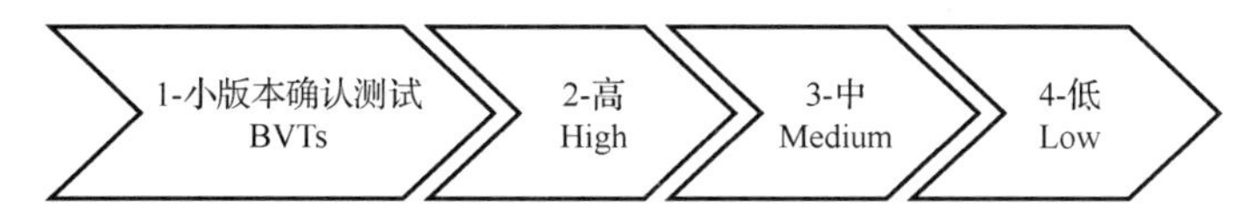

图 4-1 测试用例的优先级

1-小版本确认测试（Build Verification Tests，BVTs）

也叫冒烟测试，这是一组需要优先执行以确认该软件版本是否可以继续测试的测试用例。BVTs 级别的测试用例如果测试失败会阻碍其他测试用例的验证，因为 BVTs 测试不能通过的时候，试图去执行其他部分的测试没有意义。比如登录功能中，如果连正确的用户名和正确的密码都无法成功登录的话，再去测试其他登录的情况就是毫无意义的。这种用例一般占总用例的 10%～15%。

2-高（High）

是指最常被执行的、保证功能稳定、目标的行为和能力正常工作的、能发现重要错误的测试用例的集合，这部分测试用例一般占总用例的 20%～30%。

3-中（Medium）

这部分用例更全面地验证功能的各个方面，主要指异常测试，如边界、断网、容错和配置测试的测试用例。这部分用例一般占总用例的 40%～60%。

4-低（Low）

这是一组最少被执行的测试用例。但这并不是说这些测试用例不重要，只是说它们在项目的生命周期里不是常常被执行，如 GUI、错误信息、可用性、压力和性能测试。这部分用例一般占总用例的 10%～15%。

现在，测试用例的优先级别已经定义好了，那么如何把设计好的测试用例放到对应的级别中去，是另一件比较复杂的事情。分配测试用例的优先级并不容易，因为试图停止思考“所有的测试用例都是同等重要的”这个问题是一件非常困难的事情。遵循一定的步骤会让这件事变得稍微容易一些。

第 1 步：按照一定的逻辑把软件测试用例先随意进行分级。比如：

（1）把所有功能性验证的测试用例标记为“高”优先级；

（2）把所有错误和边界值的测试用例标记为“中”优先级；

（3）把所有非功能性的测试用例（如性能和可用性）标记为“低”优先级。

第 2 步：并非所有的功能性测试用例都一样地重要。那么，对于已经分配好优先级别的测试用例可进行提级或降级。

（1）把功能性验证的测试用例分成两组：重要的和不十分重要的。把“不十分重要的”测试用例降级为“中”优先级。

（2）把所有错误和边界值的测试用例分成两组：重要的和不十分重要的。然后把“重要的”升级为“高”优先级。

（3）把非功能性测试用例分为两组：重要的和不十分重要的。把“重要的”升级为“中”优先级。

第 3 步：识别 BVTs 测试用例。

将“高”优先级别的测试用例分成两组：严重的和重要的。然后把“严重的”测试用例

升级为 BVTs 优先级。

这些步骤和原则是对分配测试用例到不同优先级别的一个简化过程，但是在快速迭代的实际工作中，它可以给你很多帮助。另外需要记住，在一个项目中，这些优先级别不一定是静止的，可以根据实际情况进行调整。比如有的公司可能把测试用例的优先级分为“高”“中”“低”三个级别，或者“p1”和“P2”两个级别。只要分别对它们进行定义，并取得项目小组的一致认可即可。

4.2.4　测试用例的设计原则

测试用例除了应该符合基本的测试用例编写规范，还要遵守以下几条基本设计原则：

（1）测试用例的描述要明确。

测试用例的描述必须是明确的，比如“用户正确操作，系统正常运行”或者“用户非法操作，系统不能正常运行”这样的描述就是不明确的，什么是正确操作？什么是正常运行？这就必然导致测试人员对测试用例的理解不确定，从而引发测试中的错误发生。

除了操作步骤的描述要明确，预期结果的描述也必须是明确唯一的。

（2）测试用例的描述要简洁。

虽然我们要求测试用例的操作步骤足够详细、准确和清晰，但同时也要保证测试用例的简洁性。冗长和复杂的测试用例可读性太差，不利于测试人员理解和操作，甚至有时候自己设计的测试用例连自己都不想执行。但过于简洁也会容易使人产生误解，所以要做到恰到好处，需要好好锻炼自己语言组织的基本功。

（3）测试用例对需求的覆盖采用最小化原则。

比如说，有一个系统功能模块，有 3 个子功能，那么我们是用一个测试用例覆盖 3 个子功能呢？还是用 3 个单独的测试用例分别覆盖 3 个子功能呢？对于稍微有点规模的项目，推荐后者。因为一旦发现了缺陷，指向性更强，便于调试。

（4）测试用例编写要有条理、逻辑性强。

测试用例可以按照功能点分类、操作顺序等逻辑顺序编写，而不要一会儿测试这里，一会儿测试那里，这会让人无所适从。

（5）功能覆盖全面、深入，能够发现软件中更多的缺陷。

除了通过测试外，可以多想一些异常的操作流程进行失败测试，试图破坏软件，查看软件的响应情况。

4.3　测试用例的维护

在测试过程中，测试用例并不是一成不变的，它需要不断地更新和维护，这是一个不断修改完善的过程。无论事先把测试用例设计的如何好，开始执行测试后，肯定又会考虑编写新的测试用例。原因有三：

（1）在实际项目中，所有需求和设计文档都存在而且包含所有功能路径和场景说明的情况非常罕见，导致编写测试用例时也会有遗漏；

（2）有时候系统架构和设计阶段错过的细节，直到执行测试阶段才浮出水面，这时候就需要补充测试用例；

（3）软件自身的新增功能以及软件版本的更新，导致测试用例也必须同时更新。

在执行测试时，测试人员常常会由于学到了关于系统的更多知识，能够设计出新的测试用例。但这种时候，一般都处于最繁忙的测试阶段，除非发现了缺陷，测试人员往往都只执行测试而不做记录。而其实这种测试用例常常是测试过程中产生的最有用的部分，我们应该及时把它们更新到测试用例库中，或者先记录下来，等测试的执行告一段落之后再录入测试用例库中。

通过以上学习可以发现，在软件测试项目中，编写测试用例是必要的，有很多好处。但也有其局限性，编写测试用例是个费时费力的工作，通常编写测试用例的时间比实际执行测试的时间还要长，后期维护量也非常大。而且如果是自动化测试的话，自动化测试脚本的维护量也不亚于开发代码的维护量。尽管如此，编写测试用例依然是测试工作中不可缺少的一部分。

4.4　本 章 小 结

本章介绍了测试用例的概念、重要性、用例模板、测试用例的优先级，还有编写测试用例的原则。在第 5 章中，将详细介绍几种常见的黑盒测试用例的设计方法。黑盒测试是从用户的观点出发，以软件规格说明书为依据，着重测试软件的功能需求，对程序功能和程序接口进行测试。

从软件测试用例的定义可以看出，软件测试用例同软件测试计划一样，最终形态也是一份文档。文档的模板通常也不是固定不变的，可以在通用模板的基础上进行定制化，灵活运用，来指导实际的测试工作。

4.5　本 章 练 习

一、多选题

（1）测试人员甲对测试用例有如下理解，其中正确的是（　　）。

A．测试用例中不要求必须给定明确的预期结果。

B．测试用例可以使用管理软件来维护。

C．编写测试用例费时费力，且实际意义不大，所以不如把这些时间用来做实际的测试。

D．测试用例的最终形态是一份文档。

（2）测试人员乙对测试用例有如下理解，其中正确的是（　　）。

A．测试用例是不需要更新的。

B．对每一个测试项目，测试用例必须严格按照模板以相同的细致程序进行文档化。

C．测试用例控制软件测试的执行过程，它是对每个测试需求的进一步实例化。

D．自动化测试执行过程中，测试用例也要不断进行跟踪和优化。

二、判断题

（1）测试用例有利于测试的组织，可以避免盲目测试，提高测试效率，并为测试报告提供量化数据和评估的基准。（　　）

（2）测试用例设计完毕后要进行评审，根据评审意见进行更新。更新之后就尽量不要再

改动，以免影响测试的执行。（　　）

（3）在测试项目中，如果没有明确的需求文档，那么测试人员可以通过阅读遗留文档、向相关人员咨询、参考竞争对手的产品说明、探索性测试这几种方式获取需求。（　　）

（4）探索性测试本身是一个非常强大的测试技术，它可以加强测试，只通过探索性测试就可以保证重要的测试路径不会被遗漏。（　　）

（5）测试用例文档中的“用例编号”主要是便于检索。（　　）

（6）测试数据可以是数据，也可以是文件或具体操作。（　　）

（7）测试用例的描述要明确、简洁，对需求的覆盖尽量宽泛，这样可以尽可能地减少测试用例的个数，便于测试的执行。（　　）

（8）划分测试用例的优先级，可以为待定的自动化测试做一个好的起点，比如 BVTs 测试用例。（　　）

（9）测试用例中，应重视测试用例的优先级别的划分——BVTS、高、中、低。严格遵守这四个级别，不随意变动。（　　）

第 5 章

高效设计测试用例

本章简介

黑盒测试是软件测试技术最重要的基本方法之一，在各类测试中都是必备的测试技术。在第 1 章中介绍过，黑盒测试又称为“功能测试”或“数据驱动测试”，它将软件看作一个黑盒子，不考虑程序或者系统内部结构和内部特性，检查程序的功能是否按照需求规格说明书的规定正常运行，程序能否适当地接收输入数据而产生正确的输出结果。

黑盒测试有 2 种基本方面的验证，就是“通过测试”和“失败测试”。

通过测试是指确认软件能做什么。软件测试人员只是运用最简单、最直观的测试用例进行测试，在设计和执行测试用例时，总是先进行“通过测试”，验证软件的基本功能是否都已实现。这些通常体现在冒烟测试用例里面。

失败测试是指在确信软件能正确运行以后，就可以采取各种手段通过“搞垮”软件的方式来找出缺陷。这种纯粹为了破坏软件而设计和执行的测试用例，就叫失败测试或者叫作异常测试用例。

黑盒测试用例设计方法主要有等价类划分法、边界值分析法、判定表法、因果图法、正交实验法、场景法以及大纲法和错误推测法等几种常用的方法，以下将对这几种方法做详细说明。

5.1 等价类划分法

在第 2 章中我们提到过一个案例，假设让你负责一个计算器小程序的测试工作，如何着手呢？假设先测试其加法运算功能，在字长为 32 位的计算机上运行，若随意取 2 个整数进行相加，那么测试数据的最大可能数目为 $2^{32}×2^{32}=2^{64}$。如果测试一组数据需要 1 毫秒，一天工作 24 小时，一年工作 365 天，那么完成所有测试大概需要 5 亿年。还有减法、乘法、除法、其他算法，简直可以无穷无尽，测试到天荒地老。所以，我们得出了一个软件测试的原则——穷尽测试是不可能的。

为了解决这个难题，又保证我们设计出来的测试用例具有完整性和代表性，我们引入等价类划分法，它将不能穷举的测试过程进行区域划分，减少测试的数量，从而使测试过

程合理化。

5.1.1 等价类划分法概述

等价类划分法是最常用的黑盒功能测试方法之一，根据程序对数据的要求，把程序的输入域划分成若干个部分，列出哪些数据是有效的、哪些数据是无效的，从每个部分中选取少数代表性数据作为测试用例的数据。这样，每一类的代表数据在测试中的作用都等价于这类中的其他值。所谓的等价类是指具有相同属性或方法的集合。

软件不能只接收合理有效的数据，也要具有处理异常数据的功能，这样测试才能确保软件具有更高的可靠性。因此，在等价类划分的过程中，不但要考虑有效等价类，也要考虑无效等价类。

有效等价类是指对软件规格说明来说合理、有意义的输入数据等构成的集合，利用有效等价类可以检验程序是否满足需求规格说明书所规定的功能和性能。只考虑有效等价类的测试称为标准等价类测试。

无效等价类是指不满足程序输入要求或者无效的输入数据所构成的集合，利用无效等价类可以检验程序异常情况的处理。不仅考虑了有效等价类，还考虑了无效等价类的测试被称为健壮性等价类测试。

使用等价类划分法设计测试用例，首先必须分析需求规格说明书，然后列出有效等价类和无效等价类。以下是划分等价类的几个原则：

（1）如果程序规定了输入域的取值范围，则可以确定 1 个有效等价类和 2 个无效等价类。

例如，程序要求输入的数值是 50 到 100，那么 1 个有效等价类就是 50～100，而 2 个无效等价类就是小于 50 以及大于 100 的区域数据。

（2）如果程序规定了输入值的集合不是一个范围，则可以确定 1 个有效等价类和 1 个无效等价类。

例如，程序要进行平方根函数的运算，那么大于等于 0 的数为有效等价类，而小于 0 的数为无效等价类。

（3）如果程序规定了输入数据的一组值，并且程序要对每一个输入值分别进行处理，则可以每一个值确定 1 个有效等价类，然后再选择 1 个无效等价类。

例如，规定某个输入条件 x 的取值只能为{1,2,3,4,5}中的某一个，那么有效等价类就是 x 等于这几个数，而无效等价类则为 x 不等于这几个数。

（4）如果程序规定了输入数据必须遵守的规则，则可以确定 1 个有效等价类和若干个无效等价类。

例如，程序中某个输入条件规定必须为 5 位数字，则可划分 1 个有效等价类为 5 位数字，3 个无效等价类为位数少于 5、位数多于 5 以及 5 位中含有非数字字符。

（5）如果已知的等价类中各个元素在程序中的处理方式不同，则应将该等价类进一步划分成更小的等价类。

使用等价类划分法设计测试用例的步骤如下：

第 1 步：分析程序的规格说明，列出有效等价类和无效等价类；列出等价类表，并对每个等价类规定唯一的编号，如表 5-1 所示。当然也可以不是表格形式，而采用文字描述的形式。

表 5-1 等价类

输入条件	有效等价类	编号	无效等价类	编号
……	……	①	……	③
……	……	②	……	④

第 2 步：一一列出输入条件中可能的组合输入情况。

第 3 步：选取合适的数据，编写测试用例

5.1.2 等价类划分法案例

1. 等价类划分法案例 1

某网站用户申请注册时，要求必须输入“用户名”、“密码”及“确认密码”，如图 5-1 所示。对每一项输入有如下要求：

（1）用户名要求：3～12 位，只能使用英文字母、数字、中画线-、下画线_这 4 种字符或 4 种字符的组合。并且首字符必须为字母或数字。

（2）密码要求：6～20 位，只能使用英文字母、数字、中画线-、下画线_这 4 种字符或 4 种字符的组合。

（3）确认密码：与密码相同，并且区分大小写。

现在使用等价类划分法设计其测试用例。

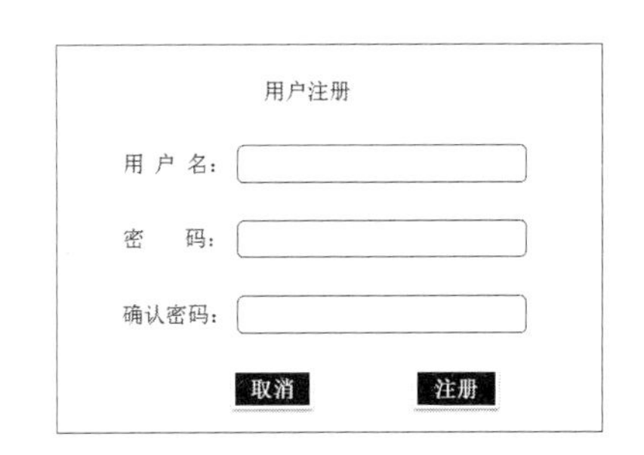

图 5-1 某网站的“用户注册”功能界面

【解析】

第 1 步：分析程序的规格说明，列出等价类表（包括有效等价类和无效等价类），如表 5-2 所示。

表 5-2 “等价类划分法案例 1”等价类分析表

输入条件	有效等价类	编号	无效等价类	编号
用户名	3～12 位	①	少于 3 位	⑧
			多于 12 位	⑨
	首字符为字母	②	首字母不是字母，也不是数字	⑩
	首字符为数字	③		
	4 种字符或其组合	④	含有 4 种字符之外的字符	⑪
密码	6～20 位	⑤	少于 6 位	⑫
			多于 20 位	⑬
	4 种字符或其组合	⑥	含有 4 种字符之外的字符	⑭
确认密码	与密码相同	⑦	与密码不同	⑮
			大小写不同	⑯

第 2 步：一一列出条件中可能的输入组合情况。

在该题中，可以有以下组合：

（1）输入有效的用户名、有效的密码、有效的确认密码；

（2）输入无效的用户名、正确的密码、正确的确认密码；

（3）输入有效的用户名、无效的密码、正确的确认密码；

（4）输入有效的用户名、有效的密码、无效的确认密码。

针对题中的等价类表，我们可以得出等价类组合表，如表 5-3 所示。此处简化测试用例的模板，只取我们关注的输入条件和输出结果的项，预期结果中的提示也是假设的，实际的提示会比这复杂得多。

表 5-3 “等价类划分法案例 1”等价类组合表

	用 户 名	密　码	确 认 密 码	预 期 结 果
①②④+⑤⑥+⑦	有效，首字符为字母	有效	有效	注册成功
①③④+⑤⑥+⑦	有效，首字符为数字	有效	有效	注册成功
⑧②④+⑤⑥+⑦	无效，少于 3 位	有效	有效	提示用户名错误
⑨②④+⑤⑥+⑦	无效，大于 12 位	有效	有效	提示用户名错误
①⑩④+⑤⑥+⑦	无效，首字符错误	有效	有效	提示用户名错误
①②⑪+⑤⑥+⑦	无效，有其他字符	有效	有效	提示用户名错误
①②④+⑫⑥+⑦	有效	无效，少于 6 位	有效	提示密码错误
①②④+⑬⑥+⑦	有效	无效，大于 20 位	有效	提示密码错误
①②④+⑤⑭+⑦	有效	无效，有其他字符	有效	提示密码错误
①②④+⑤⑥+⑮	有效	有效	与密码不同	提示确认密码错误
①②④+⑤⑥+⑯	有效	有效	大小写不同	提示确认密码错误

第 3 步：选择测试数据，编写测试用例，如表 5-4 所示。

表 5-4 “等价类划分法案例 1”测试用例

编 号	用 户 名	密　码	确 认 密 码	预 期 结 果
TC-001	lanqiao_2025	test_123	test_123	注册成功
TC-002	2025_lanqiao	test_123	test_123	注册成功
TC-003	dd	test_123	test_123	提示用户名错误
TC-004	lan_qiao_xue_yuan_12	test_123	test_123	提示用户名错误
TC-005	_lanqiao_2025	test_123	test_123	提示用户名错误
TC-006	lanqiao@2025	test_123	test_123	提示用户名错误
TC-007	lanqiao_2025	abc12	abc12	提示密码错误
TC-008	lanqiao_2025	admin-istra-tor12_123	admin-istra-tor12_123	提示密码错误
TC-009	lanqiao_2025	abc@123456	abc@123456	提示密码错误
TC-010	lanqiao_2025	test_123	abcd_123	提示确认密码错误
TC-011	lanqiao_2025	test_123	TEST_123	提示确认密码错误

2．等价类划分法案例 2

程序要求：输入 3 个整数 a、b、c 分别作为三角形的三边长度，通过三条边长度来判断三角形的类型分别为一般三角形、等腰三角形或等边三角形，并产生对应的输出。请运用等

价类划分法来设计该题的测试用例。

【解析】

第 1 步：分析程序规格，列出等价类表。如 5-5 所示。

表 5-5 “等价类划分法案例 2”等价类分析表

输入/输出值	有效等价类		编 号	无效等价类		编 号
输入条件	输入 3 个正整数	整数	①	一边为非整	a 为非整	⑪
					b 为非整	⑫
					c 为非整	⑬
				两边为非整	a、b 为非整	⑭
					a、c 为非整	⑮
					b、c 为非整	⑯
				三边均为非整	a、b、c 为非整	⑰
		3 个数	②	只输入一边	只输入 a	⑱
					只输入 b	⑲
					只输入 c	⑳
				只输入两边	只输入 a、b	㉑
					只输入 a、c	㉒
					只输入 b、c	㉓
				输入 3 个以上	输入 3 个以上	㉔
		正数	③	一边为非正	a 为非正	㉕
					b 为非正	㉖
					c 为非正	㉗
				两边为非正	a、b 为非正	㉘
					a、c 为非正	㉙
					b、c 为非正	㉚
				三边为非正	a、b、c 为非正	㉛
输出条件	一般三角形	a+b>c	④	a+b≤c	a+b<c	㉜
					a+b=c	㉝
		a+c>b	⑤	a+c≤b	a+c<b	㉞
					a+c=b	㉟
		b+c>a	⑥	b+c≤a	b+c<a	㊱
					b+c=a	㊲
输出条件	等腰三角形	a=b≠c	⑦			
		a=c≠b	⑧			
		b=c≠a	⑨			
	等边三角形	a=b=c	⑩			

分析：根据题目，得出程序输入值的显式和隐式要求以及输出值的等价类。

（1）输入值的显式要求为：整数，3 个数，正数。

（2）输入值的隐式要求为：两边之和大于第三边，三边均不相等，两边相等但不等于第三边，三边相等。

（3）输出值的等价类为：不构成三角形，一般三角形，等腰三角形，等边三角形。

第 2 步：一一列出条件中可能的组合情况。

（1）①②③④⑤⑥：输出一般三角形。

（2）①②③④⑤⑥+⑦/⑧/⑨：输出等腰三角形。

（3）①②③④⑤⑥+⑩：输出等边三角形。

（4）⑪～⑰：提示“边长请输入整数”。

（5）⑱～㊲：输出非三角形。

第 3 步：选择测试数据，编写测试用例，如表 5-6 所示。

表 5-6 “等价类划分法案例 2”测试用例

用例编号	覆盖等价类	a	b	c	预期输出
三角形-001	①②③④⑤⑥	3	4	5	一般三角形
三角形-002	①②③④⑤⑥+⑦	4	4	5	等腰三角形
三角形-003	①②③④⑤⑥+⑧	4	5	4	等腰三角形
三角形-004	①②③④⑤⑥+⑨	5	4	4	等腰三角形
三角形-005	①②③④⑤⑥+⑩	5	5	5	等边三角形
三角形-006	⑪	3.5	4	5	边长请输入整数
三角形-007	⑫	3	4.5	5	边长请输入整数
三角形-008	⑬	3	4	5.5	边长请输入整数
三角形-009	⑭	3.5	4.5	5	边长请输入整数
三角形-010	⑮	3.5	4	5.5	边长请输入整数
三角形-011	⑯	3	4.5	5.5	边长请输入整数
三角形-012	⑰	3.5	4.5	5.5	边长请输入整数
三角形-013	⑱	3	NULL	NULL	非三角形
三角形-014	⑲	NULL	4	NULL	非三角形
三角形-015	⑳	NULL	NULL	5	非三角形
三角形-016	㉑	3	4	NULL	非三角形
三角形-017	㉒	3	NULL	5	非三角形
三角形-018	㉓	NULL	4	5	非三角形
三角形-019	㉔	3、4、5、6			非三角形
三角形-020	㉕	0	4	5	非三角形
三角形-021	㉖	3	-1	5	非三角形
三角形-022	㉗	3	4	0	非三角形
三角形-023	㉘	0	-1	5	非三角形
三角形-024	㉙	0	4	-1	非三角形
三角形-025	㉚	3	0	-1	非三角形

续表

用例编号	覆盖等价类	a	b	c	预期输出
三角形-026	㉛	-1	0	-1	非三角形
三角形-027	㉜	3	4	8	非三角形
三角形-028	㉝	3	4	7	非三角形
三角形-029	㉞	3	9	5	非三角形
三角形-030	㉟	3	8	5	非三角形
三角形-031	㊱	10	4	5	非三角形
三角形-032	㊲	9	4	5	非三角形

5.1.3　等价类划分法总结和应用场景

在等价类划分法中，每一类的代表性数据（也就是被选为测试用例的测试数据）在测试中的作用等价于这一类中的其他值，如案例 1 中的密码“test_123”和“abcd_123”就是等效的，它们都属于有效的密码数据。也就是说，如果等价类中的一个测试数据能捕获一个缺陷，那么该等价类中的其他测试数据也能捕获该缺陷；如果等价类中的一个测试数据不能捕获缺陷，那么选择该等价类中的其他测试数据也不能捕获缺陷。

只要有数据输入的地方，就可以采用等价类划分法，它可以从无限多的数据中选取少数代表性的数据进行测试以减少测试人员的工作量。

注意：在测试用例中，可以先测试全部输入条件的有效等价类组合，再每次只测试一个输入条件的无效等价类情况。无效等价类在开始测试的时候不能一起组合，避免“屏蔽”现象发生（前面输入条件的错误提示一出现，后面控件的错误提示就不出现了）。然后可以再适当考虑无效等价类的组合，验证软件处理极端数据的能力。

5.2　边界值分析法

我们先来看一个 Java 小程序，如图 5-2 所示。

```
1 public class TestProject{
2     public static void main(String args[]){
3         int data[]=new int[10];
4         for(i=1;i<=10;i++){
5             data[i]=i;
6             system.out.println(data[i]);
7         }
8     }
9 }
```

图 5-2　Java 小程序

运行这个程序会发生什么事情呢？在这个程序中，目标是创建一个有 10 个元素的一维数组。但是，在 Java 语言中，当一个数组被定义时，其第一个元素对应的数组下标是 0 而不是 1。所以，上述数组定义后，数组中成员的下标最大值为 9，程序运行后，会造成数组下标越界的错误产生。

经验表明，在软件开发中大量的错误都发生在输入/输出范围的边界上，而不是发生在输入/输出范围的内部。开发人员最容易在边界上犯错误。所以，针对软件的各种边界情况设计

测试用例，可以达到更好的测试效果。这就需要采用边界值分析法来设计测试用例，接下来看看边界值分析法的使用。

5.2.1 边界值分析法概述

边界值分析法（Boundary Value Analysis，BVA）的测试用例来自等价类的边界，是等价类划分法的补充。根据边界值分析法，等价类划分法中的测试数据不是选取等价类中的典型值或任意值，而是应当选取正好等于、刚刚大于、刚刚小于边界的值作为测试数据。

使用边界值分析法设计测试用例，首先应该确定它的边界。有些边界并不是需求中直接给出的，需要我们分析出来，比如一些常见的边界值：

- 对于 int 类型的整数而言，-2^{15} 和 $2^{15}-1$ 是它的边界，也就是-32768 和 32767 是边界；
- 对于屏幕的光标焦点来说，屏幕上光标的最左上、最右下的位置是它的边界；
- 对于报表来说，报表的第一行和最后一行是它的边界；
- 对于数组来说，数组元素的第一个和最后一个是它的边界；
- 对于循环条件来说，循环的第 0 次、第 1 次和倒数第 2 次以及最后一次是它的边界。

同等价类划分法一样，边界值分析法也应遵循一定的原则：

（1）如果输入/输出条件规定了值的范围，则应该取刚达到这个范围的边界的值、刚刚大于最小值以及刚刚小于最大值的值作为测试输入数据。但为了检查输入数据超过极限值时系统的情况，还需要考虑健壮性取值，会增加一个略超过最大值和略小于最小值的取值。

例如，假设有一个函数 f(x)，唯一的输入参数 x 的取值范围为 1≤x≤31，根据这条原则的第一句，它的取值应该为{1，2，30，31}。

但如果考虑健壮性测试的话，函数 f(x)中 x 的边界取值就变为{0，1，2，30，31，32}。

（2）如果有多个输入/输出变量，可用边界值+正常值的组合模式，即其中一个变量取边界值，其他变量取正常值。

例如，有一个二元函数 f(x，y)，有 2 个输入变量 x 和 y，它们的取值范围分别为 1≤x≤31，y 的取值范围为 1≤y≤12，如何运用边界值分析法来设计测试数据呢？

运用边界值分析法可知 x 和 y 的健壮性边界取值分别为{0，1，2，30，31，32}和{0，1，2，11，12，13}。先依次取 x 边界值，y 固定为一个正常值；再依次取 y 的边界值，x 固定为一个正常值；为保险起见，我们还会对 x 和 y 各取一个“中间值”（如 x=15 以及 y=6，也可以取其他有效值）来进行测试。综上，设计测试数据如下：

对 x 和 y 的组合输入就应该为{<0,6>、<1,6>、<2,6>、<30,6>、<31,6>、<32,6>、<15,6>、<15,0>、<15,1>、<15,2>、<15,11>、<15,12>、<15,13>}。

（3）同样地，对于有 3 个输入条件的程序，边界值分析法的运用也如此。

例如，有一个三元函数 f(x，y，z)，有 3 个输入变量 x、y、z，它们的取值范围分别为 1≤x≤31，1≤y≤12，1949≤z≤2050。

那么测试数据应该为{<0,6,2000>、<1,6,2000>、<2,6,2000>、<30,6,2000>、<31,6,2000>、<32,6,2000>、<15,6,2000>、<15,0,2000>、<15,1,2000>、<15,2,2000>、<15,11,2000>、<15,12,2000>、<15,13,2000>、<15,6,1948>、<15,6,1949>、<15,6,1950>、<15,6,2049>、<15,6,2050>、<15,6,2051>}。

通常，1 个参数如果有上、下界，就会有 6 个边界取值，那么对于有 *n* 个输入变量的程序，健壮性测试时采用边界值分析法测试程序会产生 6*n*+1 个测试数据，也就是有 6*n*+1 条测试用例。但也有例外，这要视边界值的具体约束而定。

5.2.2　边界值分析法案例

1．边界值分析法案例 1

有一个计算长方体体积的程序，要求输入长、宽、高，分别用 x、y、z 来表示，取值均为 1～100。如何对长、宽、高分别采用边界值分析法来设计测试用例呢？

【解析】

x、y、z 的健壮性边界取值均为{0，1，2，99，100，101}，再增加一条“中间值”，设计的健壮性边界值测试用例如表 5-7 所示。

表 5-7　“长方体体积计算程序”健壮性边界测试用例

用例编号	x	y	z	预期输出
长方体-001	50	50	0	z 超出范围
长方体-002	50	50	1	2 500
长方体-003	50	50	2	5 000
长方体-004	50	50	50	125 000（中间值）
长方体-005	50	50	99	247 500
长方体-006	50	50	100	250 000
长方体-007	50	50	101	z 超出范围
长方体-008	50	0	50	y 超出范围
长方体-009	50	1	50	2 500
长方体-010	50	2	50	5 000
长方体-011	50	99	50	125 000
长方体-012	50	100	50	247 500
长方体-013	50	101	50	y 超出范围
长方体-014	0	50	50	x 超出范围
长方体-015	1	50	50	2 500
长方体-016	2	50	50	5 000
长方体-017	99	50	50	125 000
长方体-018	100	50	50	247 500
长方体-019	101	50	50	x 超出范围

2．边界值分析法案例 2

有一个“用户反馈”功能模块，如图 5-3 所示，其中有 3 个输入框，对它们的要求为：

①“问题标题”允许输入不超过 20 个字符，不允许为空；

②“手机号码”只允许输入 11 位数字；

③“问题描述”允许输入不超过 500 个字符，不允许为空。

在不考虑其他测试点，仅使用边界值分析法来设计测试用例的情况下，如何着手测试呢？

【解析】

仅考虑边界测试数据的话，“问题标题”的输入字符位数的边界取值应该为{0，1，2，19，

20，21}；“手机号码”位数的边界取值为{10，11，12}；“问题描述”的输入字符位数的边界取值为{0，1，2，499，500，501}。那么，设计的测试用例如 5-8 所示。

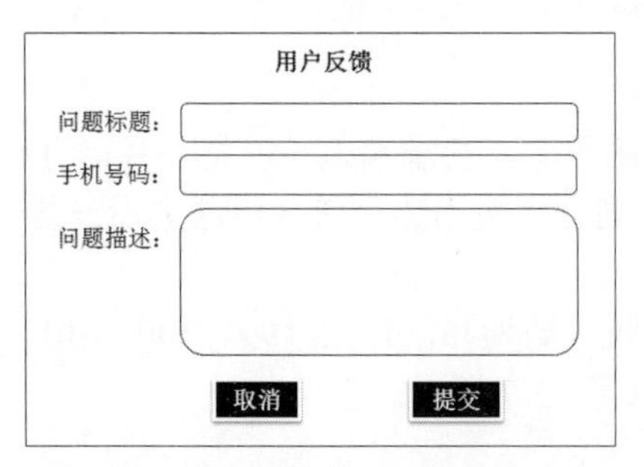

图 5-3　用户反馈功能模块

表 5-8　“用户反馈”界面边界值测试用例

用例编号	问题标题	手机号码	问题描述	预期结果
用户反馈-001	为空	输入 11 位正确手机号	输入 20 个字符	问题提交失败
用户反馈-002	输入 1 个字符	输入 11 位正确手机号	输入 20 个字符	问题提交成功
用户反馈-003	输入 2 个字符	输入 11 位正确手机号	输入 20 个字符	问题提交成功
用户反馈-004	输入 10 个字符	输入 11 位正确手机号	输入 20 个字符	问题提交成功
用户反馈-005	输入 19 个字符	输入 11 位正确手机号	输入 20 个字符	问题提交成功
用户反馈-006	输入 20 个字符	输入 11 位正确手机号	输入 20 个字符	问题提交成功
用户反馈-007	输入 21 个字符	输入 11 位正确手机号	输入 20 个字符	问题提交失败
用户反馈-008	输入 10 个字符	输入 10 位手机号	输入 20 个字符	问题提交失败
用户反馈-009	输入 10 个字符	输入 12 位手机号	输入 20 个字符	问题提交失败
用户反馈-010	输入 10 个字符	输入 11 位正确手机号	为空	问题提交失败
用户反馈-011	输入 10 个字符	输入 11 位正确手机号	输入 1 个字符	问题提交成功
用户反馈-012	输入 10 个字符	输入 11 位正确手机号	输入 2 个字符	问题提交成功
用户反馈-013	输入 10 个字符	输入 11 位正确手机号	输入 499 个字符	问题提交成功
用户反馈-014	输入 10 个字符	输入 11 位正确手机号	输入 500 个字符	问题提交成功
用户反馈-015	输入 10 个字符	输入 11 位正确手机号	输入 501 个字符	问题提交失败

5.2.3　边界值分析法总结和应用场景

程序中输入域语句编写错误，不管是由于需求界定不准确、设计不严密、程序书写手误，还是其他原因造成的，都可以依据边界值分析法选出的测试点将它们找出来。边界值分析法多应用于以下几个场景中：

（1）输入（输出）条件规定了取值范围或值的个数；

（2）程序规格说明书中提到的输入或输出是一个有序的集合；

（3）可以通过分析找出程序的边界。

不管是哪种场景，边界值分析法的运用都没有太大差别，首先都是要确定取值范围，然后确定边界，分析预期结果，输出测试用例。

边界值一般和等价类一起搭配应用，找到有效数据和无效数据的分界点（最大值和最小值）及其两边的点进行测试，形成一套完整的测试方案。边界值数据本质上可以归为有效和无效的范畴，但从测试技术角度来讲，需要单独拿出来测试。

边界值分析法和等价类划分法之间最大的区别就是，边界值分析法考查正处于等价类划分的边界或在边界附近的状态。

边界值分析法通过选择等价类边界作为测试用例，不仅重视输入条件边界，而且也必须考虑输出域边界。例如，某程序需要输出一个 0～100 的数，那么针对输出域也要取边界进行测试。

5.3 判定表法

前面介绍了 2 个测试用例设计方法——等价类划分法和边界值分析法，它们都存在一个弱点，就是没有对输入条件的组合进行分析。对输入进行组合测试并不是一件简单的事情，因为即使对输入条件进行了等价类划分，这些组合的数量也可能是个天文数字。在一个功能模块或一个界面中，往往会有多个控件，这些控件的取值一般会有一定的组合关系，并且程序的动作依赖于输入的条件。如果只是单独测试每个控件，往往使测试有很多冗余用例，同时又会造成测试的不全面，遗漏一些数据，这样对多个条件进行组合测试时，我们就需要采用判定表法。

5.3.1 判定表法概述

判定表又称决策表，是一种表格状的图形工具，适用于处理判断条件较多，各条件又相互组合、有多种决策方案的情况。由于决策表可以把复杂的逻辑关系和多种条件组合的情况表达得既具体又明确，因此在程序设计发展的初期，判定表就经常被当作编写程序的辅助工具。

判定表通常由 4 个部分组成：

（1）条件桩（Condition Stub）：指所有条件的名称，列出条件的先后次序无关紧要。

（2）动作桩（Action Stub）：指所有可能采取的操作，顺序没有约束。

（3）条件项（Condition Entry）：条件桩中的条件所有可能的取值。

（4）动作项（Action Entry）：与条件项紧密相关，列出在条件项的各组取值情况下应该采取的动作。

任何一个条件组合的特定取值及其相应要执行的操作称为一条规则（Rules），在判定表中贯穿条件项和动作项的一列就是一条规则。显然，判定表中条件有多少组合取值，也就有多少条规则。根据软件规格说明，建立判定表的步骤如下：

第 1 步：分析需求，列出所有的条件桩和条件项。

第 2 步：分析需求，列出所有的动作桩和动作项。

第 3 步：根据规则，设计初始判定表。

第 4 步：简化判定表，合并相似规则，设计测试用例。

运用判定表法设计测试用例，可以将条件理解为输入，将动作理解为输出。

5.3.2 判定表法案例

1. 判定表法案例 1

超市中如果某产品的销售情况好并且库存低，则继续销售并增加该产品的进货；如果该

产品销售情况好，但库存量不低，则继续销售；若该产品销售情况不好，但库存量低，则该产品下架；若该产品销售情况不好且库存量不低，如果有空货架则继续销售，如果没有空货架则该产品下架。

请使用判定表法设计测试用例。

【解析】

第 1 步：分析需求，列出所有的条件桩和条件项，如表 5-9 所示。

表 5-9 “超市产品销售”的条件桩和条件项

条 件 桩	条 件 项
C1：销售好？	True（T）或 False（F）
C2：库存低？	True（T）或 False（F）
C3：有空货架？	True（T）或 False（F）

第 2 步：分析需求，列出所有的条件组合所产生的动作。

（1）A1：增加进货。

（2）A2：继续销售。

（3）A3：产品下架。

第 3 步：根据规则设计初始判定表，如表 5-10 所示。

表 5-10 “超市产品销售”判定表

选项 \ 规则		1	2	3	4	5	6	7	8
条件	C1：销售好	T	T	T	T	F	F	F	F
	C2：库存低	T	T	F	F	T	T	F	F
	C3：有空货架	T	F	T	F	T	F	T	F
动作	A1：增加进货	√	√						
	A2：继续销售	√	√	√	√			√	
	A3：产品下架					√	√		√

对于本题有 3 个条件（销售、库存、有空货架），每个条件有 2 个取值（是或否），根据组合的原理，共有 2^3=8 种规则。

第 4 步：简化判定表。

实际使用判定表时需要简化。简化是以合并相似规则为目标，若表中有 2 条以上规则具有相同的动作，并且在条件项之间存在极为相似的关系，则可以合并。根据表中情形，第 1、2 条规则其动作项一致，条件项中的前 2 个条件取值一致，只有第 3 个条件取值不同，说明第 3 个条件无论取何值，都对相应的动作没有影响，这 2 条规则可以合并。合并后的 C3 示为“—”，说明在当前规则中该条件的取值与动作的取值无关，称为无关条件。根据此原则，第 3、4 条规则和第 5、6 条规则也可以合并，化简后的超市销售库存判定表如表 5-11 所示。

表 5-11 简化后的“超市产品销售”判定表

选项 \ 规则		1、2	3、4	5、6	7	8
条件	C1：销售好	T	T	F	F	F
	C2：库存低	T	F	T	F	F
	C3：有空货架	—	—	—	T	F
动作	A1：增加进货	√				
	A2：继续销售	√	√		√	
	A3：产品下架			√		√

2．判定表法案例 2

有一个“计算房产基础中介费”的程序，规定中介费用政策如下：

如果房屋销售总价少于 10 万元，那么基础中介费将是销售总价的 2%；

如果房屋销售总价大于 10 万元，那么基础中介费将是销售总价的 1.5%，外加 1000 元；

如果销售额大于 100 万元，那么基础中介费将是房屋销售总价的 1%，外加 1500 元。

另外，房屋销售单价和客户的性质对中介费也有影响：

若单价低于 1 万/m^2，则外加基础中介费的 5%；若是老顾客，则减免外加基础中介费。

若单价在 1 万/m^2 到 2 万/m^2，则外加基础中介费的 2.5%；若是老顾客，则减免外加基础中介费。

若单价在 2 万/m^2 以上，则减免外加基础中介费；若是老顾客，则减去基础中介费的 5%。

【解析】

第 1 步：分析各种输入情况，列出条件桩和条件项，如表 5-12 所示。

表 5-12 “计算房产基础中介费”程序的条件桩和条件项

条件桩	条件项
C1：房屋销售总价	S1：{1≤Sale<100 000} S2：{100 000≤Sale<1 000 000} S3：{Sale≥1 000 000}
C2：房屋销售单价	P1：{Price<10 000} P2：{10 000≤Price<20 000} P3：{Price≥20 000}
C3：客户性质	B1：{新客户} B2：{老客户}

第 2 步：分析程序的规格说明，并结合以上条件项，列出可能采取的操作。

（1）A1：基础中介费为销售总价的 2%。

（2）A2：基础中介费为（销售总价的 1.5%+1 000）元。

（3）A3：基础中介费为（销售总价的 1%+1 500）元。

（4）A4：外加基础中介费的 5%。

（5）A5：外加基础中介费的 2.5%。

（6）A6：减去基础中介费的 5%。

第 3 步：根据以上分析的步骤画出判定表，如表 5-13 所示（根据合并规则，此处没有需要简化的项）。

表 5-13　“计算房产基础中介费”程序判定表

选项＼规则		1	2	3	4	5	6	7	8	9	10	11	12	13	14	15	16	17	18
条件	C1：销售总价	S1	S1	S1	S1	S1	S1	S2	S2	S2	S2	S2	S3	S3	S3	S3	S3	S3	S2
	C2：销售单价	P1	P1	P2	P2	P3	P3	P1	P1	P2	P3	P3	P1	P1	P2	P2	P3	P3	P2
	C3：客户性质	B1	B2	B1	B2	B1	B2	B1	B2	B2	B1	B2	B1	B2	B1	B2	B1	B2	B1
动作	A1	√	√	√	√	√	√												
	A2							√	√	√	√	√							√
	A3												√	√	√	√	√	√	
	A4	√						√					√						
	A5			√											√				√
	A6						√					√						√	

第 4 步：根据以上判定表，设计测试用例，如表 5-14 所示。

表 5-14　“计算房产基础中介费”程序测试用例表

用 例 编 号	销售总价（元）	销售单价（元）	客 户 性 质	预 期 输 出
中介费-001	50 000	5 000	新客户	1 050
中介费-002	50 000	5 000	老客户	1 000
中介费-003	50 000	15 000	新客户	1 025
中介费-004	50 000	15 000	老客户	1 000
中介费-005	50 000	25 000	新客户	1 000
中介费-006	50 000	25 000	老客户	950
中介费-007	500 000	5 000	新客户	8 925
中介费-008	500 000	5 000	老客户	8 500
中介费-009	500 000	15 000	新客户	8 712.5
中介费-010	500 000	15 000	老客户	8 500
中介费-011	500 000	25 000	新客户	8 500
中介费-012	500 000	25 000	老客户	8 075
中介费-013	1 500 000	5 000	新客户	17 325
中介费-014	1 500 000	5 000	老客户	16 500
中介费-015	1 500 000	15 000	新客户	16 912.5
中介费-016	1 500 000	15 000	老客户	16 500
中介费-017	1 500 000	25 000	新客户	16 500
中介费-018	1 500 000	25 000	老客户	15 675

5.3.3　判定表法总结和应用场景

判定表法的基本思路是对多个条件的组合进行分析，从而设计用例来覆盖各种组合。适合使用判定表设计测试用例需要的条件如下：

（1）规则说明以判定表的形式给出，或很容易转换成判定表。

（2）条件的排列顺序不影响所要执行的操作。

（3）规则的排列顺序不影响所要执行的操作。

（4）当某个规则的条件已经满足并确定要执行的操作后，不必检验别的规则。

（5）如果某一个规则要执行多个操作，这些操作的执行顺序无关紧要。

判定表法最突出的优点是：能够将复杂的问题按照各种可能的情况全部列出来，简明并避免遗漏，而且对条件的组合顺序并无要求。因此，利用判定表法能够设计出完整的测试用例合集。但判定表法也有其缺点，那就是没有考虑输入条件之间的相互制约关系（如互斥关系）。

5.4　因果图法

前面介绍的等价类划分法、边界值分析法都是着重考虑输入条件，判定表法考虑的是输入条件的各种组合情况，但是没有考虑到各个输入之间和输出之间的相互制约关系。如果考虑输入条件之间的制约关系，就要用到因果图法。在因果图法中，输入就是“因”，输出就是“果”，因之间有相互制约关系，因果之间也有制约关系。

5.4.1　因果图法概述

因果图法是一种利用图解法分析输入的各种组合情况，从而设计测试用例的方法，它适合于检查程序输入条件的各种情况的组合。因果图（Cause-Effect-Graphing）提供了把规则转化为判定表的系统化方法，其中，“原因”是表示输入条件，“结果”是输入条件经过一系列计算后得到的输出。

因果图实际上是一种数字逻辑电路（一个组合的逻辑网络），但没有使用标准的电子学符号，而是使用了稍微简单点的符号。当然，读者此处不必掌握电子学方面的知识，只需要了解逻辑运算符“与”“或”“非”即可。

在因果图中使用 4 种符号分别表示 4 种因果关系，如图 5-4 所示。用直线连接左右节点，其中左节点 c 表示输入状态（或称原因），右节点 e 表示输出状态（或称结果）。c 和 e 取值都是 0 或者 1，0 表示该条件不出现，1 表示该条件出现。

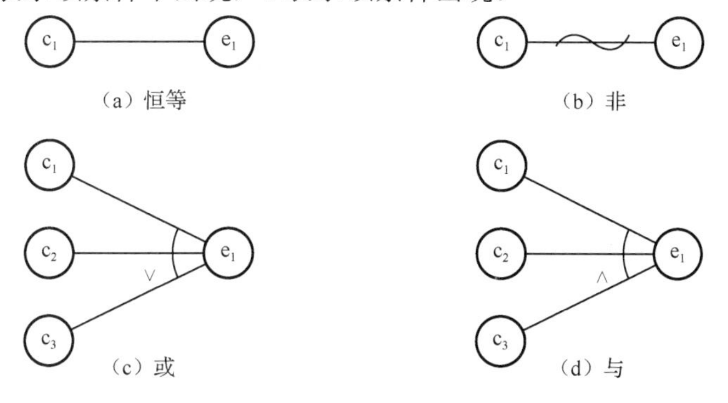

图 5-4　因果图中的 4 种因果关系

（1）恒等：若 c_1 是 1，则 e_1 也是 1，否则 e_1 为 0；

（2）非：若 c_1 是 1，则 e_1 是 0，否则 e_1 是 1；

（3）或：若 c_1 或 c_2 或 c_3 中有一个是 1，则 e_1 是 1，否则 e_1 为 0；

（4）与：若 c_1 和 c_2 以及 c_3 都是 1，则 e_1 是 1，否则 e_1 为 0。

在大多数程序中，有一些输入条件是不可能同时存在的，比如在等价类划分法中的“用户注册”案例中，用户名的首字符不可能既为字母又为数字，二者为互斥。也就是说输入条件相互之间存在着某些制约关系，称为“约束”。在因果图中，用特定的符号标明这些约束，如图 5-5 所示。

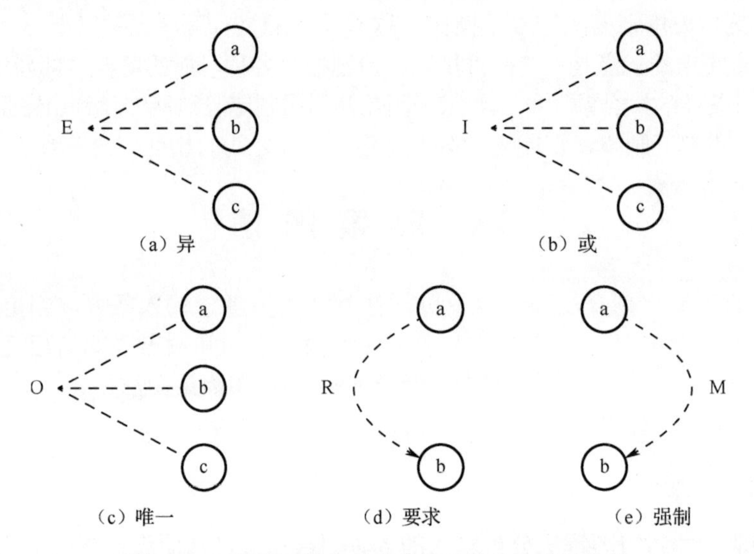

图 5-5　因果图中输入条件和输出条件的约束类型

（1）E 约束（异、互斥）：a、b、c 中最多有一个可能为 1，也就是 a、b、c 不能同时为 1，输入条件之间为互斥关系。但可以同时为 0。

（2）I 约束（或、包含）：a、b、c 中最少有一个必须是 1，也就是 a、b、c 不能同时为 0，输入条件之间为包含关系。但可以同时为 1，如程序中的多选按钮。

（3）O 约束（唯一）：a、b、c 中必须有一个且仅有一个为 1，如程序中的单选按钮。

（4）R 约束（要求）：a 是 1 时，b 必须是 1；a 为 0 时，b 的值不确定。即不可能 a 是 1 时，b 是 0。

以上 4 种是输入条件的约束，输出条件的约束只有一种，就是 M 约束：

（5）M 约束（强制、屏蔽）：若 a 是 1，则 b 强制为 0；若 a 是 0，那么 b 的值不确定。例如，假设在一个注册界面，输入错误的用户名和错误的密码时，都会弹出对应的错误提示。但如果弹出了“用户名错误”的提示信息，则“密码错误”的提示信息被屏蔽而不会弹出；但如果输入正确的用户名，那么就不会弹出“用户名错误”的提示信息，但是是否弹出“密码错误”的提示信息则依据密码是否正确而定。

因果图法是从程序规格说明描述中找出原因（输入条件）和结果（输出或程序状态的改变），根据原因和结果之间的关系画出关系图，然后转换为特定的判定表的黑盒测试方法。使用因果图法设计测试用例的步骤如下：

第 1 步：分析待测系统的规格说明，找出原因与结果，并给每个原因和结果赋予一个标识符。“原因”常常是输入条件或输入条件的等价类，而“结果”是输出条件。

第 2 步：明确所有原因和结果之间的制约关系以及组合关系，画出因果图。

第 3 步：在因果图上标记约束条件。

第 4 步：跟踪因果图中的状态条件，将因果图转换为判定表。

第 5 步：以判定表中的每一列作为依据，生成测试用例。

5.4.2　因果图法案例

因果图法案例

某软件的规格说明中对登录名输入包含这样的要求：输入的第一个字符必须是“$”或英文字母，第二个字符必须是一个数字，在此情况下进入第二个窗口；但如果第一个字符不正确，则给出信息 M；如果第二个字符不是数字，则给出信息 N。

【解析】

第 1 步：分析程序的规格说明，列出原因和结果，如表 5-15 所示。

表 5-15　“软件登录”的原因和结果

原因	c_1：第一个字符是“$”
	c_2：第一个字符是英文字母
	c_3：第二个字符是一个数字
结果	e_1：给出信息 M
	e_2：进入第 2 个窗口
	e_3：给出信息 N

第 2 步：将原因和结果之间的因果关系用逻辑符号连接起来，得到因果图，如图 5-5 所示。图中 c_{12} 为中间节点，是导出结果的进一步原因。

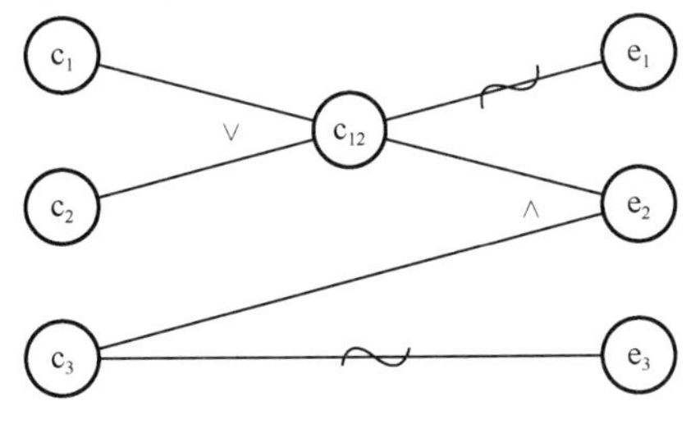

图 5-6　“软件登录”因果图

第 3 步：在因果图上标记约束条件。因为 c_1 和 c_2 不可能同时为 1，即第一个字符不可能既是 c_1 又是 c_2，所以在因果图上对其施加 E 约束，得到具有约束的因果图，如图 5-7 所示。

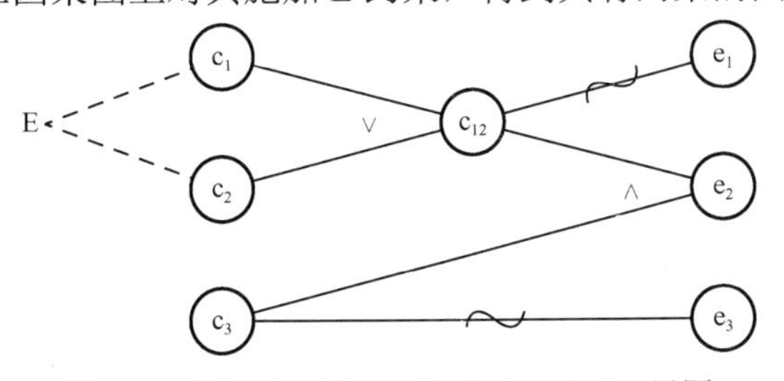

图 5-7　具有约束关系的“软件登录”因果图

第 4 步：将因果图转换成判定表，如表 5-16 所示。

表 5-16 “软件登录”判定表

		1	2	3	4	5	6	7	8
条件	c_1	1	1	1	1	0	0	0	0
	c_2	1	1	0	0	1	1	0	0
	c_3	1	0	1	0	1	0	1	0
	c_{12}			1	1	1	1	0	0
动作	e_1			0	0	0	0	1	1
	e_2			1	0	1	0	0	0
	e_3			0	1	0	1	0	1
测试数据				$5	$a	a9	cb	42	@%

第 5 步：设计测试用例。表中的前 2 种情况，因为 c_1 和 c_2 不可能同时为 1，所以排除。根据判定表，设计出 6 个测试用例，如表 5-17 所示。

表 5-17 “软件登录”测试用例

用 例 编 号	输 入 数 据	预 期 输 出
TC-001	$5	进入第 2 个窗口
TC-002	$a	给出信息 N
TC-003	a9	进入第 2 个窗口
TC-004	cb	给出信息 N
TC-005	42	给出信息 M
TC-006	@%	给出信息 M 和信息 N（是否会弹出信息 N，具体要看程序是否有 M 约束屏蔽发生）

5.4.3 因果图法总结和应用场景

在较为复杂的问题中，合理使用因果图法非常有效。因果图法可以帮助我们按照一定的步骤，高效地选择测试用例，设计多个输入条件组合用例，通过因果图分析还能为我们指出软件规格说明描述中存在的问题。

因果图法主要考虑控件之间条件的组合关系和制约关系。每个控件的条件不宜过多，最好为 2 个或 3 个，比如按钮点击或者不点击，单选按钮选择或者不选择，复选框是选择还是不选择。如果控件较多，或者每个控件的条件较多，组合量将会很大，不宜使用因果图法。

因果图法也存在一定的缺点。输入条件与输出结果的因果关系有时难以从软件需求规格说明书中得到。有时即使得到了这些因果关系，也会因为因果图关系复杂导致图非常庞大，难以理解，测试用例数目也会极其庞大。事实上，画因果图只是一种辅助工具，通过分析最终得到判定表，再通过判定表编写测试用例，这样做下来比较麻烦，影响测试效率。熟练之后，可以直接填写判定表，然后编写测试用例，因果图可以省略。或者如果开发项目在设计阶段就采用了判定表，也不必再画因果图，可以直接利用判定表来设计测试用例。

5.5　正交实验法

判定表法和因果图法均是考虑有多个输入条件，并且不同的输入条件的组合会得出不同的动作的情况，但它们不适合输入条件过多的情况。例如，某学校有一个历年学生信息查询程序，有 5 个查询条件，如图 5-8 所示。可以通过程序界面上查询条件中的其中一项或多项进行查询，然后把查询结果罗列出来。那么测试人员该如何对该查询功能点进行测试呢？

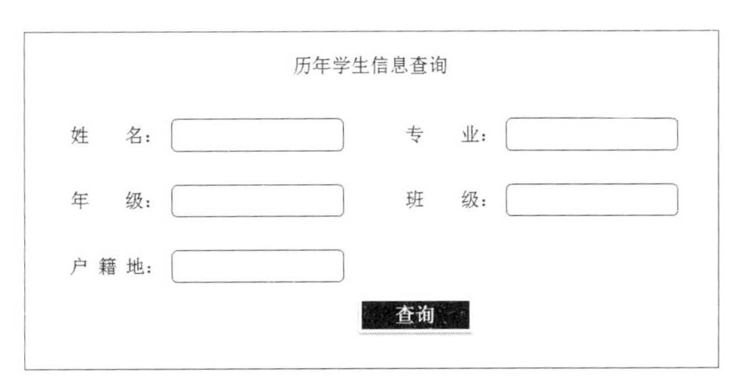

图 5-8　历年学生信息查询界面

暂且不考虑每个文本框输入内容的限制，只考虑它们“填”或“不填”的组合条件查询的话，可以设计出 2^5=32 条测试用例，根据组合的原理，设计用例如表 5-18 所示。

表 5-18　全部测试的测试用例

序　　号	姓　　名	专　　业	年　　级	班　　级	户　籍　地
1	不填	不填	不填	不填	不填
2	不填	不填	不填	不填	填
3	不填	不填	不填	填	不填
4	不填	不填	不填	填	填
5	不填	不填	填	不填	不填
6	不填	不填	填	不填	填
7	不填	不填	填	填	不填
8	不填	不填	填	填	填
9	不填	填	不填	不填	不填
10	不填	填	不填	不填	填
11	不填	填	不填	填	不填
12	不填	填	不填	填	填
13	不填	填	填	不填	不填
14	不填	填	填	不填	填
15	不填	填	填	填	不填

续表

序　号	姓　名	专　业	年　级	班　级	户 籍 地
16	不填	填	填	填	填
17	填	不填	不填	不填	不填
18	填	不填	不填	不填	填
19	填	不填	填	填	不填
20	填	不填	不填	填	填
21	填	不填	填	不填	不填
22	填	不填	填	不填	填
23	填	不填	填	填	不填
24	填	不填	填	填	填
25	填	填	不填	不填	不填
26	填	填	不填	不填	填
27	填	填	不填	填	不填
28	填	填	不填	填	填
29	填	填	填	不填	不填
30	填	填	填	不填	填
31	填	填	填	填	不填
32	填	填	填	填	填

仅仅组合“填”或“不填”的组合测试，就有 32 条测试用例，测试用例太多了，投入和回报不相符。如果随机取部分用例进行测试呢？测试时又没有把握，那些没有被测试到的组合该怎么办呢？作为测试人员，该如何解决这种问题呢？这个时候就要用到正交实验法。正交实验法设计测试用例是考虑用最少的用例来覆盖大量组合的情况。接下来一起来看一下什么是正交实验法。

5.5.1　正交实验法概述

正交实验法是套用正交表来设计测试用例的方法。

什么是正交表呢？古希腊是一个多民族的国家，国王在检阅臣民时要求每个方队中每行有一个民族代表，每列也要有一个民族的代表。数学家在设计方阵时，以每一个拉丁字母表示一个民族，所以设计的方阵称为拉丁方，正交表即由此演化而来。正交表是通过运用数学理论在拉丁方和正交拉丁方的基础上，从大量的（实验）数据中挑选合适的、有代表性的条件组合构造而成的规格化表格。

正交实验法是一种基于正交表的、高效率、快速、经济的实验设计方法，它研究“多因素多水平”的情况，然后套用正交表来随机地产生用例（用例之间没有主次之分），是一种提高测试覆盖率的简单易用的方法。

> 因素（Factor）：在一项实验中，凡是被考查的变量就称为因素。
> 水平（Level）：在实验范围内，因素被考查的值称为水平。

前已述及，正交实验法是套用正交表来随机地产生用例的一种方法。一些测试新人容易陷入"研究如何得出正交表"的错误思维，在此提醒一下，正交表格是无数科学家的智慧凝聚而成的，读者无须去深究正交表是如何得出的，我们在设计测试用例的时候直接去套用对应的表格即可。

查询正交表的方式有 2 种：

（1）为方便读者使用，本书在附录 A 中列出了一些常用的正交表格，可通过附录 A 查询适合的正交表。

（2）通过链接查询：http://support.sas.com/techsup/technote/ts723_Designs.txt

正交表的表现形式可描述如下：

$$L_{行数}（水平数^{因素数}）$$

其中：

行数（Runs）：正交表中行的个数，也就是实验的次数，也指测试用例的个数。

因素数（Factors）：指正交表中列的个数。

水平数（Levels）：任何单个因素能够取得的值的最大个数。

如何选择正交表是一个关键问题。首先考虑因素数的个数，其次考虑因素水平数的个数，最后考虑正交表的行数，且选择符合条件的行数最少的一个正交表进行套用。笔者将在 5.5.2 小节中通过案例详细讲解它的套用方法。

读者可能会有疑问，正交实验法是根据正交性从全面实验中挑选出部分有代表性的点进行实验，它的选择原理是什么呢？为什么这个表格可以代表所有的实验可能呢？主要是因为选择出来的这些有代表性的点具备了"均匀分散、齐整可比"的特点。

整齐可比性

在同一张正交表中，每个因素的每个水平出现的次数是完全相同的。由于在实验中每个因素的每个水平与其他因素的每个水平参与实验的概率是完全相同的，这就保证在各个水平中最大限度地排除了其他因素水平的干扰。因而，能最有效地进行比较和做出展望，容易找到好的实验条件。

均衡分散性

在同一张正交表中，任意两列（两个因素）的水平搭配（横向形成的数字对）是完全相同的。这样就保证了实验条件均衡地分散在因素、水平的完全组合之中，因而具有很强的代表性，容易得到好的实验条件。

以上特点充分体现了正交表的两大优越性。通俗地说，每个因素的每个水平与另一个因素的每个水平都能够出现一次组合，这就是正交性。使用正交实验法设计测试用例的步骤如下：

第 1 步：确定有哪些因素。

第 2 步：确定每个因素有几个水平。

第 3 步：选择合适的正交表。

第 4 步：把变量的值映射到表中。

第 5 步：加上认为可疑且没有在表中出现的组合。

第 6 步：把每一行的各因素、水平的组合作为一个测试用例。

5.5.2 正交实验法案例

1. 正交实验法案例 1

如图 5-8 所示的程序“历年学生信息查询”界面中，利用正交实验法对其设计测试用例。

【解析】

第 1 步：确定表中的因素数。

共有 5 个因素：姓名、专业、年级、班级、户籍地。故因素数=5。

第 2 步：确定每个因素的水平数。

通过分析，以上 5 个因素的水平数均为“填”和“不填”。故水平数=2。

第 3 步：选择合适的正交表。

通过第 1 步和第 2 步的分析，正交表应该是 2^5，但经过查询附录 A，表格中接近的只有 L_4（2^3）和 L_8（2^7），那么我们只能选择 L_8（2^7），因为如果选择列数少的表格会缺失部分因素的取值。但如果表格中列数多于实际因素数，则把表格中多余的列简单粗暴地直接删除就可以了。L_8（2^7）正交表如表 5-19 所示。

表 5-19　正交表 L_8（2^7）

		列号						
		1	2	3	4	5	6	7
行号	1	1	1	1	1	1	1	1
	2	1	1	1	2	2	2	2
	3	1	2	2	1	1	2	2
	4	1	2	2	2	2	1	1
	5	2	1	2	1	2	1	2
	6	2	1	2	2	1	2	1
	7	2	2	1	1	2	2	1
	8	2	2	1	2	1	1	2

第 4 步：把变量的值映射到表中。

因为程序中只有 5 个因素，只需要 5 列，所以直接删除第 6、7 列，然后把变量的值映射到表格中就得到了表 5-20（1→填，2→不填）。

表 5-20　“历年学生信息查询”程序因素的值映射表

		列号				
		姓　名	专　业	年　级	班　级	户　籍　地
行号	1	填	填	填	填	填
	2	填	填	填	不填	不填
	3	填	不填	不填	填	填
	4	填	不填	不填	不填	不填
	5	不填	填	不填	填	不填
	6	不填	填	不填	不填	填
	7	不填	不填	填	填	不填
	8	不填	不填	填	不填	填

第 5 步：增加几条可疑测试用例，如表 5-21 所示。

表 5-21　“历年学生信息查询”程序新增的可疑用例

		列号				
		姓名	专业	年级	班级	户籍地
行号	9	填	不填	不填	不填	不填
	10	不填	填	不填	不填	不填
	11	不填	不填	填	不填	不填
	12	不填	不填	不填	填	不填
	13	不填	不填	不填	不填	填

第 6 步：综合第 4 步和第 5 步，共设计出 13 条测试用例，如表 5-22 所示。

表 5-22　“历年学生信息查询”程序测试用例

用例编号	操作步骤描述	预期结果
TC-001	姓名填写、专业填写、年级填写、班级填写、户籍地填写	正确显示查询结果
TC-002	姓名填写、专业填写、年级填写、班级不填、户籍地填写	正确显示查询结果
TC-003	姓名填写、专业不填、年级不填、班级填写、户籍地填写	正确显示查询结果
TC-004	姓名填写、专业不填、年级不填、班级不填、户籍地不填	正确显示查询结果
TC-005	姓名不填、专业填写、年级不填、班级填写、户籍地不填	正确显示查询结果
TC-006	姓名不填、专业填写、年级不填、班级不填、户籍地填写	正确显示查询结果
TC-007	姓名不填、专业不填、年级填写、班级填写、户籍地不填	正确显示查询结果
TC-008	姓名不填、专业不填、年级填写、班级不填、户籍地填写	正确显示查询结果
TC-009	姓名填写、专业不填、年级不填、班级不填、户籍地不填	正确显示查询结果
TC-010	姓名不填、专业填写、年级不填、班级不填、户籍地不填	正确显示查询结果
TC-011	姓名不填、专业不填、年级填写、班级不填、户籍地不填	正确显示查询结果
TC-012	姓名不填、专业不填、年级不填、班级填写、户籍地不填	正确显示查询结果
TC-013	姓名不填、专业不填、年级不填、班级不填、户籍地填写	正确显示查询结果

2. 正交实验法案例 2

在正交实验法案例 1 中，每个因素的水平数都等于 2，是相等的，被称为等水平正交表。但正交表中各因素的水平数也可以不相等，这种被称为混合型正交表。

【题目】　有一个 PowerPoint 软件打印功能，功能描述如下：

打印效果：幻灯片加框、幻灯片不加框；

打印方式：单面打印、双面打印；

打印范围：全部、当前幻灯片、给定范围；

打印颜色：颜色、灰度、黑白；

打印内容：幻灯片、讲义、备注页、大纲视图、阅读视图、普通视图。

请用正交实验法设计测试用例。

【解析】

第 1 步：确定表中的因素数。

本题中因素数有 5 个：打印效果、打印方式、打印范围、打印颜色、打印内容。故因素

数=5。

第 2 步：确定表中的水平数。

本题中有 2 个因素有 2 个水平，有 2 个因素有 3 个水平，有 1 个因素有 6 个水平。

第 3 步：选择合适的正交表。

表中因素数≥5；表中至少有 2 个因素的水平数≥2；至少有另外 2 个因素的水平数≥3；至少有另外一个因素的水平数≥6。通过查询正交表，可知公式 L_{49}（7^8）或者 L_{18}（$3^6 6^1$）比较接近题目要求。取行数较少的一个公式 L_{18}（$3^6 6^1$）得出正交表，如表 5-23 所示。

表 5-23 正交表 L_{18}（$3^6 6^1$）

序　号	1	2	3	4	5	6	7
1	1	1	1	1	1	1	1
2	1	1	2	2	3	3	2
3	1	2	1	3	3	2	3
4	1	2	3	1	2	3	4
5	1	3	2	3	2	1	5
6	1	3	3	2	1	2	6
7	2	1	1	3	2	3	6
8	2	1	3	1	3	2	5
9	2	2	2	2	2	2	1
10	2	2	3	3	1	1	2
11	2	3	1	2	3	1	4
12	2	3	2	1	1	3	3
13	3	1	2	3	1	2	4
14	3	1	3	2	2	1	3
15	3	2	1	2	1	3	5
16	3	2	2	1	3	1	6
17	3	3	1	1	2	2	2
18	3	3	3	3	3	3	1

这个表并不完全符合我们的题目，需要改造成我们需要的表格。

（1）因为题目中有 2 个元素只有 2 个水平，故把列号为 1 和 2 的 2 列中的水平数为 3 的值换成 1 或者 2；

（2）题目中只有 5 个元素，故把列号为 5 和 6 的 2 列从表格中删除，变成 5 列表格。

第 4 步和第 5 步：映射变量的值到表格中，并加上可疑用例 *n* 条，此题中笔者没有添加可疑用例，*n*=0，如表 5-24 所示。

表 5-24 “PowerPoint 幻灯片软件打印功能”映射表

序　号	打印效果	打印方式	打印颜色	打印范围	打印内容
1	幻灯片加框	单面	颜色	全部	幻灯片
2	灯片加框	单面	灰度	当前幻灯片	讲义
3	灯片加框	双面	颜色	给定范围	备注页

续表

序　　号	打 印 效 果	打 印 方 式	打 印 颜 色	打 印 范 围	打 印 内 容
4	灯片加框	双面	黑白	全部	大纲视图
5	灯片加框	单面	灰度	给定范围	阅读视图
6	灯片加框	双面	黑白	当前幻灯片	普通视图
7	灯片不加框	单面	颜色	给定范围	普通视图
8	灯片不加框	单面	黑白	全部	阅读视图
9	灯片不加框	双面	灰度	当前幻灯片	幻灯片
10	灯片不加框	双面	黑白	给定范围	讲义
11	灯片不加框	单面	颜色	当前幻灯片	大纲视图
12	灯片不加框	双面	灰度	全部	备注页
13	灯片加框	单面	灰度	给定范围	大纲视图
14	灯片不加框	单面	黑白	当前幻灯片	备注页
15	灯片加框	双面	颜色	当前幻灯片	阅读视图
16	灯片不加框	双面	灰度	全部	普通视图
17	灯片加框	单面	颜色	全部	讲义
18	灯片不加框	双面	黑白	给定范围	幻灯片

第 6 步：设计测试用例，如表 5-25 所示。原本应该有 216 条组合用例，现在缩减到 $18+n$（n 是可疑用例的个数，此处 $n=0$），大大简化了测试用例的数量，并且保证了测试的有效性。表 5-25 列举其中一条测试用例的编写方法，其他的用例读者自行编写即可。

表 5-25　“PowerPoint 幻灯片软件打印功能”测试用例 TC001

测试用例编号	PPT-ST-FUNCTION-PRINT-TC001
测试对象	测试 PowerPoint 打印功能
测试点	单面打印 PowerPoint 文件 File：全部、幻灯片、有颜色、加框
前提条件	文件 File 已被打开，计算机主机已连接有效的打印机
测试数据	文件 File：E:\file.ppt
用例级别	高
操作步骤	1. 打开打印界面； 2. 打印范围选择“全部”； 3. 打印效果选择“幻灯片加框”； 4. 打印方式选择“单面打印”； 5. 打印颜色选择“有颜色”； 6. 打印内容选择“幻灯片”； 7. 单击“确认”按钮
预期结果	单面打印出全部幻灯片，有颜色且已加框

5.5.3　正交实验法总结和应用场景

正交实验法能够使用最小的测试过程获得最大的测试覆盖率。正交实验法适用的场合和

判定表（因果图）不一样。当一个界面中有多个控件，每个控件有多个取值，控件取值的组合数量很大，不可能（也没有必要）为每一种组合编写一条用例，要使用最少的组合进行测试，就适合运用正交实验法。判定表（因果图）也是考虑控件组合，但是组合数量较少（一般不会超过 20 种）。

使用正交实验法也有其局限性，因为目前常见的正交表数量有限，即使是已有的正交表，基本也都要求每个控件中取值个数（水平个数）相等，在实践中很难确定遇到的全是这种情况。通过正交实验法的学习，我们更多地是学习到一种测试思想，也就是从所有组合集合中选取测试数据时，应该均匀地选取其中的组合作为测试用例，而不要只从某个局部选择数据。

5.6 场 景 法

大家设想一下，以登录功能的测试为例，如图 5-9 所示，结合前面学过的等价类划分法和边界值分析法，再加上自己对实际业务场景的发挥，能设计出什么样的测试用例呢？

图 5-9　登录系统界面

（1）输入正确的账号和密码以及验证码后单击“登录”按钮，程序能正常登录；
（2）不输入账号、密码和验证码，直接单击“登录”按钮，程序给出错误提示；
（3）输入正确的账号和验证码，错误的密码，单击“登录”按钮，程序给出错误提示；
（4）输入正确的账号和验证码，不输入密码，单击“登录”按钮，程序给出错误提示；
（5）不输入账号，输入正确的密码和验证码，单击“登录”按钮，程序给出错误提示；
……

如何对此类测试的场景进行全面的测试呢？当拿到一个测试任务时，我们通常不是先关注某个控件的边界值、等价类是否满足要求，而是先关注它的主要功能和业务流程是否正确实现，这就需要使用场景法来完成测试。当业务流程没有问题，也就是该软件的主要功能没有问题时，我们再重点从边界值、等价类等方面对输入域进行测试。

接下来我们来看看场景法的概念和应用。

5.6.1 场景法概述

场景法就是模拟用户操作软件时的场景，主要用于测试系统的业务流程。我们知道，现在的软件几乎都是由事件触发来控制流程的，事件触发时的情景便形成了场景，而同一事件不同的触发顺序和处理结果就形成事件流。这种在软件设计方面的思想已被引入软件测试中，生动地描述出事件触发时的情景。提出这种思想的是 Rational 公司，在 RUP2000 中文版当中有其详尽的解释和应用。

场景法一般包含基本流和备选流。从一个流程开始，通过描述经过的路径来确定测试用例的过程，经过遍历所有的基本流和备选流来完成整个场景。我们通常以正常的用例场景开始分析，再着手分析其他的场景。

基本流也叫有效流或正确流，主要是模拟正确的业务操作过程的情景。

备选流也叫无效流或错误流，主要是模拟无效的业务操作过程的情景。

基本流一般采用直黑线表示，是经过用例的最简单路径，无任何差错，程序从开始直接执行到结束。备选流则采用不同颜色表示。一个备选流可能从基本流开始，在某个特定条件下执行，然后重新加入基本流中；也可以起源于另一个备选流，或终止用例，不再加入基本流中。备选流一般代表了各种错误情况。

如图 5-10 所示展示了一个场景的示例图，在图 5-10 中，有 1 个基本流和 4 个备选流。每个经过的可能路径可以确定不同的用例场景。从“用例开始”到“用例结束”，遍历所有的路径，可以确定以下 8 个用例场景（为了方便，场景 5、6、8 只考虑了备选流 3 循环执行一次的情况）：

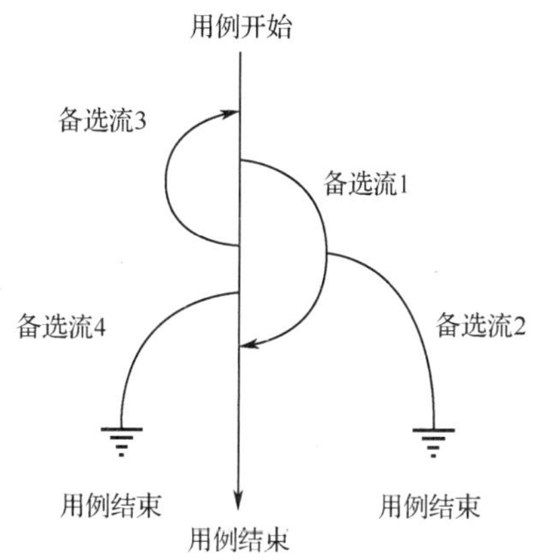

图 5-10 场景法示例图

场景 1：基本流；

场景 2：基本流→备选流 1；

场景 3：基本流→备选流 1→备选流 2；

场景 4：基本流→备选流 3；

场景 5：基本流→备选流 3→备选流 1；

场景 6：基本流→备选流 3→备选流 1→备选流 2；

场景 7：基本流→备选流 4；

场景 8：基本流→备选流 3→备选流 4。

场景法的典型应用偏重于大的业务流程，目的是用业务流把各个孤立的功能点串起来，为测试人员建立整体业务感觉，从而避免陷入功能细节而忽视业务流程要点的错误倾向。

使用场景法设计测试用例时，对测试人员的相关业务熟悉程度有要求，最好能成为该行业中业务方面的“专家”。要本着从用户的角度出发，模拟用户的实际操作场景，分析出基本流和备选流。如何识别出基本流和备选流，有以下几个识别原则：

（1）一个业务只存在一个基本流；

（2）基本流只有一个起点、一个终点；

（3）基本流是主流，备选流是支流；

（4）备选流可以起始于基本流，也可以起始于其他的备选流；

（5）备选流的终点可以是一个流程出口，也可以是回到基本流，还可以是汇入其他的备选流；

（6）如果在流程图中出现了两个不相上下的基本流，一般需要把它们分开对待。

应用场景法的基本设计步骤如下：

第 1 步：根据需求说明，分析出程序的基本流以及各项备选流；

第 2 步：根据基本流和各项备选流生成不同的场景；

第 3 步：对每一个场景生成相应的测试矩阵；

第 4 步：生成测试用例，去掉多余的测试用例，并确定测试数据值。

5.6.2 场景法案例

1. 场景法案例 1

图 5-11 给出了某公共图书管理系统中的一个用例图，表 5-26 是注册用户的用例规约，请使用场景法设计测试用例。

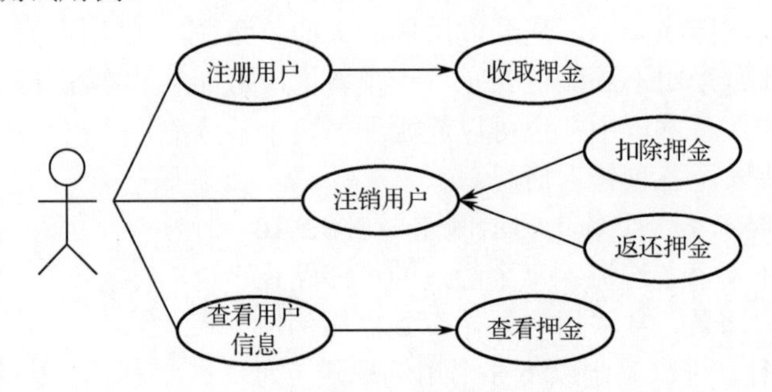

图 5-11 公共图书管理系统中的管理用例分解图

表 5-26 注册用户的用例规约

用例规约编号	UC001
用例规约名称	注册用户
参与者	借阅卡办理人员
用例规约说明	用例起始于卡办理人员接受读者的办卡请求
前置条件	卡办理人员经过身份验证
后置条件	保存读者信息，并分发一张对应的借阅卡

【解析】

第 1 步：根据需求说明，分析出程序的基本流和各项备选流。

通过分析，先画出基本流程表（如表 5-27 所示）和分支流程。

表 5-27 基本流程表

参与者动作	系 统 动 作
1. 卡办理人员在注册界面中录入读者的登记信息	2. 系统对录入信息进行有效性检验
	3. 系统验证读者注册证件号具有唯一性
4. 卡办理人员录入借阅卡卡号，并收取押金，确认信息提交	5. 系统验证卡号的有效性
	6. 系统向读者信息表中增加一条读者信息，并将借阅卡卡号与读者进行对应后显示成功界面
7. 卡办理人员将借阅卡和押金收据交于读者	

分支流程有：

2a. 系统检查录入信息存在问题，则提示用户相应信息，系统返回到注册界面。

3a. 系统发现读者有效证件号已经存在于已注册的读者信息中，则提示用户“该证件号已经被注册”，系统返回原有注册界面。

4a．卡办理人员取消办卡过程，则系统提示用户是否确实要取消操作：

① 如果卡办理人员确认“取消”操作，则系统返回到初始注册界面；

② 如果卡办理人员取消“取消”操作，则系统保持原有注册界面。

5a．系统发现卡号无效，提示重新输入。

根据以上分析，确定基本流和备选流，如表 5-28 所示

表 5-28　注册用户的基本流与备选流

基本流	录入信息有效性检查、证件号的唯一性检查、卡号的有效性检查、生成借阅关系
备选流 1	录入信息存在问题
备选流 2	证件号已注册
备选流 3	取消办卡操作
备选流 4	卡号无效

第 2 步：生成场景，如表 5-29 所示

表 5-29　注册用户的场景

场景描述	基本流	备选流
场景 1：成功注册	基本流	
场景 2：信息存在问题	基本流	备选流 1
场景 3：证件号已注册	基本流	备选流 2
场景 4：取消办卡操作	基本流	备选流 3
场景 5：卡号无效	基本流	备选流 4

第 3 步：生成测试矩阵，如表 5-30 所示。

对于每一个场景都需要确定测试矩阵。本例中，对于每个测试用例存在一个测试用例 ID、条件（或说明）、测试用例中涉及的所有数据元素以及预期结果。

通过从确定执行用例场景所需的数据元素入手构建矩阵表格。对于每个场景，至少要确定包含执行场景所需的适当条件的测试用例。通常 V（有效）用于表明这个条件必须是 Valid（有效的）才可执行基本流，而 I（无效）用于表明这种条件下将激活所需备选流。表 5-30 中“n/a”（不适用）表明这个条件不适用于测试用例。

表 5-30　注册用户的测试矩阵

编号	场景	信息有效性	证件号唯一	未取消办卡	卡号有效性	预期结果
TC-001	场景 1：成功注册	V	V	V	V	成功注册
TC-002	场景 2：信息存在问题	I	n/a	n/a	n/a	提示信息，返回注册页面
TC-003	场景 3：证件号已注册	V	I	n/a	n/a	提示证件号已注册，返回注册页面
TC-004	场景 4：取消办卡操作	V	V	I	n/a	确认取消，分 2 种情况处理
TC-005	场景 5：卡号无效	V	V	V	I	卡号无效，提示重新输入

第 4 步：生成测试用例，并选取测试数据值，如表 5-31 所示。

表 5-31　注册用户的测试用例

编　号	场　景	信息有效性	证件号唯一	未取消办卡	卡号有效性	预 期 结 果
TC-001	场景 1：成功注册	信息有效	证件号唯一	未取消办卡	卡号有效	成功注册
TC-002	场景 2：信息存在问题	信息无效	n/a	n/a	n/a	提示信息，返回注册页面
TC-003	场景 3：证件号已注册	信息有效	输入已注册的证件号	n/a	n/a	提示证件号已注册，返回注册页面
TC-004	场景 4：取消办卡操作	信息有效	证件号唯一	取消办卡	n/a	确认取消，分 2 种情况处理
TC-005	场景 5：卡号无效	信息有效	证件号唯一	未取消办卡	卡号无效	卡号无效，提示重新输入

2．场景法案例 2

以如图 5-9 所示登录系统界面为例，其业务流程图如图 5-12 所示，请用场景法为登录系统设计测试用例。

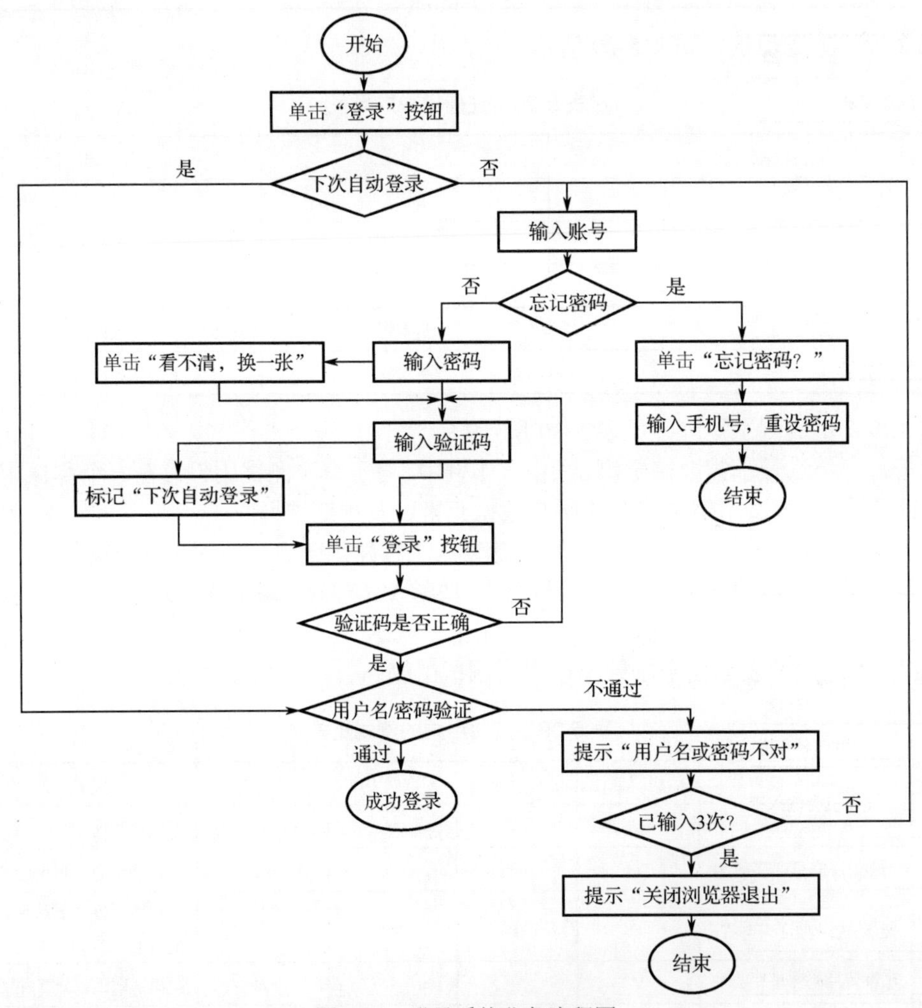

图 5-12　登录系统业务流程图

【解析】

第 1 步：分析题目，列出基本流和备选流，如表 5-32 所示。

表 5-32　登录系统的基本流和备选流

基本流	进入登录界面→输入有效的用户名→输入正确的密码→输入正确的验证码→单击“登录”按钮，成功登入
备选流 1	上次选择自动登录，通过验证，成功登录
备选流 2	上次未选择自动登录，用户名未通过验证
备选流 3	上次未选择自动登录，密码不正确，还有输入机会
备选流 4	上次未选择自动登录，密码不正确，没有输入机会
备选流 5	上次未选择自动登录，验证码不正确
备选流 6	上次未选择自动登录，忘记密码

第 2 步：生成登录系统的场景，如表 5-33 所示。

表 5-33　登录系统的场景

场景描述	基本流	备选流
场景 1：成功登录	基本流	
场景 2：自动登录成功	基本流	备选流 1
场景 3：登录名未通过验证	基本流	备选流 2
场景 4：密码不正确，有输入机会	基本流	备选流 3
场景 5：密码不正确，没有输入机会	基本流	备选流 4
场景 6：验证码不正确	基本流	备选流 5
场景 7：忘记密码	基本流	备选流 6

第 3 步：生成登录系统的用例矩阵，如表 5-34 所示。

V 表示这个条件必须是有效的才可执行基本流，I 表示条件无效，n/a 表示这个条件不适用于测试用例。

表 5-34　登录系统的测试矩阵

编号	场景	自动登录	用户名	密码	验证码	忘记密码	预期结果
TC-001	正常登录	I	V	V	V	I	成功登录
TC-002	自动登录	V	n/a	n/a	V	I	成功登录
TC-003	用户名有错	I	I	n/a	n/a	I	提示用户名错误
TC-004	没有机会输入密码	I	V	I	n/a	I	提示密码与用户名不匹配，账号已锁定
TC-005	有机会输入密码	I	V	I	n/a	I	提示密码与用户名不匹配，可再次登录
TC-006	自动登录验证码有错	V	n/a	n/a	I	I	提示输入验证码错误
TC-007	非自动登录验证码有错	I	n/a	n/a	I	I	提示输入验证码错误
TC-008	忘记密码	n/a	V	I	n/a	V	出现忘记密码界面

第 4 步：生成测试用例，并选取测试数据值，如表 5-35 所示。

表 5-35 登录系统的测试用例

编号	场景	自动登录	用户名	密码	验证码	忘记密码	预期结果
TC-001	正常登录	未选择	正确用户名	正确密码	正确验证码	未选	成功登录
TC-002	自动登录	选择	n/a	n/a	正确验证码	未选	成功登录
TC-003	用户名有错	未选择	错误用户名	n/a	n/a	未选	提示用户名错误
TC-004	没有机会输入密码	未选择	正确用户名	错误密码	n/a	未选	提示密码与用户名不匹配，账号已锁定
TC-005	有机会输入密码	未选择	正确用户名	错误密码	n/a	未选	提示密码与用户名不匹配，可再次登录
TC-006	自动登录验证码有错	选择	n/a	n/a	错误验证码	未选	提示验证码错误
TC-007	非自动登录验证码有错	未选择	n/a	n/a	错误验证码	未选	提示验证码错误
TC-008	忘记密码	n/a	正确用户名	错误密码	n/a	选择	出现忘记密码界面

5.6.3 场景法总结和应用场景

当程序界面上没有太多填写项，主要通过鼠标的点击、双击、拖拽等完成操作的时候可以使用场景法。使用场景法时，可以把自己当作最终的用户，分析在使用该软件的时候可能遇到的场景，主要是验证业务流程、主要功能的正确性和异常处理能力。

场景法需要测试人员充分发挥对用户实际业务场景的想象。在用例设计过程中，通过描述事件触发时的情景，可以有效激发测试人员的设计思维，同时对测试用例的理解和执行也有很大的帮助。

5.7 大纲法

大纲法是一种着眼于需求功能的方法，是从宏观上检验需求的完成度。大纲是一种组织思维的工具，它汇集了需求文档的核心内容，大纲的每一项都可以根据测试人员的喜好以逻辑形式分组。通常我们会将需求转换为大纲树的形式，如图 5-13 所示。

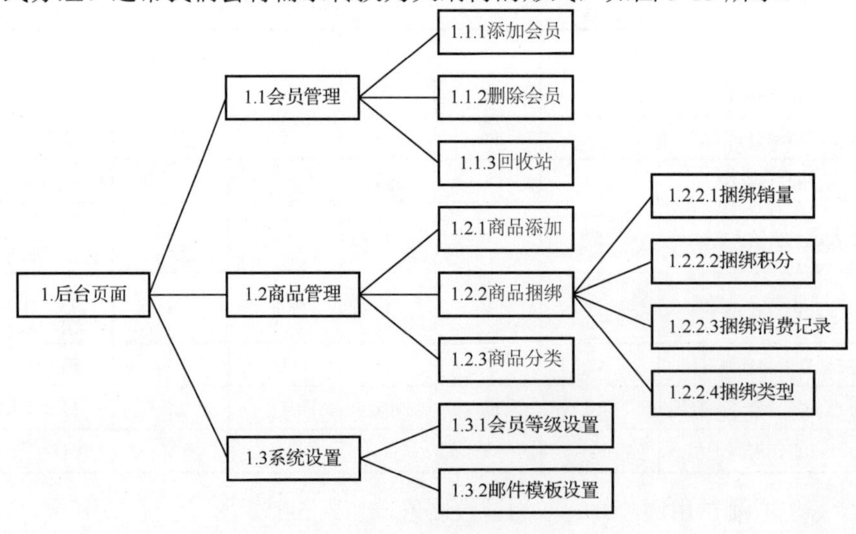

图 5-13 大纲树状结构

大纲树是一个迭代的过程，一开始是从需求中产生的，如果需求中没有功能大纲，那么测试人员需要自行列出，并用需求编号实现需求的可跟踪性。同时，通过与开发人员和 PM 的沟通讨论，不断细化扩大大纲，解决需求中不够明确的问题。大纲的每个后续版本都是对前者的细化。简而言之，就是通过列大纲的方式，检测未被覆盖的功能点，从而发现系统的缺陷。

5.8 错误推测法

错误推测法是经验丰富的测试人员喜欢使用的一种测试用例设计方法。实际工作中，你可能会发现，有些人貌似天生就是做测试的能手，总能发现别人发现不了的缺陷，他们也没有什么特殊的方法，却似乎天生有发现缺陷的能力。对此的一个解释就是这些人更多是在下意识中，把错误推测法运用得很好的缘故。

错误推测法就是基于经验和直觉推测程序中所有可能存在的各种错误，有针对性地设计测试用例的方法。也就是列举出程序中所有可能有的错误和容易发生错误的特殊情况，根据这些情况选择测试用例。

它是一项依赖于直觉的非正规的过程，所以无法描述出它的设计步骤。但它的基本思想是列举出可能犯的错误或错误易发情况的清单，然后编写测试用例。

测试人员的经验越丰富，工作越细心，就越容易使用错误推测法来发现缺陷。

5.9 本 章 小 结

本章主要介绍了黑盒测试常用的测试用例设计方法：等价类划分法、边界值分析法、判定表法、因果图法、正交实验法、场景法、大纲法、错误推测法。设计黑盒测试用例可以发现以下错误：

（1）是否有不正确的功能，是否有遗漏的功能；

（2）在接口上，能否正确地接收数据并产生正确的输出结果；

（3）是否有数据结构错误或外部信息访问错误；

（4）性能上能否满足要求；

（5）是否有程序初始化和异常终止方面的错误。

黑盒测试用例设计方法应用非常广泛，一个好的测试策略和测试用例必将给整个测试工作带来事半功倍的效果，从而充分利用有限的人力和物力资源。在实际测试中，往往是综合使用多种测试用例设计方法，才能高效率、高质量地完成测试用例的设计工作。可以采用测试用例逐级生成的策略，如果把软件产品分成几个层次的话，那么每个层次所对应的测试用例的设计方法如图 5-14 所示。

测试用例逐级生成的策略是指：在业务表述层，使用大纲法，对业务表述和功能模块进行整体宏观把控；在剧本层使用场景法来验证业务的触发场景；在对象模型层利用判定表法、因果图法、正交实验法来测试各种输入条件的组合情况；然后在抽象数据层利用边界值分析法、等价类划分法对具体控件进行边界测试；然后生成详细的测试用例（如果是自动化测试的话，还要生成测试脚本）；再使用错误推测法弥补测试用例没有覆盖的部分。

通过这个过程策略，使得从业务分析到测试脚本的整个过程都具有了可分析性、可重复

性和可控性。更重要的是，为测试数据的生成和管理提供了一个可靠的基础，在此基础上，可以实现对功能测试过程真正意义上的管理和控制。

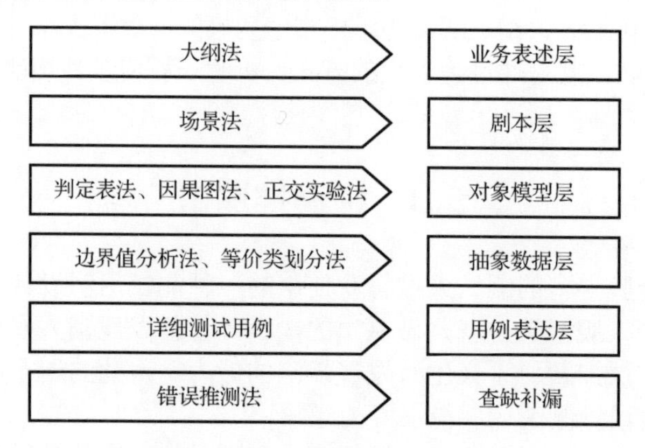

图 5-14　测试用例的综合运用

Myers（《软件测试的艺术》一书的作者）提出了测试方法的选择策略，这里供读者学习：

（1）进行等价类划分，包括输入条件和输出条件的等价类划分，将无限测试变成有限测试，这是减少工作量和提高测试效率的最有效的方法。

（2）在任何情况下都必须使用边界值分析法。经验表明，用这种方法设计测试用例发现程序错误的能力最强。

（3）采用错误推测法再追加一些测试用例。

（4）对照程序逻辑，检查已设计出的测试用例的逻辑覆盖程度。如果没有达到要求的覆盖标准，应当再补充足够的测试用例。

（5）如果程序的功能说明中含有输入条件的组合情况，则应在一开始就选用因果图法。

测试用例的综合运用方法让笔者想起了金庸武侠小说中张无忌跟张三丰学剑法的故事，学习的最高境界，就是把所有的招式都“忘”了，当然，这里是指不能总是生硬地记着其中的一招一式，而是要把各种招式与自己融为一体，关键时刻能行云流水、信手拈来。测试用例设计方法的运用与此类似。

另外值得注意的是，关于测试用例的粒度在不同的软件项目中也是存在争议的。编写测试用例是一件非常耗时的事情，如果是一个传统软件项目，交付周期比较长，那么测试人员有充足的时间去设计测试用例。但在大多数互联网公司，一般走的都是敏捷开发模式，讲究小步快跑、快速试错，留给测试人员的时间非常有限，这时候就需要我们做某种程度的妥协，也就是需要“简化测试用例”——只写测试点即可。当然这并不是说不考虑各种用户场景，而是尽可能地通过一句话描述出这个用例的概要，然后通过概要去执行测试，这对测试人员的要求相对较高，读者可以通过多多动手练习来达到这种水平。

5.10　本 章 练 习

一、单选题

（1）若一个通信录最多可以输入 100 条记录，则下列哪一组测试用例最优？（　　）

A．分别输入 1、50、100 条记录

B．分别输入 0、1、50、99、100 条记录

C．分别输入 0、1、99、100、101 条记录

D．分别输入 0、1、50、99、100、101 条记录

（2）某系统对每个员工一年的出勤天数进行核算和存储（按每月 22 个工作日计算），使用文本框的模式进行填写，在此文本框的测试用例编写中使用了等价类划分法。下列关于等价类划分法，划分错误的是（　　）。

A．无效等价类，出勤日>264　　B．无效等价类，出勤日<0

C．有效等价类，0≤出勤日≤264　　D．有效等价类，0<出勤日<264

（3）关于等价类划分法，下面说法不正确的是（　　）。

A．如果规定了输入域的取值范围，则可以确定一个有效等价类和两个无效等价类。

B．如果规定了输入值的集合不是一个范围，则可以确定一个有效和一个无效等价类。

C．如果规定了输入数据必须遵守的规则，则可以确定一个有效和若干个无效等价类。

D．如果已知的等价类中各个元素在程序中的处理方式不同，则不能使用等价类划分法。

（4）现有一款处理单价为 1 元的盒装饮料的自动售货机软件，若投入 1 元钱，按下“可乐”、“雪碧”或“红茶”按钮，相应的饮料就送出来，若投入的是 2 元钱，在送出饮料的同时还退还 1 元钱。如表 5-36 所示是用因果图法设计的部分测试用例，1 表示执行该动作，0 表示不执行，则表 5-36 中 A～H 处，应按序填入的数值是哪一项？（　　）

表 5-36　自动售货机软件判定表

	用例序号	1	2	3	4	5
输入	投入 1 元币	1	1	0	0	0
	投入 2 元币	0	0	1	0	0
	按“可乐”按钮	1	0	0	0	0
	按“雪碧”按钮	0	0	0	1	0
	按“红茶”按钮	0	0	1	0	1
输出	退还 1 元币	A	0	E	G	0
	送出“可乐”饮料	B	0	0	0	0
	送出“雪碧”饮料	C	0	0	H	0
	送出“红茶”饮料	0	D	F	0	0

A．0100 1100　　B．0110 1100　　C．0100 1010　　D．1100 1100

（5）在因果图中，关系符号“V”代表的是（　　）。

A．恒等　　B．与　　C．或　　D．非

（6）以下不属于因果图约束中的输入约束的是（　　）。

A．异　　B．或　　C．要求　　D．强制

（7）对于功率大于 50 马力的机器、维修记录不全或已运行 10 年以上的机器，应优先维修处理。根据这段话，使用判定表法设计测试用例，以下说法中不正确的是（　　）。

A．条件桩和条件项：功率大于 50 马力？维修记录不全？已运行 10 年以上？

B．动作桩和动作项：优先维修处理；其他处理方式。

C．此题中有 3 个条件，每个条件有 2 个取值（T 或 F），应有 8 种规则。

D．此题中有 8 种规则，最终会产生 8 条测试用例。

（8）假设查询某个人时有 3 个查询条件：姓名、身份证号码、手机号码。如果只考虑每个因素的“填”或“不填”两个水平，用正交实验法设计测试用例，应该选择的正交表公式是（　）。

A．L_4（2^3）　　B．L_6（3^2）　　C．L_8（3^2）　　D．L_6（2^3）

（9）以下关于黑盒测试用例设计方法的叙述中错误的是（　　）。

A．边界值分析法通过选择等价类边界作为测试用例，不仅重视输入条件边界，而且也必须考虑输出域边界。

B．因果图法是从用自然语言书写的程序规格说明的描述中找出因（输入条件）和果（输出或程序状态的改变），可以通过因果图转换为判定表。

C．正交实验法就是使用已经造好了的正交表来安排实验并进行数据分析的一种方法，目的是用最少的测试用例达到最高的测试覆盖率。

D．等价类划分法是根据软件的功能说明，对每一个输入条件确定若干个有效等价类和无效等价类，但只能为有效等价类设计测试用例。

（10）在黑盒测试方法中，设计测试用例的主要根据是（　　）。

A．程序内部逻辑　　B．程序外部功能

C．程序数据结构　　D．程序流程图

二、多选题

（1）关于黑盒测试有 2 个基本方面的验证，它们是（　　）。

A．通过测试　　B．冒烟测试　　C．失败测试　　D．确认测试

（2）一个程序用于实现计算平方根的功能，那么以下说法中正确的是（　　）。

A．有一个有效等价类为：输入值≥0；　　B．有一个有效等价类为：输入值>0；

C．有一个无效等价类为：输入值≤0；　　D．有一个无效等价类为：输入值<0

（3）以下关于错误推测法的说法中正确的是（　　）。

A．错误推测法是基于经验和直觉推测程序中所有可能存在的错误，有针对性地设计测试用例的方法。

B．错误推测法是列举程序中所有可能有的错误和容易发生错误的特殊情况。

C．没有经验的人通过错误推测法发现的问题会更多。

D．经验丰富的测试人员通过错误推测法发现的缺陷可能会更多。

（4）以下关于正交实验法的说法中正确的是（　　）。

A．正交表选择测试用例的原理是正交表的 2 个特性：整齐可比性、均衡分散性。

B．正交实验法能够使用最少的测试过程获得最大的测试覆盖率。

C．正交表是非常常用的一种用例设计方法，常见的正交表数量比较丰富，可选性比较大。

D．当一个界面中有多个控件，每个控件有多个取值，而且组合数量比较庞大的时候，可以运用正交实验法。

（5）以下关于正交实验法设计测试用例的说法中错误的是（　　）。

A．正交实验法能够使用最小的测试过程集合获得最大的测试覆盖率。

B．正交实验法非常适用于输入数据的组合数量很大的情况。

C．正交实验法可以保证对所有变量的所有组合都进行了测试。

D．当被测对象中有大量变量且每个变量都有几个状态时，可以借助正交实验法。

E．正交实验法通常不适用于在兼容性测试中设计测试用例。

（6）以下关于场景法的说法中正确的是（　　）。

A．使用场景法要先确定其基本流和备选流。

B．场景法的典型业务偏重于大的业务流程，目的是用业务流把各个孤立的功能点串起来。

C．场景法不关心软件的主要功能和业务流程是否正确实现。

D．提出场景法思想的是 Rational 公司。

三、判断题

（1）等价类划分法是把输入域分成有效等价类和无效等价类两种。有效等价类是指对于程序规格说明来说，是合理、有意义的输入数据构成的集合。利用有效等价类可以检验程序是否实现了规格说明预先规定的功能和性能。有效等价类可以是一个，也可以是多个。（　　）

（2）判定表有其局限性，它不能很好地表达重复执行的动作，如循环结构；而且判定表不能很好地伸缩，如 n 个条件，每个条件有 2 个取值的判定表至少有 2^n 个规则。（　　）

（3）软件规模越大，输入条件与输出条件之间的关系越复杂，使用因果图法执行测试越有效。（　　）

（4）因果图法最终生成的是判定表，它适合于检查程序输入条件的各种组合情况。（　　）

（5）正交实验法是研究多因素多水平的一种设计方法。它是根据正交性从全面实验中挑选出部分有代表性的点进行实验，这些有代表性的点具备了均衡分散、整齐可比的特点。正交实验法是一种基于正交表的、高效、快速、经济的实验设计方法。（　　）

（6）可以通过使用大纲法保证软件的大体功能没有被遗漏。（　　）

（7）现在互联网行业一般采用敏捷开发模式，留给测试人员的时间非常有限，可以不写测试用例，可以把写测试用例的时间用来执行测试。（　　）

第6章 软件缺陷报告

本章简介

软件测试的目的是发现尽可能多的缺陷，这里的缺陷是一种泛称，它可以指功能的错误，也可以指性能低下，或者易用性差等。执行软件测试这个环节中，软件测试人员的主要工作就是通过测试去发现并提交软件缺陷，然后开发人员对提交的软件缺陷进行修正。这个环节是测试人员和开发人员工作频繁交互的阶段，也是最容易产生抱怨和争议的阶段。而且据统计，对于绝大多数的软件产品而言，用于测试和改错的时间占整个软件开发周期的30%左右，所以我们必须把测试的执行工作做好，不然不仅没有功劳，也没人欣赏你的苦劳，你拥有最多的将是疲劳。

发现并提交软件缺陷是软件测试执行工作最为重要的内容之一。本章主要介绍软件缺陷报告的定义、缺陷产生的原因以及如何识别软件缺陷，还将一步步详细讲述如何编写一个良好的缺陷报告，并结合软件缺陷管理工具BugFree来介绍软件缺陷报告的处理流程。

6.1 软件缺陷简介

先引用《编程之道》中的一个小故事：

编程大师说："任何一个程序，无论它多么小，总存在着错误。"

初学者不相信大师的话，他问："如果有个程序小得只执行一个简单的功能，那会怎么样呢？"

"这样的程序没有意义，"大师说，"但如果这样的程序存在的话，操作系统最后将失效，产生错误。"

但初学者不满足，他问："如果操作系统不失效，那会怎么样呢？"

"没有不失效的操作系统，"大师说，"但如果这样的操作系统存在的话，硬件最后将失效，产生错误。"

初学者仍不满足，再问："如果硬件也不失效，那会怎么样呢？"

大师长叹一声道："没有不失效的硬件。但如果这样的硬件存在的话，用户就会想让那个程序做一件不同的事，这件事也是错误的。"

这个故事说明了，没有错误的程序世间难求。在实际工作中，我们经常听到来自测试人员和开发人员的抱怨：测试人员抱怨最多的就是“软件缺陷怎么那么多”“开发的什么东西，简直难以忍受”；开发人员则抱怨“这不是缺陷”“这个缺陷没有，因为我的系统运行正常”。他们相互抱怨的场景屡见不鲜。

软件的缺陷无疑是开发人员写出来的，因为测试人员没有写过一行代码，开发人员才是缺陷的创造者，但测试人员是“缺陷的缺陷”的创造者。所谓“缺陷的缺陷”是指提交的缺陷并不是真正的缺陷，而是在没有正确理解需求从而进行了不合理的提交产生的，这种缺陷经常是测试人员受到指责的重要原因。为了避免这种情况的发生，读者首先要弄清楚到底什么是缺陷。

6.1.1　软件缺陷的定义

在日常口语中，常常听到大家把缺陷叫作“Bug”，这起源于第一代计算机时期的一个小故事。第一代计算机由许多庞大且昂贵的真空管组成，并利用大量的电力来使真空管发光。可是有一天这个庞大的计算机却突然无法工作了，研究人员做了很多调试都无法使设备恢复正常，在费了九牛二虎之力之后，他们最终在一只真空管中发现了一只小虫子，显然是小虫子受光电的吸引而被夹扁在触点之间，他们把小虫子从真空管中取出，设备才得以正常工作。其中一位名叫格蕾丝·赫柏的人把飞蛾拍死在工作日志上，并写道：就是这个 Bug，害我们今天的工作无法完成。小虫子的英文就是 Bug，所以就用 Bug 一词代表计算机系统或程序中隐藏的错误、缺陷或问题，并一直沿用到现在。

我们常常把所有的软件问题都称为缺陷，笼统地定义为计算机系统或程序中隐藏的错误、缺陷或问题。这听起来也许非常简单，但并不能真正起到指导测试人员提交缺陷的作用。“缺陷”这个词必须加以详细定义，才有利于缺陷的识别。一般地，符合下面 5 个规则之一的才能叫作软件缺陷：

（1）软件未达到产品说明书标明的功能。

（2）软件出现了产品说明书指明不会出现的错误。

（3）软件功能超出了产品说明书指明的范围。

（4）软件未达到产品说明书虽未指出但应达到的目标。

（5）软件测试人员认为软件难以理解、不易使用、运行速度缓慢，或者最终用户认为不好。

为了更好地理解以上每一条规则，我们以 Word 程序作为例子来具体理解这几条规则。

Word 程序的产品说明书可能声称它能够准确无误地进行文字的显示和保存。假如你作为软件测试人员，拿到 Word 程序后，从键盘输入文字，在硬件连接完好的情况下，Word 页面中什么文字内容也没显示，根据第 1 条规则，这是一个缺陷；假如可以正确显示，但却无法保存，根据第 1 条规则，这也是一个缺陷。

Word 程序的产品说明书中可能声称它可以保存无数个字符且不会崩溃。假如你疯狂复制和粘贴文字内容到 Word 文档中，结果却导致程序没有响应，根据第 2 条规则，这是一个缺陷。

假如你拿到的 Word 文档不仅可以显示文字和保存文字，还拥有录音功能，而产品说明书中并没有提到这一功能，意气风发的程序员只因为觉得这是一项了不起的功能而把它加入，那么根据第 3 条规则，这是一个软件缺陷。

再或者，使用 Word 程序录入文字时按回车键可以起到换行作用，虽然产品说明书中并未指明这一点，但如果程序没有达到这个要求，根据第 4 条规则，这也是一个软件缺陷。

关于第 5 条规则是主观的，这一点也是开发人员和测试人员容易发生争议的地方。或许开发人员会说：“你是一个测试人员，你说是缺陷就是缺陷吗？需求你来定吗？”他们产生这样的疑问一点也不奇怪，毕竟对于软件好不好用这样主观性的意见，千人千面，各有不同。但软件测试人员是第一个真正使用软件的人，如果他们觉得不对劲，那么一定是有改进余地的。这部分的缺陷通常发生在易用性方面，这一点笔者会在第 8 章《易用性测试》中详细讲述。为了减少争议的产生，要求测试人员提出的建议一定要客观且全面。当争议发生时，测试人员也可以去跟 PM 沟通，得到确认之后，再由开发人员进行修改。当然也并非发现的所有缺陷开发人员都会进行修改，这一点我们在第 2 章软件测试的原则中就已讲到。

对照以上 5 个规则，会让你在识别软件缺陷时“有法可依”。当然，也存在一些看似是缺陷，但其实并不是缺陷的现象。比如当输入 3 次错误的密码后，提款机的吞卡行为，这是对用户银行卡安全的一种保护措施。但如果程序没有“输错 3 次密码，ATM 机会吞卡”这样的提示，那么这里也算是一个缺陷。

也有一些现象看似正确但其实却是缺陷，比如计算机成功安装了某个软件，该软件的功能可以正确执行，但它却破坏了操作系统的功能或者其他软件的使用。这也是一种缺陷，属于兼容性缺陷。

更神奇的是，还有一些现象在不同的环境和系统中可能是缺陷，也可能不是。比如民用产品和军用产品对软件的精度要求上就是不同的；在系统易用性方面，普通用户与专业用户对产品的要求也会存在很大的差异。

所以，是否是缺陷，除了参考以上 5 个规则之外，还要看使用对象和使用环境，这就要求测试人员除了专业的测试知识外，还要具备一些行业知识。在本书第 10 章中我们会讲述软件测试人员所需具备的知识和技能。

6.1.2 缺陷产生的原因

在软件开发的过程中，软件缺陷的产生是不可避免的。那么软件缺陷是如何产生的呢？产生缺陷的根源有很多，人们本身容易犯错误、时间的压力、复杂的代码、复杂的系统架构、技术的革新以及许多系统之间的交互接口等都可能导致缺陷的产生。缺陷来源也各种各样，通过对众多从小到大的项目进行研究，我们得出了一个惊人的结论：大多数软件缺陷并非源自程序错误，而是产品说明书。

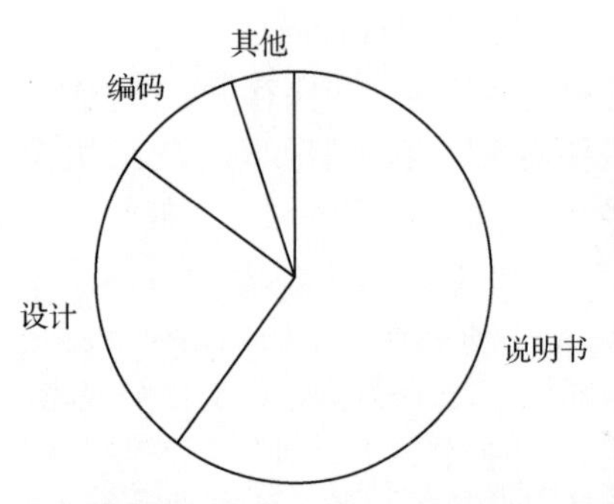

图 6-1　软件缺陷的来源分布

如图 6-1 所示是一个调查结果统计图，可以看出，软件缺陷的第一大来源是产品说明书。软件需求规格说明书描述了系统应该具有哪些功能，不应该具有哪些功能，功能的操作性如何，性能如何等具体规格，是开发初期最重要的过程文档，也是后期开发与测试的重要依据。但是在许多情况下，项目根本没有需求说明书，项目负责人仅仅在跟客户沟通之后，通过一些邮件、会谈记录或一些零碎的未整理的对话，就确信大家已经完全理解了客户的需求了，却并未形成正规的文档，这肯定会产生大量的缺陷。也可能是说明书虽然有，但是描述不清晰导致设计目标偏离客户的需求，从而引起功能或产品特征上的缺陷；或者需求频繁变更，却与开发人员缺少及时沟通，导致开发人员不清楚应该做什么和不做什么的理解误差造成的。

缺陷的第二大来源是设计。设计是程序员规划软件的过程，就像盖房子打地基、搭框架一样。系统结构越来越复杂，而程序员可能限于自身的思维局限或技术局限，无法设计出一个很好的层次结构或组件结构，导致概要设计、详细设计、数据库设计文档等存在错误或不清晰，结果出现意想不到的问题或系统维护、扩充上的困难。为软件做设计是极其重要的，需要功底深厚的架构人员去完成。如果底层架构出错了，软件缺陷就会大片地出现，而且改动起来尤为复杂，牵一发而动全身。

第三大来源才是程序代码。任何人在编程时都可能疏忽犯错，导致程序中有缺陷。除此之外，也有可能是因为软件太过复杂，技术文档又普遍比较糟糕，文档本身就有缺陷，导致根据文档编写的代码产生更多缺陷。另外，人们也常处于进度的压力之下，匆忙之下也容易产生缺陷，特别是在期限临近之际。但需要注意的是，很多看上去是程序错误的软件缺陷，实际上也是由于产品说明书或设计方案造成的，例如，需求变更了却没人及时通知那个可怜的开发人员。

第四大来源是其他的一些原因，比如硬件或软件存在错误，或者把误解当成了缺陷；还有些缺陷反复多处出现，实际上是由同一个原因引起的。这种缺陷越少越好，测试工程师本身就是做质量工作的，提交的成果本身就应该质量高一些才对。当然，事实上这部分缺陷只占极小的比例，不需要太过担心。

正确理解缺陷的含义，并了解缺陷产生的原因，可以帮助测试人员识别缺陷。软件缺陷绝大部分来自软件需求说明书，所以测试人员一定要尽早介入软件项目中，而不能进行主要是针对程序代码的测试。

用户的需求就是判断缺陷的关键，因此在识别缺陷的过程中，测试人员可以从以下几个方面入手：

首先，可以把参考文档作为识别和判断缺陷的辅助工具，如软件需求说明书、设计文档、用户手册及联机帮助等，这些文档反映了大量的用户需求，所以被大多数测试人员在实际测试过程中广泛地使用。

其次，通过对软件产品的行业知识和行业标准的了解来发现被隐藏的问题，这些问题中往往隐藏着致命缺陷。

最后，通过沟通的方式来收集、学习和分享其他人判断缺陷的方法和经验，沟通对象比如项目经理、测试组其他成员、客户、开发人员等。

某些人天生就适合做软件测试，他们找到软件缺陷，可以准确地找出其发生的具体步骤和条件。对于其他人而言，这种技巧要经过多次实践之后才能得到。拥有这种能力是成为卓有成效的软件测试人员的前提。

6.2 编写软件缺陷报告

识别出缺陷，就需要编写软件缺陷报告，软件缺陷报告是对缺陷进行记录、分类和跟踪的文档。软件测试人员的任务之一就是书写良好的缺陷报告，提供准确、完整、简洁、一致的缺陷报告是软件测试人员的专业性和高质量的主要评价指标。

通常，软件缺陷报告最直接的读者是软件开发人员和质量管理人员，除此之外，来自市场和技术等部门的人也可能需要查看缺陷情况。在书写缺陷报告之前，我们需要明白谁会阅

读缺陷报告，了解读者最希望从缺陷报告中获得什么信息。这有助于我们编写一份良好的缺陷报告。

软件测试工程师要遵照缺陷报告的写作准则来书写内容完备的软件缺陷报告。虽然编写软件缺陷报告类似于写作文，没有绝对的对错，但实际项目中，经常出现一些缺陷报告描述不清，或者包含过少或过多的信息，而且组织混乱，难以理解的现象。

假设你是程序员，当你被分配了一个缺陷，看到这样的描述："无论何时在搜索文本框中输入一串随机字符，软件都会开始进行一种奇怪的动作。"在不知道随机字符是什么，一串字符有多长，产生什么现象的前提下，从何处着手修复这个软件缺陷呢？再或者这样的描述："在 Word 中，段落调整后出现了不正确的行为。"对段落进行怎样的调整？出现的不正确行为又是什么呢？这常常导致开发人员不得不疑惑地把缺陷报告打回给提交者，或者一遍遍地叫过去询问详情，增加了反复沟通的时间成本，这可能会延误修改缺陷的时机，导致项目延期或者带着缺陷一起发布出去。

接下来我们就来了解一份合格的缺陷报告都包括哪些内容。不同的软件测试项目对于缺陷报告的具体组成不尽相同，但对于具体的测试项目而言，缺陷的基本信息通常都是比较固定的，而缺陷属性则需要根据不同的软件项目定制不同的属性值。一个完整的软件缺陷报告通常包含如表 6-1 所示的信息。

表 6-1 完整的软件缺陷报告的内容

模块名称			
缺陷编号		发现者	
发现日期		分配给谁	
缺陷版本号		缺陷状态	
缺陷类型		缺陷严重等级	
缺陷来源		缺陷处理优先级	
缺陷标题			
测试环境			
复现步骤			
实际结果			
预期结果			
注释			

6.2.1 缺陷报告的基本信息

表 6-1 中粗体部分就是缺陷报告的基本信息，即缺陷标题、测试环境、复现步骤、实际结果、预期结果、注释。实际上，书写软件缺陷报告最容易出现问题的也是这些地方，为了重点突出，我们针对这几项"事故多发地带"先进行具体讲解。

1. 缺陷标题（或者叫缺陷摘要，Summary）

标题应该提供缺陷的本质信息，简明扼要地说明即可，能让人一眼看明白缺陷发生的概要。良好的缺陷标题应该按照下列方式书写：

（1）避免使用模糊不清的词语，例如“功能不正确”“功能中断”等。应该使用具体文字说明功能如何不正确、如何中断。

（2）标题要便于搜索和查询，可以在标题中使用关键字。

（3）为了便于他人理解，标题要清晰、简洁，避免描述过于具体的测试细节。

（4）尽量按照缺陷发生的原因与结果的方式书写，比如“执行完 A 后，发生 B”，或者“发生 B，当 A 执行完后”。

如表 6-2 所示列出了有一些有问题的缺陷报告标题，并给出了错误原因和改进的标题。

表 6-2 错误的缺陷标题示例

编 号	原始描述	错误原因	改进标题
1	英文单词的连字符不管用	描述太笼统，什么时候不起作用呢	在行末尾换行时，不能根据英文单词长度设置连字符
2	段落调整出现错误状态	描述太笼统，错误状态是什么	选定两个单词，启动单词“字间距”自动调整后间隔排版错误
3	警告：该命令产生了错误的结果	没有包含原因与结果信息，描述内容太长	更新位图图像保存到服务器时，警告“错误”
4	在鼠标点击执行每一个拷贝或复制的编辑功能之后，响应时间很长	没有指明原因与结果，而且包含了过分详细的细节信息	拷贝和复制功能执行效率低
5	插入的引号成为特殊符号	信息没有充分隔离。所有的引号都如此吗？什么类型的引号	在文档中插入一个智能引号后显示不可识别的字符串

通过表 6-2 中的几个例子，可见，使用“在……以后……”“在……时候……”“在……期间……”等连接词有助于描述缺陷的原因和结果，例如：

（1）在数字字段栏中输入任意字母以后应用程序崩溃。

（2）在关闭应用程序时发生内部错误。

（3）发送电子邮件期间应用程序被暂停。

2．操作步骤（也叫复现步骤，Reproducible Steps）

复现步骤是指如何使别人能够很容易地复现该缺陷的完整步骤。为了达到这个要求，复现步骤的信息必须是完整的、准确的、简明的、可复现的。

但是，在实际软件测试过程中，总是存在一些不良的缺陷报告，主要的问题在于以下三个方面：

（1）复现步骤包含了多余步骤，而且句子结构混乱，可读性很差，难以理解。

（2）复现步骤包含了过少的信息，丢失了操作的必要步骤。由于提供的步骤不完整，开发人员需要各种猜测，然后努力尝试复现步骤，浪费了大量的时间，或者被以“不能复现”为由再次发送给测试人员。

（3）测试人员没有对软件缺陷发生的条件和影响区域进行隔离，软件开发人员无法判断该缺陷影响的软件部分，不能进行彻底修正。

为了避免出现这些问题，良好的复现步骤应该包含本质的信息，并按照下列方式书写：

（1）提供测试的前提条件和测试环境。许多软件功能只是在特定条件下才会出现问题，所以在描述缺陷的时候一定不能忽视这些看似细节但又必要的特定条件（如特定的操作系统、浏览器或某种设置等），能够提供帮助开发人员找到原因的线索。例如，“网站在 IE 7.0

和 IE 8.0 的兼容问题”。

（2）如果有多种方法触发该缺陷，请在步骤中包含这些方法。同样地，如果某些路径不触发该缺陷，也要在步骤中指明。

（3）简单地一步步引导复现该缺陷。每个步骤尽量只记录一个操作，而且在每个操作前使用数字进行编号。

（4）尽量使用短语和短句，避免复杂句型和句式。

（5）复现的操作步骤要完整、准确、简短。

（6）只记录各个操作步骤是什么，不要包含每个操作步骤执行后的结果。

（7）将常见的步骤合并为较少的步骤。例如，“1.新建一个文本框；2.添加文字。”可以简单地合并成一步“1.新建一个文本框并添加文字。”。

需要引起注意的是，缺陷报告的读者可能对软件测试的细节所知有限，但对技术可能会有基本的了解。因此，一方面，我们没有必要在缺陷报告中描述“启动软件”或者“双击打开一个文件”等简单操作方法；另一方面，也不要包含软件测试过分详细的技术细节，除非这些是缺陷至关重要的信息。

3．预期结果（Expected Result）

预期结果是根据复现步骤应该产生的正确结果，是需求规格说明书或客户希望得到的结果。为了更清楚地理解良好的预期结果的描述。请看下面的例子：

> **预期结果：**
> 选中的文本应该高亮突出显示。如果用户想改变文本内容，必须选中内容高亮突出显示后才能操作（在 Mac OS 10.x 和 Windows 操作系统中）。

这个例了很好，它包含了如下内容：

（1）应该产生的正确现象：选中的文本应该高亮突出显示。

（2）产生的原因：如果用户想改变文本内容，必须选中内容高亮突出显示后才能操作。

（3）给出了具体的参考对象：Mac OS 10.x 和 Windows 操作系统中。

4．实际结果（Actual Result）

实际结果是执行软件的复现步骤后出现的实际现象。实际结果的描述应该与预期结果的描述方式一致。实际结果的描述很像缺陷的标题，是标题信息的再次强调，要列出具体的表现行为，而不是简单地指出“不正确”或“不起作用”。如果一个动作产生多个不同的缺陷结果，为了易于阅读，这些结果应该使用数字列表分隔开来。例如：

> **实际结果 1：**
> 1．显示“命令代码行……错误”的提示；
> 2．显示“并且终止……服务”。

有时，一个动作将产生一个结果，而这个结果又产生另一个结果。这种情况可能难以清晰、简洁地总结，可以把缺陷分解成多个缺陷报告，或者在实际结果部分，仅列出缺陷的一到两个表现特征，然后将随后的表现特征移到注释部分。因为重要的信息几乎总是包含在第一断言或错误描述里，其他的错误都是第一个错误的变种和后续现象。例如：

> **实际结果 2：**
> 1．显示“命令代码行……错误”的提示；

注释：
（1）当取消这个错误提示时，应用程序仍然运行，但是文本内容显示为乱码；
（2）在选择乱码的文本内容后，使用更新功能，文本内容恢复正常显示。

另外，在实际结果中，为了确保导致软件缺陷的全部细节是可见的，可以使用截图的方式；如果描述的是一个变化的流程缺陷的话，也可以使用 GIF 动图；或者更直接地使用手机或计算机录制视频，这将给开发人员定位问题提供很大的帮助。

5．注释（Notes）

注释是对操作步骤和实际结果的补充，可以包括复现步骤中可能引起混乱的补充信息，这些补充信息是复现缺陷或隔离缺陷的更详细的内容。注释部分可以包含以下各方面的内容：

（1）截取缺陷特征图像文件（Screenshots）；
（2）测试过程需要使用的测试文件；
（3）测试附加的打印机驱动程序；
（4）缺陷出现过程中的日志文件；
（5）再次指明该缺陷是否在前一版本已经存在；
（6）多个平台之间是否具有不同表现；
（7）注释包含缺陷的隔离信息，指出缺陷的具体影响范围。

除了“实际结果 2”中列出的注释的例子之外，请查看下面这几个注释的例子：

注释：
（1）能在 Windows 2000 和 Windows XP 文本框中显示文本内容，但不支持 Windows 98；
（2）刷新屏幕后，某某现象会消失；
（3）使用二进制文件，不存在该错误；
（4）参见附加的使用说明书和测试文件。

以上五项是对缺陷报告的主体部分进行的解释说明，这部分内容的编写将考验测试人员的语言组织功底，希望能引起读者注意。

6.2.2 缺陷报告的属性

在 6.2.1 小节中，我们讲述了软件缺陷报告的主体内容，但软件缺陷报告还包括一些属性，比如缺陷严重程度、处理优先级、版本号、状态、缺陷来源等组成部分，这些属性的属性值都是可以根据不同的公司进行定制的，接下来学习一下这些属性常见的属性值。

1．模块名称（Module）

模块名称是指缺陷发生的功能模块，可以根据项目的大纲来划分，比如登录模块、购物车模块、搜索模块等。

2．缺陷版本号（Version）

缺陷版本号是指发现缺陷的软件版本号，版本号通常会以数字表示，但也有不同的方式。开发人员需要知道缺陷出现的版本，才能获取一个相同的版本进行问题的重现。并且版本的标识有助于分析和总结问题出现的集中程度，例如，版本 1.1 出现了大量的 Bug，则需要分析是什么原因导致这个版本出现了大量的问题。

3．缺陷状态（Status）

测试人员在记录缺陷、验证缺陷时，必然要判定该缺陷的状态。缺陷状态是通过跟踪缺

陷修复过程的进展情况而定义的。每个公司在缺陷管理系统中定义的缺陷状态属性值可能会有稍微不同，但基本都包含如表 6-3 所示的几种状态。

表 6-3 软件缺陷的状态

缺陷状态		描述
新提交（New）		新提交等待确认的缺陷
打开（Open）		确认是缺陷，已分配等待解决的缺陷
解决（Resolved）	已经修正（Fixed）	开发人员对于自己确认的缺陷会进行修正，修正完毕后，选择解决方案为 Fixed，并且详细记录缺陷的产生原因和修正方法
	推迟解决（Postponed）	对于确认是缺陷但因不是很重要、技术难度过大或需求不明确的缺陷，可以推迟到下一个版本中再解决，选择解决方案为 Postponed
	无法复现（Unreproduced）	确认是缺陷但开发人员按照该缺陷报告中描述的环境、步骤无法复现，需要测试人员再次检查并复现的缺陷，选择解决方案为 Unreproduced
	重复提交（Duplicate）	确认是缺陷，但已经被其他测试人员发现并记录在缺陷库中了，开发人员会将缺陷的解决方案标记为 Duplicate，并注明与哪一个缺陷重复
	不是缺陷（Invalid）	提交的根本不是缺陷，而是测试人员对需求的误解或者描述错误导致提交的“缺陷的缺陷”
关闭（Closed）		确认缺陷已经被修复，将其关闭，不再关注
重新打开（Reopen）		经验证缺陷并未真正修复，将其重新打开，等待解决

4．缺陷类型（Type）

按照软件缺陷产生的原因，可以对软件缺陷的类型进行划分，常见的属性值如下：

（1）功能问题（Function）：是指影响了重要的功能特性、用户界面、产品接口、硬件结构接口和全局数据结构，并且设计文档需要正式的变更，如指针循环、递归等缺陷，主要包括功能错误、功能缺失、功能超越、设计的二义性、算法错误。

（2）接口问题（Interface）：是指与其他组件、模块或设备驱动程序、调动参数、控制块或参数列表相互影响的缺陷，主要包括模块间接口、模块内接口、公共数据使用。

（3）逻辑问题（Logic）：是指修改缺陷需要进行逻辑分析、进行代码修改，如循环条件等，主要包括分支不正确、重复的逻辑、忽略极端条件、不必要的功能、误解、条件测试错误、循环不正确、错误的变量检查、计算顺序错误、逻辑顺序错误。

（4）计算问题（Computation）：是指等式、符号、操作符或操作数错误，精度不够、不适当的数据验证等缺陷，主要包括等式错误、缺少运算符、错误的操作数、括号用法不正确、精度不够、舍入错误、符号错误等。

（5）数据问题（Assignment）：是指需要修改少量代码，如初始化或控制块、声明、重复命名、范围、限定等缺陷，主要包括初始化错误、存取错误、引用错误变量、数据应用越界、不一致的子程序参数、数据单位不正确、数据维数不正确、变量类型不正确、数据范围不正确、操作符数据错误、变量定位错误、数据覆盖、外部数据错误、输出数据错误、输入数据错误、数据检验错误。

（6）用户界面问题（User Interface）：是指人机交互特性，比如屏幕格式、确认用户输入、功能有特性、页面排版等方面的缺陷，主要包括界面风格不统一、屏幕上的信息不可用、屏幕上的错误信息、界面功能布局和操作不合常规。

（7）文档问题（Documentation）：是指影响发布和维护，包括注释等缺陷，主要包括描述含糊、描述不完善、描述不正确、缺少或多余、不能验证、不能完成、不符合标准、与需求不一致、文字排版错误、文档信息错误、注释缺陷。

（8）性能问题（Performance）：是指不满足系统可测量的属性值，如响应时间、事务处理速度、点击率等缺陷。

（9）配置问题（Build、Package、Merge）：是指由于配置库、变更管理或版本控制引起的错误，主要包括配置管理问题、编译打包缺陷、变更缺陷、纠错缺陷。

（10）标准问题（Norms）：是指不符合各种标准的要求，如编码标准、设计符号等缺陷，主要包括不符合编码标准、不符合软件标准、不符合行业标准。

（11）环境问题（Environments）：是指由于设计、编译和运行环境引起的问题，主要包括设计、编译环境和运行环境。

（12）兼容问题（Compatibility）：是指软件之间不能正确地交互作用和共享信息的缺陷，例如，操作平台不兼容、浏览器不兼容、分辨率不兼容等问题。

（13）其他问题（Others）：除以上12种类型外的其他缺陷。

5．缺陷严重等级（Severity）

缺陷的严重等级是指因缺陷引起的故障对使用软件产品的影响程度。缺陷生来就不是平等的，有一些导致系统崩溃或死机的缺陷很明显比软件界面不友好更影响用户的使用。按照CMM5中定义的规范，缺陷的严重等级可分为3～5个等级，但也有的公司列到10个等级，而有的公司只有3个等级。这里以5个等级为例来详细讲述，缺陷的严重等级是缺陷的一个非常重要的属性，故在每个等级中分别举一个例子来帮助读者加深理解。

（1）1-致命缺陷（Fatal）。致命缺陷是指系统任何一个主要功能完全丧失，用户数据受到破坏，系统崩溃、悬挂、死机或者危及人身安全的缺陷；或者系统所提供的功能或服务受到明显的限制，不能执行正常工作流程或实现重要功能。包括：

✧ 可能有灾难性的后果，如造成系统崩溃、造成事故的缺陷等；
✧ 数据库错误，如数据丢失、数据毁坏等；
✧ 安全性被破坏。

例如，一个导致死机的缺陷描述如下：

问题摘要：通过地址簿填写多个收信人时导致所有程序无法响应。
操作步骤：
1．建立新邮件，单击“收信人”按钮，查找电子邮件地址；
2．双击添加多个联系人地址。
预期结果：
成功通过地址簿添加多个联系人地址。
实际结果：
程序无法响应，同时也无法执行其他应用程序，必须重新启动机器。

（2）2-严重缺陷（Critical）。严重缺陷是指可能导致系统不稳定，运行时好时坏，严重影响系统要求或基本功能实现的缺陷。例如：

✧ 造成数据库不稳定的错误；
✧ 在说明中的需求未在最终系统中实现；
✧ 程序无法运行，系统意外退出；

✧ 业务流程不正确等。

例如，一个异常退出的缺陷描述如下：

> **问题摘要：**编辑邮件回复时系统异常退出。
> **操作步骤：**
> 1．打开收件箱中的任意邮件，选择“编辑”→选中所有文字；
> 2．单击“回复”按钮。
> **预期结果：**
> 成功打开邮件编辑页面，并连带回复的内容。
> **实际结果：**
> 系统异常退出。
> **备注：**
> 直接单击“新建”按钮，创建新邮件也会出现同样的问题。

（3）3-重要缺陷（Major）。重要缺陷是指系统的次要功能没有完全实现，但不影响用户的正常使用，不会影响系统稳定性的缺陷。例如：

✧ 提示信息不太准确或用户界面差、操作时间长等一些问题；
✧ 过程调用或其他脚本错误；
✧ 系统刷新错误；
✧ 产生错误结果，如计算错误、数据不一致等；
✧ 功能的实现有问题，如在系统实现的界面上，一些可接受输入的控件在点击后无作用，对数据库的操作不能正确实现；
✧ 编码时数据类型、长度定义错误；
✧ 虽然正确性、功能不受影响，但是系统性能和响应时间受影响。

例如，一个数据处理错误但对系统的影响不大的缺陷描述如下：

> **问题摘要：**查询发件箱中邮件数量，统计结果不正确。
> **操作步骤：**
> 1．进入蓝桥企业邮箱→发件箱；
> 2．设置查询条件，单击“查询”按钮。
> **预期结果：**
> 查询后的统计结果正确显示。
> **实际结果：**
> 查询后的统计结果比实际结果少一条记录。

（4）4-一般缺陷（Minor）。一般缺陷是指使操作者不方便或遇到麻烦，但它不影响功能的操作和执行，如个别不影响产品理解的错别字、文字排列不整齐等一些小问题，重点指系统的 UI 问题。例如：

✧ 系统的提示语不明确，不够简单明了；
✧ 滚动条无效；
✧ 可编辑区域和不可编辑区域不明显；

✧ 光标跳转设置不好，鼠标（光标）定位错误；
✧ 上下翻页，首尾页定位错误；
✧ 界面不一致，或界面不正确；
✧ 日期或时间初始值错误（起止日期、时间没有限定）；
✧ 出现错别字、标点符号错误、拼写错误，以及不正确的大小写等。

例如，一个界面显示的缺陷描述如下：

问题摘要：删除附件后界面显示不正确。

操作步骤：

1．进入“案件办理”→“代办案件”，选择一条案件，单击“办理”按钮进入案件信息页面；

2．单击“删除附件”按钮删除案件原有的附件。

预期结果：

成功删除所选附件。

实际结果：

删除最后一个附件后，页面仍旧显示附件的说明信息，重新刷新后页面显示正确。

（5）5-改进意见（Enhancement）。改进意见是指系统中值得改良的问题。比如容易给用户错误和歧义的提示；界面需要改进的地方；某个控件没有对齐等。测试人员可以对有疑虑的部分提出修改建议。

例如，一个测试人员的建议描述如下：

问题摘要：建议可以增加已删除的用户。

操作步骤：

1．使用系统管理员账号登录系统，进入“权限管理”→“基本信息维护”→“用户信息维护”；

2．执行增加功能，添加用户“test123”，保存；

3．执行删除操作，删除用户“test123”；

4．再次增加用户“test123”。

预期结果：

建议系统再次成功添加该用户。

实际结果：

系统提示“创建失败！数据库错误，请和管理员联系”，建议系统可以增加已删除的用户。

6．缺陷处理优先级

在实际项目中，测试时间总是不足的，这是一种常态。那么，除了在执行测试用例时选取优先级别比较高的先执行之外，修改软件缺陷也需要有所取舍，测试人员需要决定哪些缺陷需要优先解决，哪些缺陷可以在以后的版本中解决。

缺陷处理优先级表示开发人员修复缺陷的重要程度和紧迫程度，不同的项目可以划分成不同的级别，比如分成 2 级～5 级。这里以划分为 4 个等级为例，讲述不同优先级的定义描述，如表 6-4 所示。

表 6-4　缺陷处理优先级及其定义

缺陷处理优先级	描　述
1-立即解决（Resolve Immediately）	导致系统几乎不能使用或测试不能继续，需要立即修复的缺陷
2-高优先级（High Priority）	比较严重，影响测试，需要优先考虑的缺陷
3-正常排队（Normal Queue）	需要正常排队等待修复的缺陷
4-低优先级（Low Priority）	可以在开发人员有空余时间的时候被修正的缺陷

一般地，严重程度级别高的软件缺陷具有较高的处理优先级，但这并不是绝对的。有时候严重程度高的软件缺陷，优先级不一定高，甚至不需要处理；而一些严重程度低的缺陷却需要及时处理，反而具有更高的处理优先级。例如：

只要一启动，程序就崩溃这样的缺陷其严重级别是 1 级-致命缺陷，优先级别也是 1 级-立即解决；

某按钮位置摆放不合理，其严重级别是 4 级-一般缺陷，优先级别也是 4 级-低优先级；

极少发生的数据毁坏缺陷严重级别为 1 级-致命缺陷，但优先级应该是 3 级-正常排队；

而导致用户求助的安装说明中的错别字这样的缺陷，严重级别是 4 级-一般缺陷，但优先级应该是 2 级-高优先级。

再比如，如果公司的名字和 Logo 被误用了，这样的缺陷严重级别应该是 4 级-一般缺陷，但处理优先级应该是 2 级-高优先级。

通常，功能性缺陷一般较为严重，具有较高的优先级；而软件界面类缺陷的严重性一般比较低，优先级也较低。但这也不是绝对的。比如在一款财务系统软件中，影响数字准确度的功能逻辑缺陷比较严重，具有较高的优先级；软件界面类缺陷优先级则比较低。但在一款游戏软件中，影响界面美观和执行速度的缺陷，则拥有较高的处理优先级。

当然，软件缺陷的优先级在项目期间也不是一成不变的，有时候也会发生变化。原来标记为高优先级的缺陷随着项目时间的流逝，可能变为优先级 4。但不管如何变动，作为发现该缺陷的测试人员，都需要继续监视缺陷的状态，确保自己能够同意对其所做的变动，并进一步提供测试数据，或者想办法说服开发人员去修复缺陷。

7．缺陷来源

缺陷的来源也是缺陷的属性之一，常见的缺陷来源如表 6-5 所示。

表 6-5　缺陷的来源

序　号	缺 陷 来 源	说　明
1	需求 Requirement	由于需求的问题引起的缺陷
2	架构 Architecture	由于架构的问题引起的缺陷
3	设计 Design	由于设计的问题引起的缺陷
4	编码 Code	由于编码的问题引起的缺陷
5	测试 Test	由于测试的问题引起的缺陷
6	集成 Integration	由于集成的问题引起的缺陷

6.2.3 缺陷报告的书写准则

提高书写水平是不断积累经验、循序渐进的过程。遵循一定的准则可以让编写软件缺陷报告变得容易。那么，编写软件缺陷报告有哪些书写准则呢？在正式提交缺陷报告前，请对缺陷报告的内容和格式进行自我检查，可以避免很多不必要的错误。

（1）遵循5C准则，如图6-2所示。

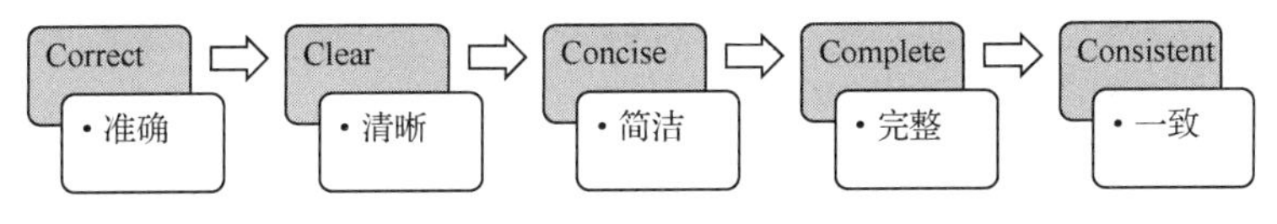

图6-2 5C准则

Correct（准确）：每个组成部分的描述准确，不会引起误解和歧义，不夸大缺陷，也不要过于轻描淡写。

Clear（清晰）：每个组成部分的描述清晰，不使用模棱两可的描述，比如出现“似乎（seem）”“看上去可能（possible）”等含义模糊的词汇。

Concise（简洁）：只包含必不可少的信息，不包括任何多余的内容。这可以通过使用关键词，使摘要的描述短小简练，又能准确解释产生缺陷的现象，如“在新建任务窗口中，选择直接发送，负责人收不到即时消息”中“新建任务窗口”“直接发送”“即时消息”等就是关键词。

Complete（完整）：包含复现该缺陷的完整步骤和其他基本信息，可以使开发人员很容易看懂缺陷。

Consistent（一致）：按照一致的格式书写全部缺陷报告。

（2）报告随机缺陷。随机缺陷是指缺陷偶尔出现或者在测试过程中只被发现过一次，但不知道如何使其再次出现。这样的缺陷可能是时间炸弹，如果产品交付客户时还出现这样的情况，会影响客户对产品的信心。而且，如果技术人员需要很长时间评估客户的数据或环境，客户则会更加厌烦。

测试人员容易纠结这个问题：随机缺陷到底要不要上报？报吧，自己无法复现，无法和开发人员说明白；不报吧，万一被客户或者项目经理发现了，就比较麻烦了。所以，对于随机缺陷应当采取适当的方法处理。

首先，一定要及时详细地记录缺陷并提交到缺陷管理工具中，而且在报告此类Bug时，明确说明自己不能复现这个程序错误，必要的时候要保存截图和相关日志，为开发解决Bug提供思维方向，并适当降低处理优先级。

其次，在系统中留下随机缺陷的记录之后，考虑到测试项目的整体进度，对于一时难以再现的缺陷可以暂时搁置，稍后再寻找合适的时间去尽量复现，或者等开发人员有空的时候再一起调试，以免因为一棵大树而丢掉整个森林，保证项目的正常进度。

最后，对随机缺陷要持续关注3～5个版本，如果在此期间再未出现过，可以暂时关闭该缺陷，可能是程序员在修改别的缺陷时无意中修复了这个缺陷；如果随机缺陷再次出现，可以让开发人员到测试机前现场分析。

该类问题出现得越少越好，虽然开发人员熟悉代码，也许可以很容易地从程序中获得解决软件缺陷的线索，但他们并不愿意也没有必要对发现的每一个软件缺陷都这么做，因为根

本不存在随机缺陷这样的事。如果建立完全相同的输入和完全相同的环境条件，软件缺陷就一定会再次出现，无法复现也只能说明暂时还没有找到复现的步骤，因为建立完全相同的输入和完全相同的环境条件也不是一件容易的事情。

（3）及时报告缺陷。发现一个缺陷要立即记录下来，不要在测试结束或每天结束之后才开始一起提交，这样会遗忘一些 Bug，而且拖延的时间越长，关键细节被忘记得越多，程序错误被修改的可能性越小。

（4）小缺陷也值得报告。被认为是很小的缺陷的情况可能包括拼写错误、小的屏幕格式问题、鼠标遗迹、小的计算错误、图形比例不准、在线帮助错误、不适当地禁了的菜单选项、不起作用的快捷键、不正确的错误信息，以及其他程序员认为不值得花精力去修改的缺陷。即使是一个很容易修改的小缺陷，也要及时提交到缺陷管理工具中，以免遗漏。小错误也可能会使客户感到困惑，并降低客户对产品其他部分的信心。

（5）一个缺陷一个报告。不要试图把不同的程序错误合并到同一份报告中，来减轻项目经理或程序员对重复缺陷报告的不断抱怨。如果把多个缺陷写到同一份报告中，有些就可能不被注意而得不到修改。虽然有时候几个缺陷可能最终查明是同一个原因，但是在修复之前是不知道的。单独报告即使有错，也比延误或者更糟糕地因为和其他缺陷混在一起而忘记修复要好。

（6）以中性的语言描述缺陷。软件缺陷报告是针对产品，针对问题本身，将事实和现象客观地描述出来就可以了，否则开发人员和测试人员很容易形成对立关系。虽然发现很严重的缺陷是测试人员的“成绩报告单”，但却不可喜滋滋地跑去“恭喜”那个“倒霉”的开发人员，或者使用类似“很糟糕”之类的带倾向性、个人观点或煽动性的措辞；不要对软件的质量优劣做任何主观性的批评和嘲讽；也不要使用一些带有情绪的强调符号，如黑体、全部字母大写、斜体、感叹号、问号等。

不要使用自认为比较幽默的语言，因为不同的读者其文化和观念不同，很多幽默内容在别人看来往往难以理解，甚至可能引起误解。

少使用“我（I）”“你（You）”等人称代词，可以直接使用动词或必要时使用“用户（User）”来代替。

（7）引用别人的缺陷报告时，不要擅自修改。引用别人的缺陷报告要小心，如果没有得到提交者的允许，可以补充评论，但不能编辑别人的材料。对于其他测试人员的缺陷报告，即使很糟糕也不要擅自修改。如果需要在错误报告中做补充，要注明自己的姓名和日期。

以上技巧可以帮助测试人员提交准确简洁的、彻底校订的、精心构思的、高质量的缺陷报告。测试组长和经理应该让测试组成员清楚地认识到编写优秀的缺陷报告是一项首要且非常有意义的工作任务。

在正式提交缺陷报告之前，对缺陷报告的内容和格式进行自我检查，也可以避免很多不必要的错误。比如自我提问：

（1）缺陷报告已经向读者包含完整、准确、必要的信息了吗？

（2）一个缺陷报告中是否只报告了一种缺陷？

（3）读者是否能容易地搜索该缺陷？

（4）步骤是否可以完全复现而且表达清楚吗？

（5）是否包含了复现该缺陷需要的环境变量或测试所用的数据文件？

（6）缺陷的标题是按照原因与结果的方式书写的吗？

（7）实际结果和预期结果是否描述不够清楚而容易引起歧义吗？

6.3　软件缺陷报告的处理流程

比没有发现重要软件缺陷更糟糕的是，发现了一个重要的软件缺陷，也提交了，结果却把它忘记了或者跟丢了。软件测试是一个艰苦的工作，而缺陷报告是我们最大的工作成果，从发现缺陷的那一刻起，就要保证它被正确地记录，并需要监视其修复的全过程，直到缺陷的生命终结。那么，软件缺陷报告的生命周期是怎样的呢？

6.3.1　缺陷报告的生命周期

软件缺陷报告的生命周期是指一个软件缺陷从发现到关闭的全过程。在许多情况下，软件缺陷报告的生命周期的复杂程度仅为：软件缺陷被打开、解决和关闭。然而在有些情况下（不同的公司、不同的项目），软件缺陷报告的生命周期变得更复杂一些，如图 6-3 所示。

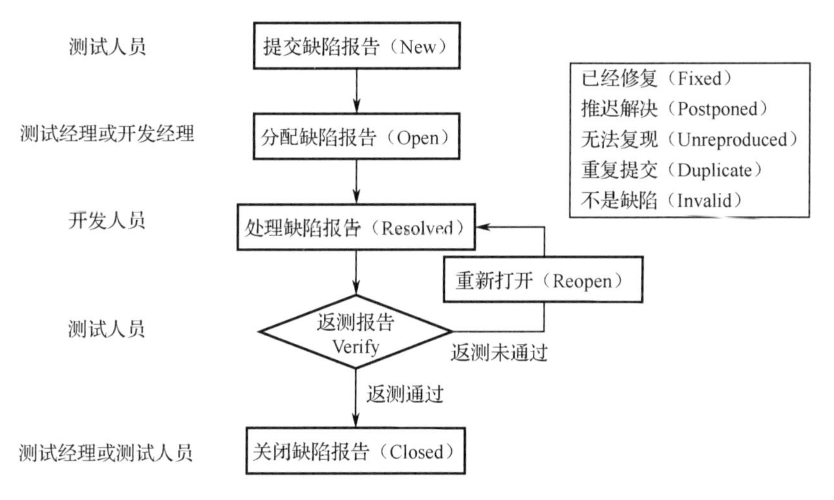

图 6-3　软件缺陷报告的生命周期

从图 6-3 中可以看到，软件缺陷报告处理流程的关键在于对缺陷报告的状态跟踪。也就是说，一旦提交了缺陷报告，要确保提供必要的信息使其得到修复和关闭。缺陷也是有生命的，它的处理过程需要软件测试人员和软件开发人员相互配合、共同完成。它从开发人员的手中诞生，到被测试人员发现，就像一个“魔鬼”被逮住了，又交回给开发人员亲手把它“毁灭”，当然“魔鬼”也有“复活”的时候，所以缺陷的跟踪对于缺陷的彻底清除来说是非常重要的。

缺陷在其生命周期中的不同状态如下：

（1）首先由测试人员发现缺陷，并提交到缺陷管理工具中，缺陷状态为 New。

（2）测试经理或者开发经理审核状态为 New 的缺陷，把被确认的缺陷分配给对应的开发人员，状态为 Open。

（3）开发人员开始处理属于自己的缺陷报告，处理完毕后状态设置为 Resolved，但并非所有的软件缺陷都会得到修复。Resolved 状态的缺陷可能包括几种解决方案：已经修复（Fixed）、推迟解决（Postponed）、无法复现（Unreproduced）、重复提交（Duplicate）、不是缺陷（Invalid）。但也有缺陷管理工具把这几种解决方案和 Resolved 状态并行地单独称一个

缺陷状态，而不仅仅是“Resolved”的解决方案。这几种解决方案的解释，在 6.2.3 小节缺陷的状态中已有详细讲述，这里不再重复。

（4）测试人员或者测试经理对于状态为“Resolved”的缺陷进行回归测试，在新的软件版本中验证缺陷是否已经被修正。如果已经被修正，则缺陷的状态更改为 Closed；而如果没有被正确修正，则把状态改为 Reopen，重新发送给开发人员，等待继续修正，继续重复第（3）步以后的流程。

对于被开发人员拒绝的缺陷，测试人员也要进行跟踪，不能置之不理。

对于标记为“无法复现”的缺陷，不能因为一棵大树而丢掉整个森林，需要持续跟踪 3～5 个版本，等开发人员有时间时再进行解决。

对于标记为“重复提交”的缺陷，一经确认，则直接关闭其中一个即可。但有时候，开发人员可能只是随便看了一眼，就以为 2 个缺陷是重复的，其实却不一定是同一个缺陷；也可能是同一个原因引起的 2 种错误现象，开发人员也错误地标记为“重复提交”。所以测试人员需要耐心验证。

对于标记为“不是缺陷”的缺陷报告，在实际项目中经常存在争议，开发人员和测试人员常常为了这样的问题而争执不休，尤其当公司对开发人员的考核指标之一是缺陷数量的时候。那么当你提交一个缺陷，开发人员说不是缺陷的时候，测试人员该如何处理这种情况呢？先确认提交的缺陷描述是否有歧义，导致了开发人员理解错误；如果自己的描述没有问题，那么要和开发人员沟通他认为不是缺陷的原因，或许是彼此对需求的理解不一致导致的；如果双方沟通后，都还坚持己见，那么就要找 PM 进行判定，可以追溯到用户需求，PM 有最终决定权。

对于标记为“推迟解决”和“不是缺陷”存在分歧的缺陷，不能由开发人员或测试人员单方面决定，一般要通过某种评审、分析、讨论和仲裁。参与评审组成缺陷评审的委员会，可能由开发经理、测试经理、项目经理和市场人员等共同组成，不同角色的人员从不同的角度来思考，以做出正确的决定。

从技术上讲，所有的软件缺陷都是能够修复的，但常常会由于某些原因而导致缺陷不被修复，这听起来有点令人沮丧。测试人员要做的就是能够正确判断什么时候不能追求软件的完美。对于整个项目团队来说，要做的是对每一个软件缺陷进行取舍，或者根据风险决定哪些缺陷需要修复。缺陷不被修复的原因通常有如下几点：

① 提交的根本就不是一个缺陷，有可能只是提交者对需求的误解或者描述错误导致的；

② 在交付期限的强大压力下，没有足够的时间修改缺陷，必须放弃某些缺陷的修改；

③ 有时候限于现有人员的能力和技术问题，也会导致某些缺陷无法解决；

④ 有些不值得修复的缺陷发生在用户使用频率非常低的模块，而且也不是特别严重的缺陷，仅仅是测试人员的建议或者体验方面的缺陷，如果迫于时间压力，可以暂时不修复；

⑤ 有些缺陷看似很简单，但修改它可能会引起底层架构的变更，导致很多新的工作量出现，或者修复了之后可能会引入新的更大的缺陷，这样的缺陷也可以暂时不修复，可以等开发人员空闲的时候再进行底层优化。

（5）开发人员对于状态为 Reopen 的缺陷重新进行修复，并交由测试人员再次验证。被标记为 Closed 的缺陷已经到达了生命周期的终点，开发人员可以不用再关注。但对于被标记为 Reopen 的缺陷，则要立即进行处理。这种情况虽然很少发生，但是有必要引起重视。如

果一个缺陷反复被标记为 Reopen，则需要引起开发人员的注意，做好自测工作；如果大片的缺陷被标记为 Reopen，那么需要检查新的软件版本是否被正确地部署。

以上是软件缺陷报告的生命周期，其处理流程的复杂度可以根据实际工作的需要进行调整。比如在第（2）步中，分配缺陷报告的过程由项目经理或测试经理担当。实际上，在一些规模较小的软件项目中，根本没有这个环节，而是由测试人员提交缺陷的时候，直接分配给对应的开发人员；即使有这个环节，也常常由测试人员去执行这个动作。而在一些规模较大的项目或软件企业中，分配给开发组的缺陷报告也不会直接分发到与之对应的开发人员手中，而是先发送给了开发负责人，之后再由开发负责人发送给指定的开发人员去处理。

6.3.2 回归测试

从软件缺陷报告的生命周期上看，测试人员需要对同一个软件模块反复多次执行测试，从第 1 章的概念介绍中我们知道，这叫作回归测试。

经常听到开发人员大叫："仅仅改动了一个很小的地方，怎么会想到它造成这么大的问题？"但是，确实会出现这样的情况，而且经常出现。回归测试可以验证 2 个问题：缺陷是否得到正确修复以及修复缺陷是否引入了新的缺陷。

回归测试是测试人员非常头痛的一件事情，时间紧迫是回归测试的一大难题，谁有时间对每一个小的改动都做全系统（Full Regression）的测试呢？一个开发周期只有一周的项目，肯定不能承受一个月的测试时间去再次完全测试整个系统，何况留给测试的时间可能只有几天。比时间紧迫更难以克服的是测试人员的疲劳思维，因为重复地执行相同的工作很多遍，很容易引起疲劳，会使测试人员筋疲力尽，渐渐失去测试的创新和兴趣，这也就是很多人认为软件测试的工作比较枯燥的原因。所以，"耐心"是测试人员所需要的最基本的职业素养之一。

虽然如此，回归测试永远都是需要的。但是在非常有限的时间里怎么进行充分有效的回归测试呢？可以使用"基于风险的测试方法"，它的本质是评估系统不同部分蕴含的风险，考虑风险存在的可能性以及造成的影响，并专注于测试那些最高风险的地方。这个方法可能让系统的某些部分缺乏充分的测试，甚至完全不测试，但是它保证了系统风险是最低的。

为了评估风险，必须认识到它有两个截然不同的方面，即可能性和影响。"可能性"是指可能出错的机会，不考虑影响程度，仅仅考虑出现问题的机会有多大；"影响"是确实出错后会造成的影响程度，不考虑可能性，仅仅考虑出现的问题的情况会有多么地糟糕。

例如，对于一个购物系统来说，购物场景就是风险影响比较大的地方；对于一个拍卖网站，其拍卖流程和系统压力则是风险存在的可能性比较大的地方。

基于风险的测试方法通过策略性地删减，从而减少了重复的工作量，这在一定程度上缓解了测试人员的思维疲劳，但是它并不能完全消除这种思维疲劳。所以，与此同时，还需要在测试的适当阶段引入新的测试人员来补充测试，让新加入的测试人员带来新的灵感。另外，推荐在适合的项目中使用自动化测试工具来进行回归测试，不仅快而准，而且可以做到"不厌其烦"。

6.4 软件缺陷管理工具 BugFree 的使用

6.4.1 软件缺陷管理工具简介

早期的软件缺陷跟踪大都采用产品缺陷跟踪记录单的形式，如表 6-6 所示是一份产品缺陷跟踪记录单的模板，采用这个模板，测试人员可以描述记录缺陷并对缺陷的处理过程进行跟踪。这一方法为当时的缺陷记录、处理、跟踪提供了很大的帮助。

表 6-6 产品缺陷跟踪记录单

<table>
<tr><td rowspan="10">缺陷报告</td><td>软件名称：</td><td>编译号：</td><td>版本号：</td></tr>
<tr><td>测试人员：</td><td>日期：</td><td>指定处理人：</td></tr>
<tr><td>硬件平台：</td><td colspan="2">操作系统：</td></tr>
<tr><td colspan="3">严重程度：死机问题、功能问题（高、中、低）、界面问题、建议</td></tr>
<tr><td colspan="3">缺陷概述：</td></tr>
<tr><td colspan="3">详细描述：
1. …
2. …</td></tr>
<tr><td colspan="3">处理结果：已修复、重复提交、不重现、无法修改、暂不修改、不修改</td></tr>
<tr><td>处理日期：</td><td>处理人：</td><td>在____版本中修复</td></tr>
<tr><td colspan="3">修改记录：
1. …
2. …</td></tr>
</table>

<table>
<tr><td>返测人：</td><td rowspan="3">返测记录：
1. …
2. …</td></tr>
<tr><td>返测版本：</td></tr>
<tr><td>返测日期：</td></tr>
</table>

但是，随着用户对软件功能需求的不断增加，软件算法和复杂度都发生了很大的变化。随之而来的就是软件缺陷的增长，这也给跟踪软件缺陷带来了很大的挑战。人们开始考虑应用一种更有效的手段来对软件缺陷进行跟踪，缺陷跟踪系统的产生满足了人们的这一需求。

缺陷跟踪系统的设计思路来源于人们对缺陷报告生命周期的认识。由于应用了数据库技术，从而可以轻松地创建、查询和管理大量的产品缺陷数据，并可以随时了解任何一份缺陷报告当前的处理状态及历史处理记录。从某种程度上讲，一个设计完美的缺陷跟踪系统可以帮助人们随时了解关于某个缺陷报告的任何信息。

事实上，简单的缺陷跟踪系统实现起来并不困难，只要能够明确工作流程，完全可以通过 Microsoft Excel 或 Microsoft Access 来实现，这一系统对于仅仅要求跟踪缺陷的软件项目而言已经够用了。但对于规模较大的软件企业来讲，对缺陷跟踪系统的要求就复杂多了。很多软件企业都拥有自己的缺陷跟踪系统。这些缺陷跟踪系统有些是企业根据自身需求独立开发的，有些则是从市场上购买的缺陷跟踪系统产品，也有一些免费开源的缺陷管理工具。目前比较成熟的缺陷跟踪系统一般会采用 B/S 或 C/S 结构，并在服务器端应用数据库对系统数据进行管理。目前市场上流行的缺陷跟踪系统有很多，在第 1 章中介绍的几个常用缺陷管理工具，它们具体的业务流程都大同小异。下面重点介绍其中一种简单易用的免费缺陷管理系统 BugFree。BugFree 虽然已经停止了更新，开发团队也不会再提供技术支持，但读者仍然可以从互联网上下载到这个工具的安装部署包及安装说明，由于它简单易学，是非常适合初学者入门的一款工具，至今仍有不少企业在用。

6.4.2　BugFree 缺陷管理工具的使用

BugFree 是基于 PHP 和 MySQL 开发的，是免费开源的 B/S 结构的缺陷管理系统。服务器端在 Linux 和 Windows 平台上都可以运行；客户端无须安装任何软件，通过 IE、Firefox 等浏览器就可以自由使用。

BugFree 3.0 在安装之前需要部署配置 PHP、Apache、HTTP Server 和 MySQL 环境，可以使用 XAMPP、EasyPHP 等集成环境快速部署。可以先访问以下网址下载并安装最新的 XAMPP 版本：http://www.apachefriends.org/zh_cn/xampp.html。

按照 BugFree 的安装说明书完成安装后，进入 BugFree 登录界面，初始用户名为 admin，初始密码为 123456。如图 6-4 所示。

图 6-4　BugFree 登录界面

成功登录之后的主界面如图 6-5 所示。

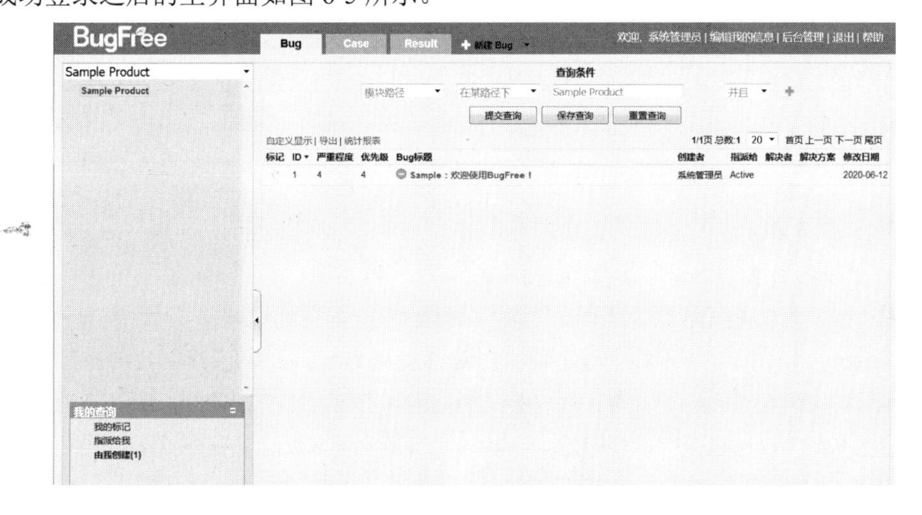

图 6-5　BugFree 主界面

1．Bug 管理

为了保持用户体验的一致性，新建 Bug、新建 Test Case 和新建 Test Result 的界面布局基本保持一致，只是具体填写字段有所不同。以新建 Bug 为例，在主界面切换到“Bug”选项卡，单击“新建 Bug”按钮，打开新建 Bug 页面，如图 6-6 所示，黄色标注字段为必填项。

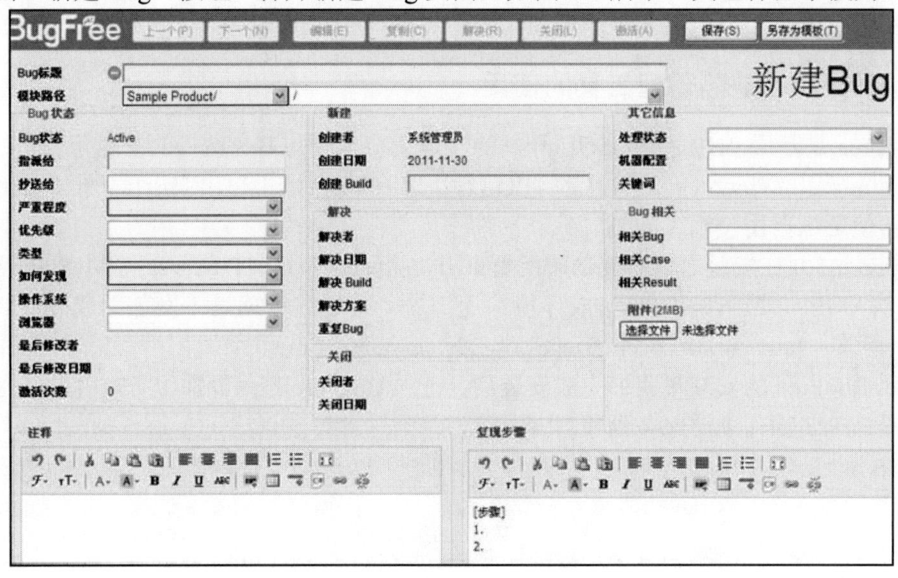

图 6-6　新建 Bug 页面

下面主要从 Bug 的 3 种状态、Bug 生命周期、Bug 的 7 种解决方案和 Bug 字段说明来进行讲解。

（1）Bug 的 3 种状态，如表 6-7 所示。

表 6-7　Bug 的 3 种状态

状　态	说　明
Active（活动）	Bug 的初始状态。任何新建的 Bug 状态都是 Active。可以通过编辑修改 Bug 的内容，并指派给合适的人员解决
Resolved（已解决）	开发人员解决 Bug 之后的状态
Closed（已关闭）	已修复的 Bug 在验证无误之后关闭，该 Bug 处理完毕。如果没有真正解决或者重新复现，可以重新激活，Bug 状态重新变为 Active

（2）Bug 生命周期。在 6.3.1 小节中，我们介绍了通用的软件缺陷报告的生命周期，虽然不同的缺陷管理工具都大同小异，但是在流程和字段上还是有些区别的。BugFree 工具中 Bug 的处理流程是比较直观简洁的，如图 6-7 所示。

新建的 Bug 处于 Active 状态，可以通过编辑指派给合适的解决者。解决 Bug 之后，Bug 状态变为 Resolved，并自动指派给创建者。创建者验证 Bug。如果未修复，再重新激活，Bug 状态重新变为 Active；如果已经修复则可以关闭，Bug 状态变为 Closed，Bug 生命周期结束。已经标记为 Closed 的 Bug 如果重新出现，也可以直接激活。

（3）Bug 的 7 种解决方案。在 BugFree 中，解决方案是可以在后台管理模块中自行定制的，定制的属性值中可以采用我们上面讲过的 5 种解决方案，也可以采取如表 6-8 所示的

7 种解决方案。

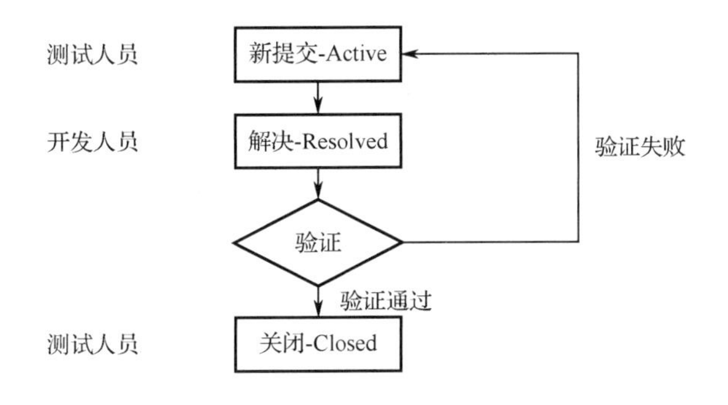

图 6-7　BugFree 工具中 Bug 的生命周期

表 6-8　Bug 的 7 种解决方案

类　型	解 决 方 案	详 细 说 明
3 种无效的 Bug	By Design	设计需求就是这么设计的
	Duplicate	这个问题别人已经发现
	Not Repro	无法复现的问题
4 种有效的 Bug	Fixed	问题被修复
	External	外部原因（比如浏览器、操作系统、其他第三方软件）造成的问题
	Postponed	发现得太晚了，下一个版本讨论是否解决
	Won't Fix	是个问题，但是不值得修复

（4）Bug 字段说明：

Bug 标题：为包含关键词的简单问题摘要，有利于其他人员搜索或通过标题快速了解问题。

模块路径：指定问题出现在哪个模块。Bug 处理过程中，要随时根据需要修改模块，方便分类。如果后台管理指定了模块负责人，选择模块时，会自动指派给负责人。

指派给：Bug 的当前处理人。如果不知道 Bug 的处理人，可以指派给 Active，项目或模块负责人再重新分发、指派给具体人员。如果设定了邮件通知，被指派者会收到邮件通知。状态为 Closed 的 Bug，默认会指派给 Closed，表示 Bug 生命周期的结束。

抄送给：需要通知相关人员时填写，如测试主管或者开发主管等。可以同时指派多人，人员之间用逗号分隔。如果设定了邮件通知，当 Bug 有任何更新时，被指派者都会收到邮件通知。

严重程度：Bug 的严重程度。由 Bug 的创建者视情况来指定，其中 1 为最严重的问题，4 为最小的问题。一般 1 级为系统崩溃或者数据丢失的问题；2 级为主要功能的问题；3 级为次要功能的问题；4 级为细微的问题。

优先级：Bug 处理的优先级。由 Bug 处理人员按照当前业务需求、开发计划和资源状态制定。可以参考前面介绍过的内容。

解决方案：参考 Bug 的 7 种解决方案。如果解决方案为 Duplicate，则需要指定重复 Bug 的编号。

相关 Bug：与当前 Bug 相关的 Bug。例如，相同代码产生的不同现象，可以在相关 Bug 中注明。

相关 Case：与当前 Bug 相关的 Case。例如，测试遗漏的 Bug 可以在补充了 Case 之后，在 Bug 的相关 Case 注明。

上传附件：上传 Bug 的屏幕截图、Log 日志或者 Call Stack 等，方便处理人员调试问题。

复现步骤：“步骤”要描述清晰、简明扼要，步骤数尽可能少；“结果”说明 Bug 产生的错误结果；“期望”说明正确的结果。可以在“备注”中提供一些辅助性的信息，例如，这个 Bug 在上个版本是否也能复现，方便处理人员调试问题。

（5）Bug 查找。可以设置查询条件，BugFree 默认 1 个查询条件，可以根据需要进行添加，如图 6-8 所示。

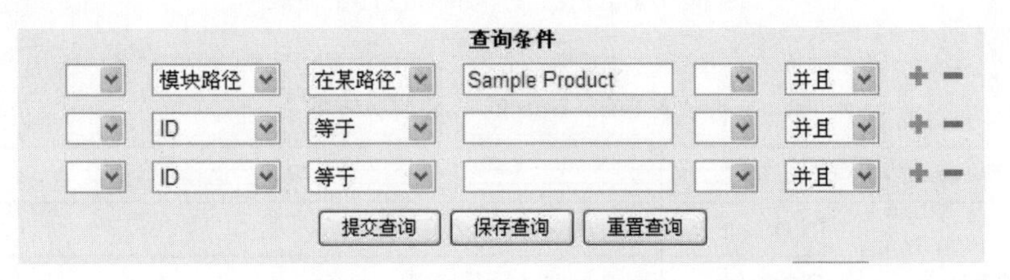

图 6-8　BugFree 查询条件

查询技巧：

①单击“保存查询”按钮，可以将当前的查询条件保存到左下角个性查询框“我的查询”标签页。单击已保存的查询，可以对查询条件进行编辑和修改。

②日期类型字段支持相对日期的查询。例如，创建日期=-1 将查询所有昨天创建的 Bug。

③通过“包含”操作，可以指定多个查询值。例如，创建者包含 User1、User2，搜索结果将显示两个创建者的 Bug。

注意：BugFree 默认支持 8 个查询字段，可以通过修改 proteched/config/main.php 下面的值更改查询字段的数量：‘queryFieldNumber’=>8。

BugFree 中也可以自定义显示的字段，在查询结果框左上角，单击“自定义显示”链接，可以显示或隐藏查询结果的字段和显示顺序。

也可以对查询结果进行排序。单击搜索结果标题某一字段的标题栏，可以按该字段对搜索结果进行排序；再次单击则切换升序或降序。例如，需要查看最近更新的 Bug，首先添加“最后修改日期”自定义字段，再在查询结果标题栏单击该字段。查询结果支持多字段排序。

标记是 BugFree 3.0 新添加的功能。在得到查询结果后，单击结果列左侧的小旗标，如图 6-9 所示，即可对感兴趣的条目做上标记。以后只要单击左边“我的标记”链接，即可将自己设定的标记条目查找出来。

（6）Bug 统计。在查询结果框右上角，单击“统计报表”链接打开新窗口。统计报表可以显示 Bug、Test Case 或 Test Result 当前查询结果的统计信息。在统计报表页面的左侧选择统计项，单击“查看统计”按钮，右侧显示 Flash 统计图表。

2. Test Case 管理

测试用例（Test Case）是在测试执行之前设计的一套详细的测试计划，包括测试环境、测试步骤、测试数据和预期结果。在导航栏单击 Test Case，即切换到 Test Case 模式，单击“新建 Case”按钮，创建测试用例。可以通过页面上方的“复制”按钮快速创建类似的测试用例。

Test Case 有几种状态，如表 6-9 所示。

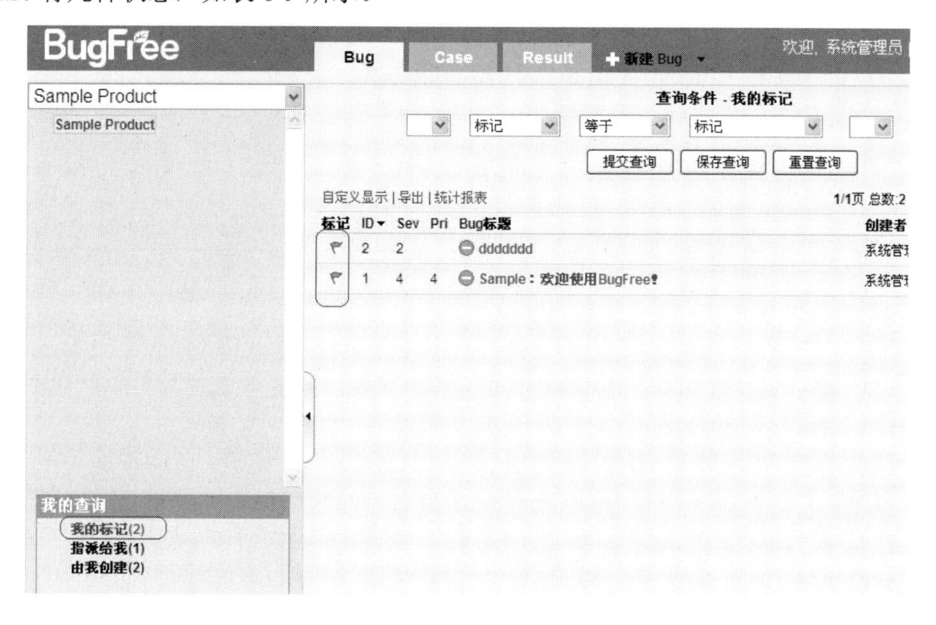

图 6-9　BugFree 的标记功能

表 6-9　Test Case 的状态

Test Case 状态	详 细 说 明
Active	标示有效的测试用例。所有新建 Case 都默认为该状态
Blocked	当前 Case 因为其他原因，无法正常运行。通过编辑 Case 进行修改
Investigating	待研究确认的测试用例。通过编辑 Case 进行修改
Reviewed	通过测试用例评审的用例。通过编辑 Case 进行修改

Test Case 填写时各字段说明如下：

Case 标题：测试点的简单描述（20 个字以内）或测试的目的。

模块路径：指定测试用例对应的模块路径。

指派给：需要通知相关人员时填写。可以同时指派多个，人员之间用逗号分隔。

抄送给：需要通知相关人员时填写。可以同时指派多个，人员之间用逗号分隔。

优先级：Case 执行的优先级。

✧ P1：冒烟测试及每次测试都需执行的用例，严重程度最高；

✧ P2：覆盖产品所有主要功能；

✧ P3：次要功能；

✧ P4：细节功能（资源有限时，可以不执行）

其余选项字段（Case 类型、测试方法、测试计划等）：可以通过编辑产品的自定义功能去定制。

3．Test Result 管理

Test Result 只能通过运行已有测试用例来创建。打开一个已有的测试用例，单击页面上方“运行”按钮，进入创建 Test Result 页面。Case 标题、模块路径和步骤等信息自动复制到

新的 Test Result 中。同时，Test Result 相关 Case 自动指向该测试用例；记录执行结果和运行环境信息（运行 Build、操作系统、浏览器等信息），保存测试用例。Test Case 的运行结果只有 2 种状态：Passed 和 Failed，如表 6-10 所示。针对执行结果为 Failed 的 Test Result，单击页面上方的“新建 Bug”按钮，创建新 Bug。Result 标题、模块路径、运行环境和步骤等信息自动复制到新的 Bug 中。同时，Test Result 相关 Bug 指向新建的 Bug。

表 6-10　Test Case 的状态

Test Case 状态	详 细 说 明
Passed	运行成功的 Test Case
Failed	运行失败的 Test Case

4．后台管理页面

（1）BugFree 管理员角色。BugFree 中的管理员包括系统管理员、产品管理员和用户组管理员三种角色。系统管理员拥有最高的权限，产品管理员和用户组管理员只能由系统管理员来指派，可以同时指派任意用户为任意角色。这三种管理员登录 BugFree 之后，主页面上方导航栏都会显示一个“后台管理”的链接，后台管理页面如图 6-10 所示。

图 6-10　BugFree 后台管理页面

系统管理员、产品管理员和用户组管理员三种角色的详细权限如表 6-11 所示。

表 6-11　管理员权限列表

	产 品 管 理	用 户 管 理	用户组管理
系统管理员	可以添加产品 可以查看和编辑所有产品 可以修改产品名称和显示顺序 可以指派产品用户组 可以指派产品管理员 可以编辑产品模块	不可添加产品 仅可以查看和编辑自己是产品管理员的产品 不可修改产品名称或显示顺序 可以指派产品用户组 不可指派产品管理员 可以编辑产品模块	无权限
产品管理员	可以查看所有用户 可以添加用户 可以编辑、禁用或激活所有用户	可以查看所有用户 可以添加用户 可以编辑、禁用或激活自己创建的用户或本人	可以查看所有用户 可以添加用户 可以编辑、禁用或激活自己创建的用户或本人
用户组管理员	可以查看所有用户组 可以添加用户组 可以编辑或删除所有用户组	可以查看所有用户组 可以添加用户组 可以编辑或删除自己添加的用户组	可以查看所有用户组 可以添加用户组 可以编辑或删除自己添加的用户组或自己是用户组管理员的组

（2）用户管理。添加新用户，输入用户名、真实姓名、密码和邮件地址。用户名和密码用于登录 BugFree；真实姓名则显示在指派人列表中用于选择。当有 Bug 或 Test Case 指派给该用户时，该用户设定的邮件地址会收到邮件通知。建议用户名与邮箱前缀一致，真实姓名则使用易读的中文名字。

单击“禁用”按钮后，该用户将无法登录 BugFree，并从所在用户组删除。包含该用户的记录将不再显示该用户的真实姓名，而以用户名代替。

再次单击“激活”按钮，将恢复该用户，但需要重新指派用户组权限。

（3）用户组管理。创建用户之后，需要将用户添加到用户组，项目管理员通过指派用户组来分配权限。新用户只有在所属用户组指派给一个项目之后才可登录 BugFree 系统。

安装 BugFree 之后，系统会默认创建一个“All Users”默认组，该用户组包含所有用户，不需要额外添加用户。

（4）产品管理。单击“添加产品”链接，创建新的产品。指派需要访问当前产品的用户组之后，该用户组的所有用户才可以访问该产品。产品默认显示顺序是按照创建的先后次序排列的。如果需要将某个产品排在最前面，可编辑该产品，将显示顺序设置为 0～255 的数值。添加产品界面如图 6-11 所示。

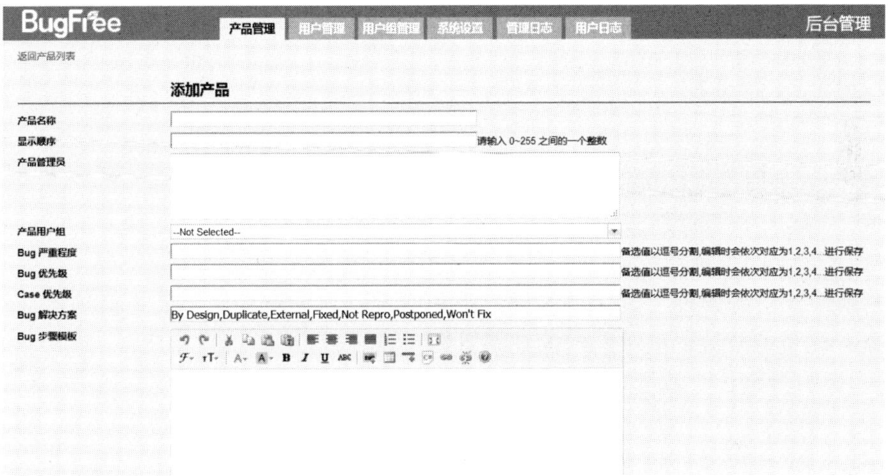

图 6-11　后台管理中添加产品页面

①模块管理。创建了产品之后，通过“模块”链接，可以创建树形模块结构。一个产品可以包含多个模块，一个模块下面可以包含多个子模块。原则上，对子模块的层级没有限制。与产品的显示顺序类似，可以编辑模块的显示数据值以更改同级模块的排列顺序。

如果指定模块负责人，则在创建该模块下的 Bug 或 Test Case 时，会自动指派给该负责人。

如果删除一个模块，该模块下面的 Bug 或 Test Case 将自动移动到父模块中。

②自定义字段管理。单击产品列表的相应“Bug”、“Case”或“Result”链接，可以对产品的 Bug、Case 或 Result 设定自定义字段。

在自定义字段的编辑阶段，可以设置自定义字段的使用阶段、是否必填和验证规则。如果是 Bug 的自定义字段，则还需要选择是否从 Result 获得。如果是从 Result 获得，则会同时在 Bug 和 Result 的自定义表中添加相应的自定义字段。当从 Result 创建 Bug 时，相应的字段

值就会从 Result 中自动获取。

③禁用和激活产品。单击“禁用”后，可以隐藏某个产品，但并不真正从数据库删除记录，该产品将对所有人员不可见。再次单击“激活”，将恢复该产品所有的记录。

6.5 本章小结

本章主要介绍了缺陷的定义和产生的原因，重点引导读者编写一份良好的缺陷报告，包括其基本信息、属性及常见的属性值，缺陷的生命周期以及缺陷管理工具 BugFree 的使用介绍。本章重点注意事项如下：

（1）缺陷的 5 种定义规则有助于测试人员识别软件缺陷；

（2）软件缺陷的最大来源是产品需求说明书，而不是程序代码本身，测试人员需要在前期对产品需求说明书进行验证和推敲；

（3）编写软件缺陷报告时要尽量保证缺陷可以复现，遵循 5C 准则等；

（4）为了确保导致软件缺陷的全部细节是可见的，可以使用截图或录制视频的方式提交软件缺陷；

（5）对于无法复现的缺陷，要及时提交，但不能全是这种缺陷，开发人员会怀疑你的测试专业度；

（6）并不是每个软件缺陷都会被开发人员修复，对于不修复的软件缺陷测试人员也要跟踪到底；

（7）软件缺陷属性中的属性值是根据不同的项目进行定制的；

（8）软件缺陷的严重级别越高，处理优先级通常越高，但这并不是绝对的；

（9）软件缺陷的处理流程会由于测试项目不同而有所不同，但大同小异；

（10）软件缺陷的管理工具多种多样，都是配合项目的软件缺陷的生命周期而存在的，BugFree 是一款免费开源、简单易学的缺陷管理工具。

通过本章的学习，读者可以拓展的内容主要有以下两点：

（1）为了做好回归测试工作，需要了解风险分析相关知识，在项目管理中，有一整套标准的流程和方法，感兴趣的读者可以去学习相关知识。

（2）禅道是当下比较流行的一款配合敏捷开发而生的管理工具，它基于敏捷而不限于敏捷，是一款开源免费的项目管理软件，集产品管理、项目管理、测试管理于一体，从当今众多管理工具中脱颖而出。强烈推荐读者学习并熟练掌握其操作使用方法。

本章的重点是讲解软件缺陷报告，笔者曾经看见有人总结了测试人员的“10 宗最”，印象深刻，跟各位读者分享：

最开心的事：发现了一个很严重的 Bug，特别是那种隐藏很深、逻辑性的错误。

最提心吊胆的事：版本发布后，被客户或用户发现了很多或很严重的 Bug。

最憎恨听到的话：为什么这个 Bug 没有在测试的时候发现呢？

最郁闷的事：刚才那个版本打包打错了，你们要重测。

最不想面对的事：在测试后期或最新的版本里发现了以前一直存在的问题。

最丢人的事：辛苦地发现了一个 Bug，居然是该配置的参数没有配置等一些自己的失误造成的。

最尴尬的事：一天甚至几天都没有发现一个 Bug，被开发的同事同情地说“要不要我在代码里放几个 Bug 给你啊”。

最有力的保护自己的方法：把你认为是 Bug 的问题都提交到 Bug 库中。

最任重而道远的事：测试驱动开发，最好在提交缺陷的时候能定位到缺陷发生的原因。

最期待的事：测试能够越来越受重视。

6.6　本章练习

一、单选题

（1）以下哪一项是缺陷的最大来源？（　　）

A．产品需求说明书　B．程序代码　C．设计文档　D．用户使用阶段

（2）以下哪一项不是软件缺陷报告的基本信息？（　　）

A．缺陷标题　B．操作步骤　C．实际结果　D．缺陷处理优先级

（3）以下哪一项更接近优秀的缺陷标题？（　　）

A．英文单词的连字符不管用　B．警告：该命令产生了错误的结果

C．拷贝和复制功能执行效率低下　D．插入的引号成为特殊符号

（4）关于如何撰写一个良好的缺陷报告，以下说法中不正确的是（　　）。

A．报告随机缺陷，不夸大缺陷，报告小缺陷。

B．及时报告缺陷，引用别人报告不要擅自修改，缺陷报告中注明姓名和日期。

C．保证重现缺陷，包含所有重现缺陷的必要步骤。

D．在提交某些缺陷时，可以加重自己的语气以提醒开发人员注意。

（5）关于缺陷的类型，以下哪一项属于逻辑问题？（　　）

A．功能错误　B．循环不正确

C．模块间接口错误　D．界面风格不统一

（6）以下关于缺陷严重级别和处理优先级的说法中正确的是（　　）。

A．缺陷严重级别越高，处理优先级越高。

B．功能性缺陷总是最为严重的，而软件界面类缺陷严重性总是比较低。

C．软件缺陷的处理优先级一旦设定好，就不能再变动。

D．严重级别高的缺陷，处理优先级不一定高。

二、多选题

（1）关于缺陷的识别，以下规则中哪些说法是正确的？（　　）

A．软件未达到产品说明书表明的功能。

B．软件出现了产品说明书表明不会出现的错误。

C．软件功能超出产品说明书表明的范围。

D．软件未达到产品说明书虽未表明但应达到的目标。

E．软件测试人员认为软件难以理解、不易使用、运行缓慢或最终用户认为不好。

（2）以下关于缺陷报告的操作步骤的书写方式中说法正确的是（　　）。

A．需要提供测试的前提条件和测试环境。

B．为了使缺陷简洁，可以在一个步骤中记录多个操作。

C．尽量使用短语和短句，避免复杂句型和句式。

D．可以在每个操作步骤中包含执行后的结果。

（3）为了更好地做回归测试，可以采取的方式有（　　）。

A．采用基于风险的测试方法

B．在适当的阶段引入新的测试人员来补充测试

C．使用自动化测试工具

D．每次测试都要做 Full Regression 测试

（4）BugFree 的功能模块包括（　　）。

A．软件缺陷　　B．测试用例　　C．测试结果　　D．测试需求

（5）缺陷不被修复的原因有哪些？（　　）

A．提交的根本不是一个缺陷，而是测试人员的误解导致的。

B．迫于项目的压力，没有足够的时间修复缺陷。

C．限于现有开发人员的能力和技术问题，无法解决软件缺陷。

D．有些缺陷看似很简单，但修改它可能会引起底层架构的变更。

三、判断题

（1）由于各种原因，被发现的缺陷有可能是不予修复的。（　　）

（2）软件缺陷是否修复通常是由专门的小组来决定的，测试人员无权擅自决定。（　　）

（3）所有缺陷必须修改完，才能发布软件。（　　）

（4）缺陷报告的处理流程在各个项目中都是固定不变的。（　　）

（5）提交无法复现的缺陷报告会被开发人员质疑，所以在复现之前，不要提交软件缺陷，等以后发现了复现步骤再提交。（　　）

（6）被开发人员拒绝的缺陷报告，测试人员可以不予理会。（　　）

（7）可以通过截图或录制视频的方式提交软件缺陷。（　　）

（8）提交一个缺陷，开发人员说不是缺陷的时候，一定要尽量说服开发人员去修改。（　　）

第 7 章

软件测试报告

本章简介

在互联网软件项目中，开发人员的工作是显而易见的，他们开发了哪些功能，写了几行代码，设计了几个类，都能直观地看到，最重要的是软件也可以很鲜活地展示开发人员的工作，他们的创造性工作，使软件从无到有。而软件测试人员的工作却常常被认为是一种锦上添花的工作，常常没有明显的结果可以直观地展示测试人员的贡献，更多的是对软件的一种完善过程，使软件变得更加完美。而这个完善的工作过程获得展示的机会并不多，软件测试报告就提供了这样一个展示的机会。

软件测试报告是把测试的过程和结果写成文档，对测试过程进行总结，对发现的问题和缺陷进行分析，为纠正软件中存在的质量问题提供依据，同时为软件验收和交付打下基础。这是一个测试项目中的收尾工作。本章重点讲述如何编写一份完整的软件测试报告。此外，在测试流程介绍的末尾，还将补充介绍软件质量管理体系、软件测试的前沿技术等内容。

7.1 软件测试结束的标准

软件测试报告一般在测试结束或阶段性结束的时候出具，那么什么时候测试才算结束了呢？常常听到有人说“测试时间用完了，测试就结束了”，或者“执行完所有测试用例都没有发现错误，测试就结束了”。这是两种常见的不正规的测试结束的误区，单独的这两条准则对测试是否结束都没有实际指导作用，因为它们并不能衡量测试的质量，第二个误区还会导致大家喜欢写那些找不到 Bug 的测试用例。

在测试临近结束时，可以先思考几个问题：你认为产品质量如何？能否放心地发布？上线后可能存在哪些风险？是否可以承受这些风险带来的影响？软件测试工作是否充分？当这些问题都有肯定答案的时候，就可以根据《软件测试计划》中制定好的“软件测试通过的标准”来权衡是否可以结束了。

现在我们来回顾一下《软件测试计划》中的“软件测试通过的标准”，该标准可以依据公司的实际情况进行定制。这里也简单地列举一些功能测试通过的标准：

（1）需求规格说明书中的需求全部实现，没有遗漏；

（2）测试用例全部执行完毕且测试通过，没有通过的已经提交缺陷；

（3）缺陷数随着时间的增加呈收敛趋势，并趋于平稳；

（4）软件主流程畅通，技术架构不再发生变化；

（5）系统没有遗留一级、二级和三级 Bug，遗留的四级和五级缺陷数量在遗留标准之内（这个标准需根据项目的复杂程度分别制定，比如系统遗留的一级、二级和三级缺陷为 0，遗留的四级缺陷低于 5%，遗留的五级缺陷低于 10%等）；

（6）遗留的缺陷，其风险已经过评审委员会评估，并决定留待下个版本解决，须详细列在测试报告中，留作上线依据。

其实软件测试的活动没有尽头，只是相对结束，即使上线了，也需要继续跟踪。联想一下第 2 章中讲到的 PDCA 循环就能理解了。

7.2 软件测试报告

测试临近结束，就需要编写软件测试报告。软件测试报告是对测试活动的总结，是项目是否结项的重要参考和依据，而且是产品部门和技术部门进行沟通的主要手段。它基于测试中的数据采集，对最终的测试结果进行分析。综合来说，软件测试报告主要有 3 个作用：

（1）对整个项目的测试过程和质量进行评价；

（2）对产品各阶段的遗留问题进行总结；

（3）为后续的测试过程改进提供依据。

优秀的软件测试人员应该具备良好的文档编写能力，一份详细的测试报告要包含足够的信息。软件测试报告具体内容包括：项目概述、测试概要、缺陷统计与分析、测试结论与问题建议。详细目录如下：

目　录

一、项目概述
- 1.1　项目背景
- 1.2　编写目的
- 1.3　术语与缩略语
- 1.4　参考与引用文档

二、测试概要
- 2.1　测试机构和人员
- 2.2　测试时间
- 2.3　测试范围
- 2.4　测试方法和工具
- 2.5　测试用例
- 2.6　测试环境与配置

三、缺陷统计与分析
- 3.1　测试统计表
- 3.2　测试统计图
- 3.3　遗留缺陷列表

四、测试结论与问题建议

4.1　测试结论 4.2　呈现的问题 4.3　改进建议

接下来我们对每一项进行详细的讲解。值得注意的是，软件测试报告和软件测试计划的模板一样，都不是固定不变的，需要结合公司项目情况进行定制和改变。

7.2.1　项目概述

软件测试报告中的“项目概述”同软件测试计划中的“项目概述”基本相同，都是对被测试项目的基本情况进行说明，包括测试对象及版本、功能介绍、开发背景等，然后定义本文档中常用术语的含义，并指出该测试活动所依据的参考文档，如测试计划、测试用例等。

1．项目背景

描述本文件适用的项目名称、任务提出者、开发者及用户、项目提出的背景和主要实现的功能等内容。参见“软件测试计划”中的“项目背景”。

2．编写目的

此处的编写目的与“软件测试计划”中就不同了，文档不一样，其目的当然也不一样。例如，软件测试报告的目的可以写成：

本文档用于记录测试过程，总结各轮次的测试情况，分析测试数据，归纳测试工作进行过程中暴露的问题与遗留的风险，给出相应的测试建议以供后续项目参考。

3．术语与缩略语

列出本文件中用到的术语与缩略语。参见“软件测试计划”中的“术语定义”。

4．参考与引用文档

列出编写本文档的过程中参考的有关资料的名称、文件编号及其发表日期、出版单位、作者等，并说明参考文件的来源。参考资料包括：

（1）经核准的计划任务书、上级机关批文、合同等；

（2）本项目的其他已发表的文件；

（3）引用的文件、资料、软件开发标准。

例如：

《××系统需求规格说明书》（TS-A03008-SRS） 《××系统项目测试计划》（TS-A03008-TP） 《××系统测试用例表》（小组内部文档） 《××系统测试缺陷表》（小组内部文档）

7.2.2　测试概要

可以先总结整个项目的测试概要说明，然后再详细列出具体的测试机构和人员、测试时间、测试范围、测试策略、测试用例、遗留缺陷以及测试结论。关于项目的测试概要，举例如下：

本次测试对某项目进行了静态分析和动态测试。测试工作分为两个阶段，其中第一个阶段进行了软件静态分析，软件测试人员和开发人员分别对软件 V3.0 版本的代码进行走读，并对发现的问题进行了修改和回归，一共做了 97 处代码变更。

动态分析的测试过程中，共经历了 3 个阶段，1 轮集成测试、4 轮冒烟测试和 4 轮系统测试及 1 轮上线跟踪测试。整个测试过程中累计执行测试用例 1800 条，共发现缺陷 53 个。截至 V3.0 版本系统测试结束，所发现的严重级别高于 3 级的缺陷已得到修复和验证。

1．测试机构和人员

说明测试机构名称、负责人和测试人员名单。例如：

测试机构：蓝桥软件测试业务部
负责人：董呤
测试人员：张三、李四、王五、赵六

2．测试时间

与“软件测试计划”中的测试时间（或者叫测试里程碑）对应，反映某项目各阶段的实际开始时间和结束时间以及与计划时间的偏差，并对存在偏差的地方做出说明。如表 7-1 所示。

表 7-1　测试各阶段的开始时间和结束时间

序号	测试活动	计划开始日期	计划结束日期	计划工时	实际开始日期	实际结束日期	实际工时
1	系统培训	2025-08-04	2025-08-08	5 人天	2025-08-04	2025-08-08	5 人天
2	制订测试计划	2025-08-11	2025-08-15	5 人天	2025-08-11	2025-08-15	5 人天
3	设计测试用例	2025-08-18	2025-09-30	34 人天	2025-08-18	2025-09-30	34 人天
4	执行测试用例	2025-10-08	2025-11-07	22 人天	2025-10-08	2025-11-17	30 人天
5	测试总结报告	2025-11-10	2025-11-13	4 人天	2025-11-18	2025-11-21	4 人天

说明：实际的测试时间中“执行测试用例”的时间增加了 8 人天，因为部分缺陷 Reopen 比较多，导致实际测试的轮次比预计的多了 1 轮系统回归测试。

3．测试范围

列出本次测试的范围，并需要对测试范围做详细说明。如果只有功能测试，则列出功能列表即可。具体写法详见“软件测试计划”。

注意：如果实际测试范围和计划测试范围有变动，则需要标识出来并做说明。

4．测试方法和工具

简要介绍测试中采用的方法和工具。主要方法有黑盒测试，测试方法可以写上测试的重点和采用的测试模式，这样可以一目了然地知道是否遗漏了重要的测试点和关键块。工具为可选项，当用到测试工具和相关工具时，要进行说明。注意：要注明工具是自产还是来自其他厂商，版本号是多少。在测试报告发布后要规避大多工具的版权问题。具体可参见“软件测试计划”中的测试策略的描述。

5．测试用例

对测试用例的数目和累计执行的测试用例的条数做统计说明，可以使用表格或者图的方式展示。例如：

根据需求文档，测试人员编写和内审了测试用例，为项目共计编写了432条测试用例，其中，通过379条，失败53条。测试用例执行率为100%，成功测试通过率为83.7%。如表7-2所示。

表7-2 测试用例统计表

项目名称		LQ教学教务管理系统	测试类别	系统测试
测试用例统计				
通过	379	测试用例执行率=（379+53）/432=100% 成功测试通过率=379/453=83.7%		
不通过	53			
总计	432			

6. 测试环境与配置

指测试运行其上的软件和硬件环境的描述，以及任何其他与被测软件交互的软件，包括驱动和桩。例如：

硬件：ThinkPad笔记本电脑，CPU为i7-1065G7处理器，8GB内存，512GB的SCSI系统硬盘。

软件：JDK 1.6+Tomcat 7.0+MySQL+SVN客户端，兼容的浏览器包括IE、Firefox、Chrome。

7.2.3 缺陷统计与分析

缺陷统计与分析是测试报告的重点，也是展示测试人员工作的主要部分。一般在测试通过标准中会确定软件具有特定类别的缺陷数量，通过缺陷分布图可以轻松地核对该标准。缺陷统计与分析对评估软件质量具有很高的价值，通过对缺陷的统计和分析可以评估当前软件的可靠性，为软件可靠性提供一个指标。缺陷分析就是分析缺陷在某个属性值上的分布。

我们可以在测试报告中建立缺陷统计表格和若干图表，以便对缺陷的相关分布信息有个整体的了解，据此调整下一阶段的测试重点。

1. 测试统计表

简单的测试统计表如表7-3所示，但也可以根据实际项目情况，增加缺陷的其他属性值的统计。

表7-3 测试统计表

项目名称		LQ教学教务管理系统		测试类别		系统测试	
测试问题统计							
缺陷状态		缺陷优先级		缺陷严重级别		缺陷起源	
已修复	40	1-立即解决	5	1级-致命	3	需求	12
重复提交	3	2-高优先级	18	2级-严重	7	架构	23
无法复现	2	3-正常排队	25	3级-重要	26	设计	8
推迟解决	3	4-低优先级	5	4级-一般	10	编码	3
不是缺陷	2			5级-改进	7	其他	7
不修改	3						
总计	53	总计	53	总计	53	总计	53

2. 测试统计图

测试统计图是根据测试统计表分别生成的饼图或柱状图，方便项目经理和其他管理者直观地查看测试过程。

RUP（Rational Unified Process，RUP 是 Rational 公司三位杰出的软件工程大师提出的一个软件工程过程方法）以三类形式的报告提供缺陷评估：

✧ 缺陷分布（密度）报告；

✧ 缺陷龄期报告；

✧ 缺陷趋势报告。

（1）缺陷分布（密度）报告。对于缺陷的分布报告，常用的缺陷参数主要有 4 个：缺陷状态、缺陷优先级、缺陷严重级别、缺陷起源，如图 7-1 所示。制作出统计图之后，要对每个图进行分析说明。

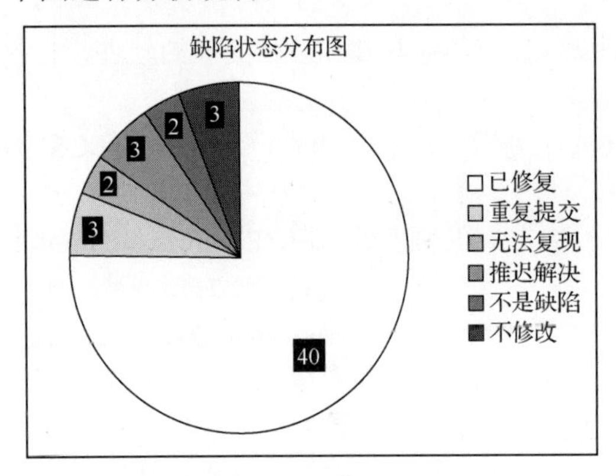

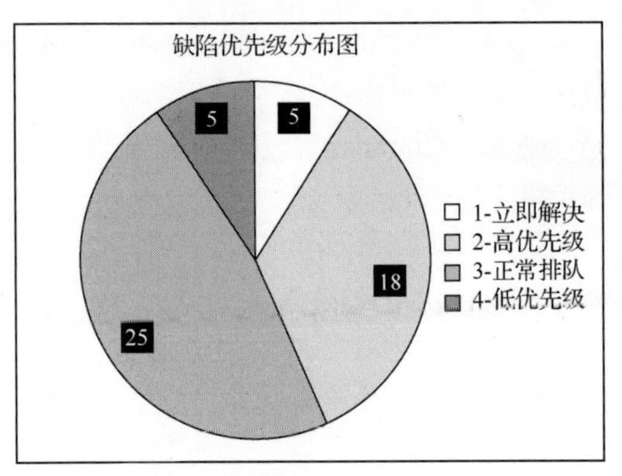

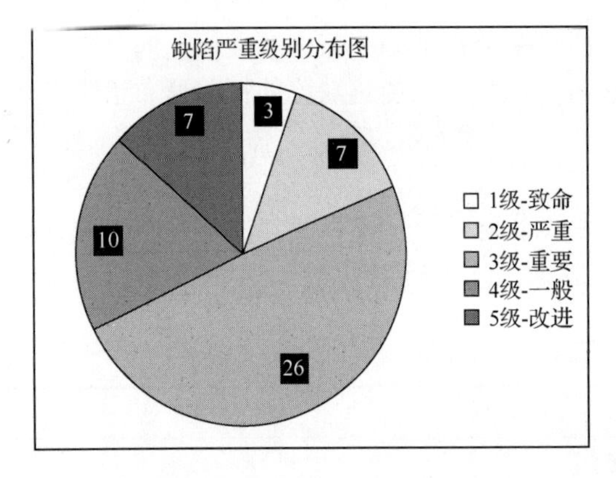

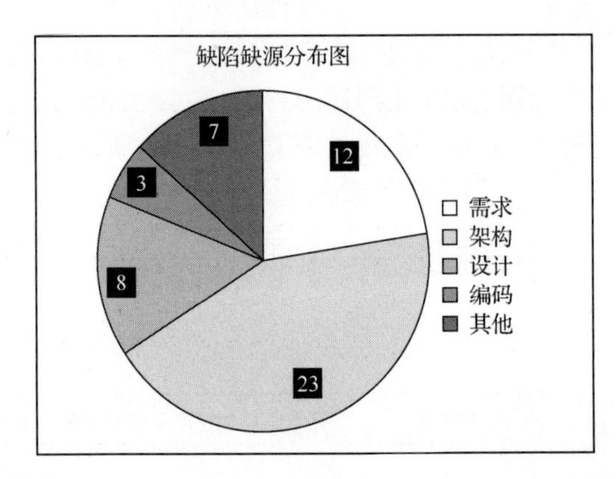

图 7-1　缺陷分布统计图

统计图说明：

①缺陷状态分布图：通过该图可以看出，缺陷大部分处于“已修复”状态，重复提交了 3 个缺陷，有 2 个缺陷无法复现，有 3 个缺陷被推迟解决，有 2 个缺陷被认定不是缺陷，有 3 个缺陷开发人员不打算在本版本中解决。遗留缺陷的详细描述和遗留原因可参见“遗留缺陷”列表。

②缺陷优先级分布图：优先级为 1 级和 2 级的缺陷共有 23 个，占总缺陷的 43%左右，这说明系统在测试过程中处于不稳定状态，存在大量较为影响进度的问题。但实际上，随

着测试过程的推进，高优先级的缺陷又逐渐减少到正常水平，正常排队状态的缺陷占 47%左右，整个系统趋于稳定，说明解决缺陷的速度比较及时。

③缺陷严重级别分布图：大部分缺陷的严重程度为“3 级-重要”，共 26 个，占总缺陷的 49%，3 级以上的缺陷并不多。由此可见，该系统的整体质量比较好。

④缺陷起源分布图：从缺陷起源分布图情况看，所有缺陷中有近 23%是和产品需求相关的，诸如需求定义欠明确、需求描述有歧义、需求没有定义、实现和需求不一致等。但 43.4%的缺陷来自架构设计，说明大部分缺陷都是底层架构的设计不足导致的，希望能好好重视这个问题，在下个版本中对底层架构进行优化。

以上是统计饼图，饼图便于查看分布的大致比例。缺陷统计图也可以根据情况设计成柱状图，如图 7-2 所示是缺陷模块分布柱状图，数字一目了然，每张图最好都有一个分析说明。

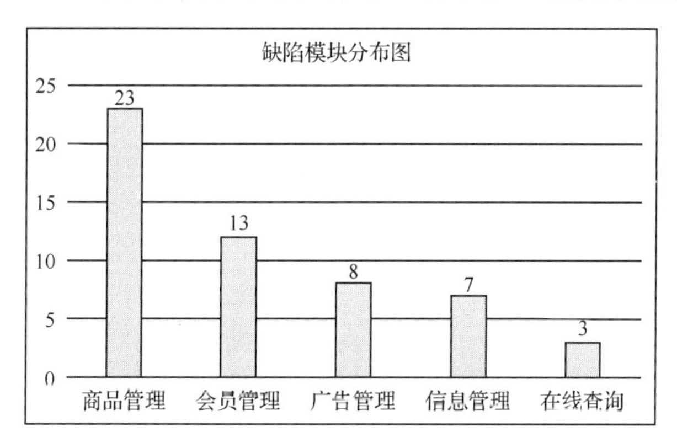

图 7-2　缺陷模块分布图

说明：

通过缺陷模块分布图可以看出，大部分缺陷分布在商品管理模块中，该模块是 V3.1 版本中新增的功能模块，所以缺陷较其他模块多。

当然，也可以将缺陷数量作为多个缺陷参数的属性来报告。如图 7-3 所示就是每个开发人员拥有的缺陷数量和不同严重级别的缺陷数量的综合报告。

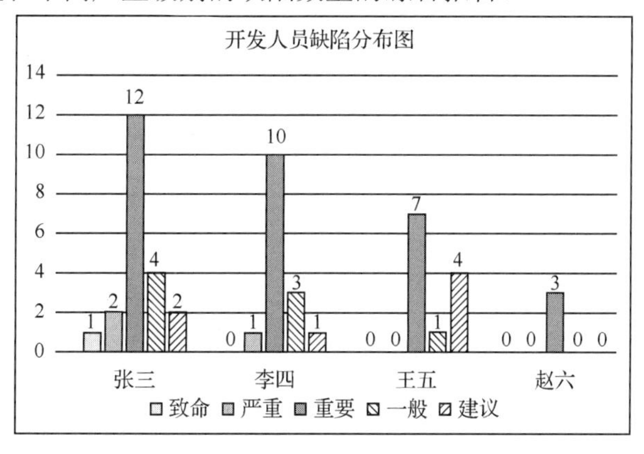

图 7-3　开发人员缺陷分布图

（2）缺陷龄期报告。缺陷龄期报告是一种特殊类型的缺陷分布报告。缺陷龄期报告显示

缺陷处于特定状态下的时间长短，如“新提交的”。在龄期类型中，缺陷还可以按其他属性分类，如“拥有者”。缺陷龄期分析提供了有关测试有效性和缺陷解决活动的良好反馈。例如，如果大部分龄期较长的、未解决的缺陷处于“有待确认”的状态，则可能表明没有充足的资源应用于确认测试或回归测试工作。

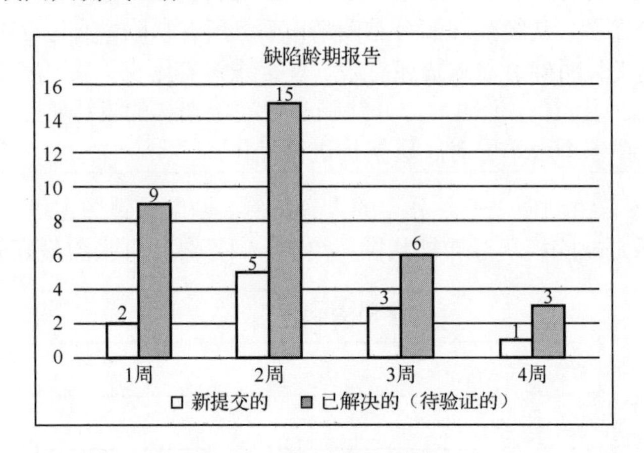

图 7-4　缺陷龄期报告

（3）缺陷趋势报告。在测试生命周期中，缺陷趋势遵循着一种比较容易预测的模式。在生命周期的初期，新缺陷增长很快，在达到顶峰后就随时间以较慢的速率下降。我们可以将缺陷数量作为时间的函数，创建一个缺陷趋势图（如图 7-5 所示），可根据这一趋势图复审项目的时间表。

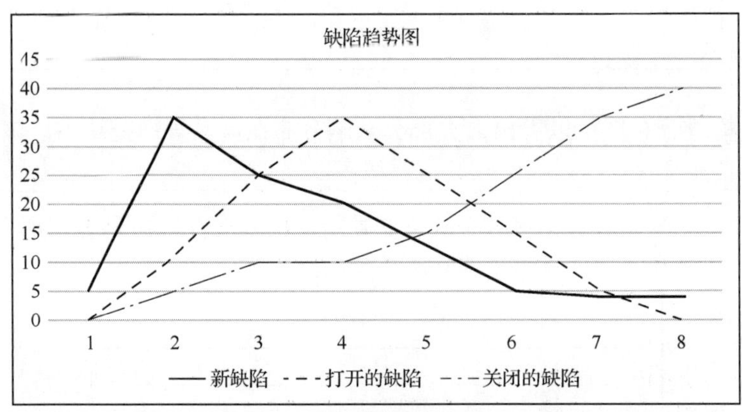

图 7-5　缺陷趋势图

从缺陷趋势图中可以看出，新缺陷随着测试过程的推进呈现收敛趋势，这符合测试缺陷的发展规律，证明测试计划和策略是可靠、有效的。在 8 个星期的生命周期中，如果新缺陷在第 6 个星期仍然在增长，则项目很明显没有按时间表进行。在项目中，发现缺陷后应该立即打开并修复，且在升级版本中进行回归测试，那么关闭缺陷的速率应该与打开缺陷的速率有相同的增减趋势。如果情况并非如此，则表明缺陷解决流程出现了问题，修复缺陷所需要的资源或回归测试和确认修复所需的资源可能不足。

如果项目中 PM 想要知道其他的考核点，也可以设计出其他的缺陷统计图，比如每个测试人员发现的缺陷分布情况，不同版本的缺陷分布图等。这些图的制作并不复杂，有很多工具可以达到这个目的，在 Office 工具中就可以直接通过 Excel 表转化而成，读者可以自行尝试。

3. 遗留缺陷列表

遗留缺陷是指在本次发布的软件中未被修复的缺陷。在软件测试报告中，我们要列出测试项目的遗留缺陷，并针对遗留缺陷说明解决的方案，可采用表格的形式列出，表格中内容应尽可能和缺陷报告中对缺陷的描述文字一致。如表 7-4 所示是某项目的 V3.0 版本的遗留缺陷。

表 7-4 某项目 V3.0 版本的遗留缺陷

缺陷编号	遗留缺陷描述	缺陷级别	解决方案
51	流量预警提示后，单击【确定】按钮，收取频率成功变为“手动收取”，但是如果长时间联网，还会再次弹出流量预警提示	3 级	暂时没有很好的解决方案，待下个版本再想办法优化
66	已登录的客户端检测出密码错误后，会先跳转到注册向导界面 1 秒钟，然后才跳转到登录信息输入界面。而在注册向导界面的 1 秒钟，可以点击任何菜单项来中断当前注册流程	4 级	需要等产品组给出明确需求后再完善，下个版本解决
78	客户端收到“仅标题”的邮件后，在服务器端删除此邮件，再点击此邮件阅读界面的“下载邮件正文”项时，弹出的提示不友好，建议改为“邮件已从服务器删除，无法查看具体内容”	5 级	用户很少进行这样的操作，并不影响使用，不修改

说明：

缺陷编号：缺陷报告中的缺陷 ID 编号。

遗留缺陷描述：缺陷的详细描述，应该详细写出对定位和修正该缺陷有帮助的活动和现象。遗留缺陷应包括缺陷报告中问题状态为“不修改”“无法复现”“推迟解决”“暂不修改”的所有缺陷。

缺陷级别：指明遗留的未修改的缺陷严重级别。

解决方案：针对此问题分析影响程度，提出应对策略和应急措施，说明解决的优先级、采用的方法、完成的进度、工作量和负责的具体人员等。

7.2.4 测试结论与问题建议

在软件测试报告的最后，要对被测对象及测试活动分别给出总结性的结论，包括稳定性、测试充分性。对被测试对象和测试活动的评估必须参照软件需求规格说明书的要求，分析被测对象与软件需求规格的偏离程度、偏离点，同时需要对结果偏离及测试不充分引起的失败风险进行评估。另外，要总结本次测试活动的经验教训，总结主要的测试活动和事件。总结资源消耗数据，如总人数、总用时，每个主要测试活动花费的时间。提供对本次测试过程活动的测试设计和操作的改进建议。每一条建议的分析及其对软件测试的影响也应提供。

1. 测试结论

测试结论是整个测试是否结束，是否可以进入下一个环节的结论。例如：

> 系统通过确认测试，功能符合需求规格说明书的规定，满足“测试通过的准则”，可以进入验收阶段。通过测试发现产品在用户体验方面有待后续版本进一步改进，不排除用户在使用该产品时有相关反馈。

2．呈现的问题

列出测试过程中呈现的各种问题。例如：

（1）需求问题。需求文档给人的感觉是：需求分析不完整，需求描述不清晰，需求文档的逻辑性、可读性、可实现性、可测试性比较差，需求的歧义比较大。从而导致在整个测试过程中不断地在挖掘需求、确认需求、变更需求和评审需求。

（2）变更控制问题。包括项目需求的变更、项目责任人的变更、项目计划的变更等，整个测试过程中一直在确认和变更需求，且需求变更的机制没有规约，一个会议、一封E-mail或者一个口头传达就可能变更需求。另外，项目责任人的变更以及项目计划的变更也存在这样的情况，所有的变更均没有及时准确地更新至文档中。

（3）版本控制问题。前面的版本中都没有进行版本控制，在本次测试过程中，虽然对项目本身的代码进行了版本管理，各接口产品的代码均由各技术负责人进行管理，但在此期间出现过代码覆盖、代码忘记上传和遗漏部署的情况。难以保证每轮测试版本的清晰以及发布版本与测试版本的一致性。

（4）测试环境问题。测试期间，测试环境和开发环境没能很好地分离，测试期间有开发工程师直接在测试环境上修复缺陷和修改测试环境的配置情况，导致测试和开发修复缺陷不能并行；或者测试环境不稳定，如hosts设置不正确等。

（5）项目计划欠明确，人员职责欠清晰。

3．改进建议

测试改进建议主要包括：

- 对系统存在问题的说明，描述测试所揭露的软件缺陷和不足，以及可能给软件实施和运行带来的影响；
- 可能存在的潜在缺陷和后续工作；
- 对缺陷修改和产品设计的建议；
- 对过程改进方面的建议。

例如：

本次测试中，有几点建议，希望能对后续项目提供改进依据：

（1）遗留缺陷。建议在V3.1版本上线后以Patch方式部署，提升产品的稳定性和用户体验。

（2）变更控制。建议在后续项目中制定变更控制的流程，强化变更流程的执行。不怕变更，但要控制好变更的时机和策略。

（3）版本控制。加强项目本身，特别是各接口产品的版本控制策略，以保证测试版本的清晰性，发布/上线版本和最终测试版本的一致性。

（4）测试环境。期望在后续项目中测试环境和开发环境完全隔离，或阶段性完全独立，且各部分环境有专人负责，测试期间严禁在测试环境上修复缺陷或更改环境配置（如确实需要更改配置，请提前通知测试及其他相关负责人），以减少因此带来的沟通、反复测试的成本。

（5）产品需求。建议进一步加强软件需求规格说明、软件设计文档编制以及编写代码的规范化。

（6）在项目开始的初期就尽早接入软件测试，各种评审会请邀请测试人员参与。在制订项目计划安排上给软件测试留有必要的时间，在资源配置上给软件测试提供必要的支撑。

（7）开展软件的确认和系统测试。

7.3 软件质量管理体系

现在流行的软件质量管理体系有 ISO 9000 和 CMM 标准，两者都强调形成文档的制度、规范和模板，严格按照制度办事，按照要求形成必要的记录，进行检查、监督和持续改善。因此，测试人员在实施这样的流程改进方式的组织中工作，需要注意按照测试流程定义的模板进行，填写必要的测试记录和报告，度量测试的各个方面是否符合要求。

7.3.1 ISO 9000 质量管理体系

ISO 9000 质量保证体系标准是一组有关质量管理体系的国际标准，由国际标准化组织（International Organization for Standardization，ISO）制定发布。该体系是在 20 世纪 70 年代由欧洲首先采用的，后来在美国和世界各地迅速发展起来。它应用于各行各业，不管是餐饮行业，还是项目工程，都可以采用这个体系。这个体系定义了一个过程，每个过程会有什么样的活动，每个活动要遵循什么规范，由什么人去完成，输出什么文档，在质量体系中都有明确的定义。

ISO 9000 系列标准原本是为制造硬件产品而制定的，不能直接用于软件制作。后来曾试图将 ISO 9001 改写后用于软件开发方面，但效果不佳。于是，以 ISO 9000 系列标准的追加形式，另行制定出 ISO 9000-3 标准。该标准是 ISO 在软件开发、供应和维护中的使用指南，是针对软件行业的特点而制定的。软件企业使用 ISO 进行过程管理和改进时应该参考 ISO 9000-3 标准。

ISO 9000-3 标准指出，在软件行业中，一种产品标识和可追溯的方法是配置管理，而且强调配置管理的两个目标：一是对产品的当前配置及产品达到需求的状态提供足够的可视性；二是保证参与产品工作的每一位成员在软件生存周期的任何阶段都能使用正确的和准确的信息。需要注意的是，ISO 9000-3 是指南，而不是认证的准则。

7.3.2 CMM 质量管理体系

CMM（Capability Maturity Model for Software，软件能力成熟度模型）是对于软件组织在定义、实施、度量、控制和改善其软件过程的实施中各个发展阶段的描述。CMM 的核心是把软件开发视为一个过程，并根据这一原则对软件开发和维护进行过程监控及研究，以使其更加科学化、标准化，使企业能够更好地实现商业目标。CMM 是一种用于评价软件承包能力并帮助其改善软件质量的方法，侧重于软件开发过程的管理及工程能力的提高与评估。

CMM 是 1987 年美国卡内基梅隆大学软件工程研究所（CMU/SEI）提出的“承制方软件

工程能力的评估方法”。CMM 把软件企业的过程管理能力分成 5 个等级，如图 7-6 所示。

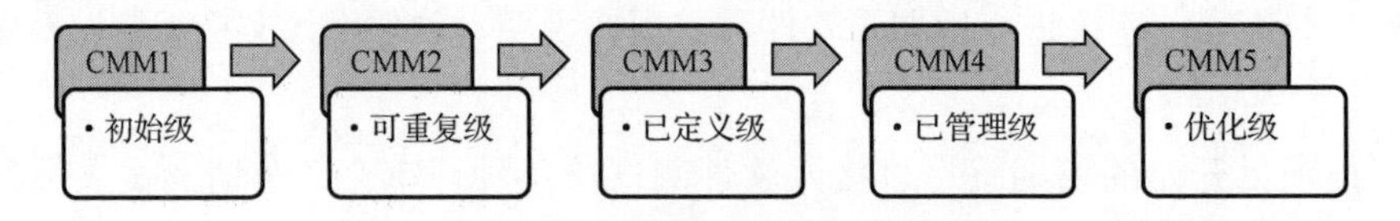

图 7-6　CMM 的 5 级能力成熟度模型

CMM 的每一个级别的过程特征可概括为以下几个方面：

（1）初始级（Initial）。工作无序，项目进行过程中常常放弃当初的规划；管理无章，缺乏健全的管理制度；项目的成效不稳定，产品的性能和质量依赖于个人能力和行为。

（2）可重复级（Repeatable）。管理制度化，建立了基本的管理制度和规程，管理工作有章可循；初步实现标准化，开发工作较好地实施标准；稳定可追踪，新项目的计划和管理基于过去的实践经验，具有重复以前成功项目的环境和条件。

（3）已定义级（Defined）。开发过程，包括技术工作和管理工作，均已实现标准化、文档化；建立了完善的培训制度和专家评审制度；全部技术活动均可稳定实施；项目的质量、进度和费用均可控制；对项目进行中的过程、岗位和职责有共同的理解。

（4）已管理级（Managed）。产品和过程已建立了定量的质量目标；过程中活动的生产率和质量是可度量的；已建立过程数据库；已实现项目产品和过程的控制；可预测过程和产品质量趋势。

（5）优化级（Optimizing）。可集中精力改进过程，采用新技术、新方法；拥有防止出现缺陷、识别薄弱环节以及加以改进的手段；可取得过程有效性的统计数据，并可据此进行分析，从而得到更佳方法。对于软件测试，在这个阶段需要考虑的是测试是否有规范的流程，与开发人员如何协作，Bug 如何记录和跟踪，还需要关注测试人员的技能水平是否达到一定的要求，是否建立起培训制度。

测试的管理是否完善直接关系到测试执行的效果。因此，测试组织必须确保形成了完善的测试策略和测试计划、测试完成的标准以及测试报告的形式和内容。

CMM 和 ISO 是有区别的。CMM 不是标准，只是对过程能力的评估结果；ISO 9000 经过权威机构的审核，可以通过认证。CMM 对软件企业的评估从初始级开始，一级一级地改进，一级一级地向上提高，是一个动态渐进的过程；而 ISO 9000 是一个静态的标准认证。CMM 是专门针对软件开发组织设计的；ISO 9000 对企业的认证更具有广泛性。CMM 侧重于软件开发和改进过程；ISO 9000 涉及从原材料供应到产品销售的每一个环节。CMM 强调过程的控制与管理，是一把衡量软件开发过程的尺子，符合软件开发的特点。CMM 强调改进的持续性；ISO 9000 只是合格质量管理体系的最低可接受准则。

7.4　软件测试前沿技术领域

计算机科学发展至今，最根本的意义是解决人类手工劳动的复杂性，成为替代人类某些重复性行为模式的最佳工具。而在计算机软件工程领域，软件测试的工作量很大，一般测试会占用多达 40%的开发时间；一些可靠性要求非常高的软件测试工作量巨大，测试时间甚至占到 60%的开发时间。而且测试中的许多操作是重复性的、非智力性的和非创造性的，并要求做准确细致的工作，计算机就最适合代替人工去完成这样的任务。因此，进行自动化测试能够提高软件测试工作效率，提高开发软件的质量，降低开发成本和缩短开发周期，从而有了敏捷测试方法和测试驱动开发方法。

随着数字化技术应用的广泛普及，凭着高稳定性这一优势，如今越来越多的企业都将自己业务数据的存储以及处理方式转移到了云端。所以，云计算和大数据也会是未来的趋势。

7.4.1 敏捷测试方法

在前面的章节中我们多次提到了“敏捷测试方法”，这里对其做一个详细介绍。

软件工程面临的一个共性问题就是如何迅速、高效地开发软件系统，适应用户需求的快速变化，确保软件系统的质量，控制软件开发成本。自20世纪90年代以来，软件工程领域出现了一批新的方法，这些方法的主要特点是只编写少量文档、以用户为中心、主动适应需求变化。这些方法被称为敏捷软件开发，其代表性的成果是极限编程。敏捷软件开发是一类轻型的软件开发方法，它提供了一组思想和策略来指导软件系统的快速开发并响应用户需求的变化。敏捷一词于2001年才在软件工程界首次出现，此后，越来越多的人了解到敏捷方法。

敏捷测试应该是适应敏捷方法而采用的新的测试流程、方法和实践，它对传统的测试流程有所剪裁，有不同的侧重，例如，减少测试计划、测试用例设计等工作的比重，增加与产品设计人员、开发人员的交流和协作。由于敏捷方法中迭代周期短，测试人员尽早开始测试，包括及时对需求、开发设计的评审，更重要的是能够及时、持续地对软件产品质量进行反馈。简单地说，敏捷测试就是持续地对软件质量问题进行及时的反馈。

在敏捷项目中，测试人员不再做出发布的决定。不只是由测试人员来保证质量，而是由整个项目组中的每一个人对质量负责。测试人员不再和开发人员纠缠错误，而是帮助开发人员找到目标。

敏捷开发中的测试分为7种类型：

（1）自动化回归测试（Automated Regression Test）：运行自动化测试代码来验证当前的修改没有破坏已有的功能。

（2）单元测试（Unit Test）：验证单元级别的代码工作是否正常。

（3）公共API测试（Public API Test）：验证被第三方开发人员调用的API可正常工作，并且得以文档化。

（4）私有API测试（Private API Test）：验证内部使用的API工作是否正常。

（5）命令行测试（Command-line Test）：验证在命令行输入的命令工作正常。

（6）用户界面测试（User Interface Test）：验证界面层的功能是否正常。

（7）“狗粮”测试（Dog-food Test）：一个有趣的名字“Dog-food Test”，自己的“狗粮”自己先“尝尝”！在企业内部使用自己开发的产品，通过这种实际的使用来确保功能正确，满足使用要求。

在敏捷项目中，测试人员不能依赖文档。测试人员要自动地寻找和挖掘更多关于软件的信息来指导测试。敏捷讲究合作，在敏捷项目中，测试人员应该更加主动，多向开发人员了解需求、讨论设计、一起研究Bug出现的原因。

敏捷项目中，软件是开发人员实现敏捷化的对象，而测试用例则是测试人员需要去敏捷化的对象。测试用例可以写得很简单，也可以写得很复杂。如果写得过于复杂或过于详细，会带来两个问题：一个是效率问题，另一个是维护成本问题。另外，测试用例设计得过于详细，留给测试执行人员的思考空间就比较少，容易限制测试人员的思维。测试用例写得过于

简单，则可能失去测试用例的意义。过于简单的测试用例设计其实并没有进行设计，只是把需要测试的功能模块记录下来而已。它的作用仅仅是在测试过程中作为一个简单的测试计划，提醒测试人员测试的主要功能。测试用例设计的本质应该是在设计的过程中理解需求、检验需求，并把对软件系统的测试方法的思路记录下来，以便指导测试。

在某些公司，一个团队的敏捷程度完全取决于和他们合作的部门或公司的敏捷程度。例如，在一个项目中的团队需要和数据库部门以及另一个开发部门协作，以完成一个系统集成应用。然而，他们没有数据库的操作权限，同时另一个部门的 API 尚未就绪，就会造成工作效率的降低。当各部门和公司做事方式无法统一协调时，敏捷的适用性就较差。

7.4.2 测试驱动开发 TDD

高效的软件开发过程对软件开发人员来说是至关重要的，决定着开发的成败。测试驱动开发（Test Driven Development，TDD）是极限编程的重要特点，它以不断的测试推动代码的开发，既简化了代码，又保证了软件质量。

TDD 是一种不同于普通软件开发流程的新型开发方法。它的基本思想就是通过测试来推动整个开发的进行，就是在开发功能代码之前先编写测试代码。也就是说，在明确要开发某个功能后，首先思考如何对这个功能进行测试，并完成测试代码的编写，然后再编写相关的代码满足这些测试用例。之后循环添加其他功能，直到完成全部功能的开发，以此来推动整个开发的进行。这有助于编写简洁可用和高质量的代码，有很高的灵活性和健壮性，能快速响应变化并加快开发过程。

软件开发其他阶段的 TDD，根据测试驱动开发的思想完成对应的测试文档即可。下面针对详细设计和编码阶段进行介绍，测试驱动开发的基本过程如下：

✧ 明确当前要完成的功能（可以记录成一个 To Do 列表）；
✧ 快速完成针对此功能的测试用例的编写；
✧ 测试代码编译通过；
✧ 编写对应的功能代码及重构；
✧ 保证测试通过；
✧ 循环完成所有功能的开发。

测试驱动开发可以有效地避免过度设计带来的浪费。但是，也有人强调在开发前需要有完整的设计再实施，可以有效地避免重构带来的浪费，可以让开发者在开发中拥有更全面的视角。

或许只有了解了 TDD 的本质和优势之后，你才会领略到其无穷魅力。测试驱动开发不是一种测试技术，它是一种分析技术、设计技术，更是一种组织所有开发活动的技术。相对于传统的结构化开发过程方法，它具有以下优势：

（1）TDD 根据客户需求编写测试用例，对功能的过程和接口都进行了设计，而且这种从使用者角度对代码进行的设计通常更符合后期开发的需求。因为关注用户反馈，可以及时响应需求变更。同时，因为从使用者角度出发的简单设计，也可以更快地适应变化。

（2）出于易测试和测试独立性的要求，将促使我们实现松耦合的设计，并更多地依赖于接口而非具体的类，提高系统的可扩展性和抗变性。而且，TDD 明显地缩短了设计决策的反馈循环，使我们几秒或几分钟之内就能获得反馈。

（3）将测试工作提到编码之前，并频繁地运行所有测试，可以尽量地避免和尽早地发现错误，极大地降低了后续测试及修复的成本，提高了代码的质量。在测试的保护下，不断重构代码，以消除重复设计，优化设计结构，提高了代码的重用性，从而提高了软件产品的质量。

（4）TDD提供了持续的回归测试，使我们拥有重构的勇气。因为代码的改动导致系统其他部分产生任何异常，测试都会立刻通知我们。完整的测试会帮助我们持续地跟踪整个系统的状态，因此我们就不需要担心会产生什么不可预知的副作用了。

（5）TDD所产生的单元测试代码就是最完美的开发者文档，它们展示了所有的API该如何使用以及是如何运作的，而且它们与工作代码保持同步，永远是最新的。

（6）TDD可以减轻压力、降低忧虑，提高我们对代码的信心，使我们拥有重构的勇气，这些都是快乐工作的重要前提。

TDD的技术已得到越来越广泛的重视，但由于发展时间不长，相关应用并不是很成熟。现今越来越多的公司都在尝试实践TDD，但由于TDD对测试人员要求比较高，更与开发人员的传统思维习惯不同，因此实践起来有一定困难。

测试驱动开发的推广过程中，首要的问题就是将开发人员长期以来形成的思维观念和意识转变过来，开发人员只喜欢编码，不喜欢测试，更无法理解为什么没有产品代码的时候就先写单元测试；其次是相关的技术支持，测试驱动开发对开发人员提出了更高的要求，不仅要掌握测试和重构，还要懂得设计模式等设计方面的知识。

就像每种革命性的产物刚刚产生之初必然要经历艰难历程一样，测试驱动开发也正在经历着，但其正在逐渐走向成熟，前途一片光明。

7.4.3 大数据和云计算

云计算（Cloud Computing）是网格计算（Grid Computing）、分布式计算（Distributed Computing）、并行计算（Parallel Computing）、效用计算（Utility Computing）、网络存储（Network Storage Technologies）、虚拟化（Virtualization）和负载均衡（Load Balance）等传统计算机技术及网络技术发展融合的产物。它旨在通过网络把多个成本相对较低的计算实体整合成一个具有强大计算能力的完美系统，把强大的计算能力分布到终端用户手中。

云计算的定义可以分为狭义的云计算和广义的云计算。

狭义的云计算的定义是：提供资源的网络被称为云，云中的资源在使用者看来是可以无限扩展的，并且可以随时获取、按需使用、随时扩展、按使用付费。这种特性经常被称为像水电一样使用IT基础设施。

广义的云计算的定义是：云资源包含IT和软件、互联网相关的，也可以是任意其他的服务。云是一些可以自我维护和管理的虚拟计算资源，通常为一些大型服务器集群，包括计算服务器、存储服务器、宽带资源等。云计算将所有的计算资源集中起来，并由软件实现自动管理，无须人为参与。这使得应用提供者无须为烦琐的细节而烦恼，能够更加专注于自己的业务，有利于创新和降低成本。

随着大数据和云计算的快速发展，传统软件测试已经无法满足大数据和云计算的需求，软件测试面临全新的挑战，这其中主要包括大数据云架构处理数据的巨量性、多样性和复杂性等。探索新的测试技术和方法来应对大数据对软件测试所带来的困难和挑战，具有十分重要的现实意义。

云计算为企业开发人员及提供相关服务和工具的供应商带来了新机遇，对于软件测试团体来说，在面临新挑战的同时，也将得到新工具以解决软件测试中的关键问题。软件测试人

员必须能够有效率地对所有层面进行测试。大数据和云计算时代软件测试面临的挑战包括：

（1）大数据背景下软件测试的 Oracle 问题日益突出。

软件测试的目的就是将软件实际运行的结果和事前预期的结果进行比较，从而来判断运行结果是否正确，专门判断测试过程是否通过的可验证即被称为 Oracle。大数据时代，很多场景下对大数据输出结果的验证变得十分困难。大数据的处理模式主要包括物理作用和化学作用。物理作用下的大数据处理主要在确保数据价值不变的情况下，通过数据清洗来缩小数据规模，方便进行数据分析，这种模式下数据处理测试不存在 Oracle 问题。化学作用下的大数据处理主要采用预测和快速计算方法，使得大数据测试 Oracle 问题变得严重。例如，采用个性化推荐算法为用户推荐产品时，到底有多少用户会对算法所推荐的产品感兴趣是无法估计的，这就导致测试结果难以判定，使数据测试的 Oracle 问题变得突出。

（2）云计算架构对软件测试带来了挑战。

目前大数据处理所采用的框架大都是 Google 公司的 MapReduce。该架构把数据处理抽象成 Map 和 Reduce 两个过程，用户对分布式程序的设计主要是实现 map()和 reduce()两个函数，而任务调度、数据分片、机器容错、机器间通信等均由 MapReduce 框架来处理。因此，用户所设计的功能没有框架自身所承担的功能丰富，这无形中给软件测试带来困难。主要表现在：由于 JobTracker 采用动态调度方式分配任务，无法预先知道任务在集群的哪个 TaskTracker 节点中执行；无法预先知道 Map 或者 Reduce 任务执行的节点位置；不像传统的软件测试可以在错误发生之前设置断点；部分功能依赖分布式集群，虽然功能存在，但是无法预测其所在节点。这些都是传统软件测试未曾碰到过的问题。

（3）传统软件测试平台难以满足大数据处理的需求。

传统 C/S 和 B/S 架构的软件平台，其性能测试借助协调控制器直接向服务器发送响应请求，实现服务器的压力测试。对于服务器数量有限，并发请求数在百、千数量级的应用服务，传统软件测试方法能满足其需求。大数据时代，数据规模和用户数量急剧增长，服务器的访问数量、次数和频率也在逐步上升，这就势必会造成服务系统崩溃、服务丧失等现象，采用云架构可以缓解这种危机，但是系统部署在千万级的服务器资源上，必然会给软件测试带来困难。

（4）软件测试的杀虫剂效应日益显现。

在构件化软件开发日趋频繁的今天，软件开发中期发现的各种缺陷均可以通过验证和校验的形式集成到各种构件中，形成构件的内在属性，其对已有的测试方法会产生天然免疫力。杀虫剂促使软件测试技术必须不断更新和升级。通常情况下软件测试初期较少的测试用例就会发现较多的缺陷；在软件测试后期，发现错误和缺陷的数量会逐渐趋于平稳，甚至缺陷数量在某些周期内停止增长。杀虫剂效应使得软件测试初期发现错误和缺陷的难度增加；同样数量的测试用例发现缺陷的数量也在减少；软件测试前期发现缺陷的数量在减少，发现缺陷的总数量也在减少。

7.4 本章小结

本章主要介绍了如何编写一份良好的软件测试报告。软件测试报告内容上有两个核心：一是评估测试覆盖率，二是基于软件缺陷的质量评估。报告中一定要给出分析结论，让项目经理清楚你的测试结论是什么，当时间比较紧张时他看到结论就能做到心里有数了。编写测试报告文档，要简单易懂、简洁明了，尽量采用图形和表格的方式展示，这样更加直观。测试报告写完后，可以把详细的测试数据做成附件，供想得到详细数据学习的人去学习理解。

通过前面所有章节的学习，我们熟悉了软件测试需求分析→软件测试计划→软件测试用例→执行软件测试并提交缺陷报告→回归测试→软件测试报告。至此，我们掌握了软件测试流程中关键环节的工作内容及文档编写。所以在本章最后，讲解了两个常见软件测试质量管理体系——ISO 9000 和 CMM。提到了软件测试的几个前沿技术：敏捷开发模型、测试驱动开发以及大数据和云计算技术，它们都有很好的应用前景，但同时也存在很多困难，需要读者深入研究，也为软件测试的发展贡献自己的力量。

在本章中，读者需要掌握软件测试报告中各种统计图表的制作方法，有的缺陷工具中可以自动生成各种图表，直接导出使用即可。但自动生成的图形往往并不美观，不利于查看。所以常常需要我们自己动手制作，使用 Office 工具就可以制作柱形图、条形图、折线图和饼图等，也可以使用一些其他的图表生成工具或函数，读者可以多多探索。读者需要掌握这个基本技能。

7.5 本章练习

多选题

（1）软件测试报告的作用是什么？（　　）

A．对整个项目的测试过程和质量进行评价。

B．对产品各阶段的完成质量和遗留问题进行总结。

C．为后续的测试过程改进提供依据。

D．写完软件测试报告，就可以发布上线了。

（2）软件测试报告包括哪几项？（　　）

A．项目概述　　B．测试概要　　C．测试统计与分析　　D．测试结论

（3）RUP 以哪几种形式来提供缺陷评估？（　　）

A．缺陷分布（密度）报告　　B．缺陷龄期报告

C．缺陷趋势报告　　D．缺陷严重级别

（4）常见的测试统计图表包括哪些内容？（　　）

A．缺陷状态　　B．缺陷严重级别　　C．缺陷处理优先级　　D．缺陷来源

（5）常见的软件质量管理体系有哪两种？（　　）

A．ISO 9000　　B．CMM　　C．PDCA　　D．TDD

（6）CMM 中的过程管理能力有哪几个等级？（　　）

A．初始级 Initial　　B．可管理级 Managed

C．已定义级 Defined　　D．可量化级 Q-Managed

E．优化级 Optimizing

第8章 易用性测试

本章简介

易用性测试是指在指定条件下检验软件产品被理解、学习、使用和吸引用户的能力。易用性是交互的适应性、功能性和有效性的集中体现，属于人体工程学（Ergonomics）的范畴。人体工程学是一门将日常使用的东西设计为易于使用和实用性强的学科，人体工程学的主要目的是达到易用性。例如，冰箱里放鸡蛋的小格子，使鸡蛋不会滚动，不被挤压；计算机键盘上F和J键上面的小凸起，是为了方便盲打使用。这些都是易用性的例子，这样的例子在生活中不计其数。许多大公司花费大量的时间和资金探索产品的易用性，对用户的任何行为，如何操作，犯什么样的错误，对什么感到困惑，都加以分析，作为改进产品的参考标准。

本章不会对人体工程学做过多介绍，也没有必要讲述这些。还记得在第6章软件缺陷报告中构成缺陷的第5条规则吗？“软件测试人员认为软件难以理解、不易使用、运行速度缓慢，或者最终用户认为不好”就是易用性测试的补充检查。测试软件的易用性要从用户的角度出发，像用户那样操作，发现使用中不方便、不合理的地方。

易用性测试是功能测试的延续，软件易用性测试和评估应该在其设计初期就开始，主要是测试软件的易用性、易学性和易见性。易用性测试的分类没有统一的划分标准，可以是针对应用程序的测试，也可以是对用户手册等系统文档的测试。本章主要介绍通用的安装易用性测试、功能易用性测试、界面（User Interface，UI）易用性测试以及辅助选项易用性测试。易用性测试一般不需要编写测试用例，列出检查清单（Check List）即可。

8.1 安装易用性测试

安装是大部分软件产品实现其功能的第一步，没有正确的安装就根本谈不上正确的执行，因此，对于安装的测试就变得尤为重要。所以，易用性的一个重要体现就是安装的易用性。安装易用性测试包括至少3步：安装测试→运行测试→卸载测试。

在安装易用性测试中需要注意以下几点：

（1）检查安装手册是否准确；

（2）软件自动化安装的水平；
（3）安装选项和设置；
（4）安装过程中的中断；
（5）安装顺序；
（6）安装的正确性；
（7）多环境安装；
（8）软件的卸载。

在软件的安装中，通常有 3 种方式：典型安装、用户自定义安装和网络安装。常见的安装测试的测试内容如表 8-1 所示。

表 8-1 常见的安装测试的测试内容

编 号	安装测试的测试内容	是否通过
1	执行典型安装：执行安装步骤，按功能测试方法确认功能正确，包括各种控件、回车键、Tab 键、快捷键、错误提示信息等	
2	执行自定义安装： （1）执行安装步骤，按功能测试方法确认功能正确，包括各种控件、回车键、Tab 键、快捷键、错误提示信息等； （2）选择与典型安装不同的安装路径和功能组件	
3	执行网络安装：执行安装步骤，按功能测试方法确认功能正确，包括各种控件、回车键、Tab 键、快捷键、错误提示信息等	
4	取消或关闭安装过程，程序没有安装；检查注册表、安装路径中不存在程序的任何信息	
5	按界面和易用性测试规则，检查安装中的所有界面	
6	按文档测试规则，检查安装中的所有文档（帮助、许可协议等）	
7	突然中断安装过程，查看程序的响应情况（网络安装还要考虑网络中断）	
8	安装过程中，介质处于忙碌状态时，查看程序的响应情况	

软件可以成功安装但无法使用也算是安装测试失败。所以，软件安装之后，要通过运行软件对软件的基本功能做测试。常见的运行测试的测试内容如表 8-2 所示。

表 8-2 常见的运行测试的测试内容

编 号	运行测试的测试内容	运行结果
1	确认安装的软件都可以正常地打开和关闭，功能可以使用	
2	确认软件安装的目录和安装的内容都正确，没有遗漏或增加	
3	安装软件之后的注册表内容正确	
4	对正式版、升级版、限时版或试用版的软件，确认时间锁或限制是否正确	
5	对于多语言的软件，要确认产品的字符编码正确	
6	确定产品信息与实际版本一致	
7	检查“开始”菜单、桌面快捷方式或快速启动图标的名称正确、无错别字，可以正确打开相应程序	

在 Windows 环境中，卸载程序通常有两种方式：一种是运行程序提供的卸载程序；另一种是在“控制面板”的“程序和功能”中找到要删除的程序，然后单击“卸载”按钮进行卸载。无论使用哪种方式，如表 8-3 所示的明细都是在卸载测试时要测试到的内容。

表 8-3　卸载测试的测试内容

编　号	卸载测试的测试内容	运行结果
1	安装完成之后，先简单地使用一些功能，然后再执行卸载操作	
2	卸载完成后，检查注册表中有关的注册信息都被删除	
3	卸载完成后，检查系统是否将所有的文件全部删除，安装时创建的目录文件夹、“开始”菜单、桌面快捷方式和快速启动图标都被删除	
4	执行卸载步骤，按功能测试方法确认功能正确，包括各种控件、回车键、Tab 键、快捷键、错误提示信息等	
5	取消或关闭卸载过程，程序不被删除，仍然可以使用	
6	按界面和易用性测试规则，检查卸载程序中的所有界面	
7	按文档测试规则，检查卸载程序中的所有文档（帮助）	
8	突然中断卸载过程	
9	卸载过程中介质处于忙碌状态	

8.2　功能易用性测试

功能易用性概念非常宽泛，主要测试业务符合性、功能定制性、业务模块的集成度、数据共享能力、约束性、交互性和错误提示等。其中，业务符合性是指界面风格、表格设计、业务流程、数据加密机制等是否符合相关的法律法规、业界规划以及使用人员的习惯；数据共享能力是指数据库表的关联和数据重用；错误提示测试是指关键操作或数据删除等操作前是否有明确的提示，或报错时是否给出足够的出错原因等。

8.2.1　常见程序控件测试

控件是用户可与之交互以输入或操作数据的对象。控件通常出现在对话框中或工具栏上。一些常见的控件包括文本框、按钮、单选按钮、复选框、微调按钮控件+文本框控件组合、下拉列表框、列表框、滚动条等。接下来一一介绍它们的测试要点。

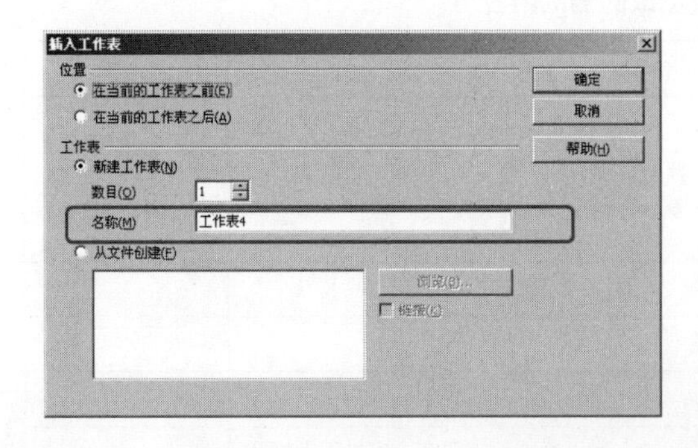

图 8-1　文本框控件的测试

1．文本框控件的测试

如图 8-1 所示，实线框起来的部分是一个常见的文本框控件。文本框的主要作用是接受用户输入的数据，对于它的测试应该从输入数据的内容、长度、类型、格式等几个方面来考虑。通常文本框控件具体的测试内容可以参考表 8-4 所列出的检查清单。

表 8-4 文本框控件的测试内容

编号	文本框控件的测试内容	运行结果
1	输入正常字母或数字。例如，在图 8-1 的“名称”框中输入“工作表 4”，单击“确定”按钮，确认在当前的工作表之前建立一个名称为“工作表 4”的工作表	
2	输入已存在的工作表名称。例如，已有名为“工作表 4”的工作表，再次输入名为“工作表 4”的工作表，程序应该给出提示	
3	输入超长字符。例如，在“名称”框中输入超过允许边界格式的字符，假设最多为 255 个字符，尝试输入 256 个字符，检查程序能否正确处理	
4	输入默认值、空白、空格。例如，在“名称”框中输入空格，单击“确定”按钮；或者使用默认值，直接单击“确定”按钮；或者删除默认值，使内部为空白，单击“确定”按钮	
5	若只允许输入字母，尝试输入数字；若只允许输入数字，尝试输入字母	
6	利用复制和粘贴等操作强制输入程序不允许输入的数据。例如，某文本框只允许输入数字，利用粘贴操作将文本粘贴到该文本框，程序应当不允许这种操作	
7	输入特殊字符集。例如，NUL、\n 等编程语言中的保留字符	
8	输入超过文本框长度的字符或输入多行文本，检查输入内容是否正常显示	
9	输入不符合格式的数据，检查程序能否正确校验。例如，一个只允许输入年月日格式的文本框，尝试输入月日年格式的日期，程序应该给出错误提示	

对于在文本框中输入错误数据，程序一般有 3 种处理方式：

（1）允许输入，没有任何提示。

（2）输入后立刻给出提示，要求重新输入。

（3）单击窗体中的“确定”或“提交”按钮后，程序再检验数据的正确性，不正确就给出提示，要求重新输入。

不同的程序会有不同的处理方式，无论采用哪种处理方式，只要能正确检验数据就行。

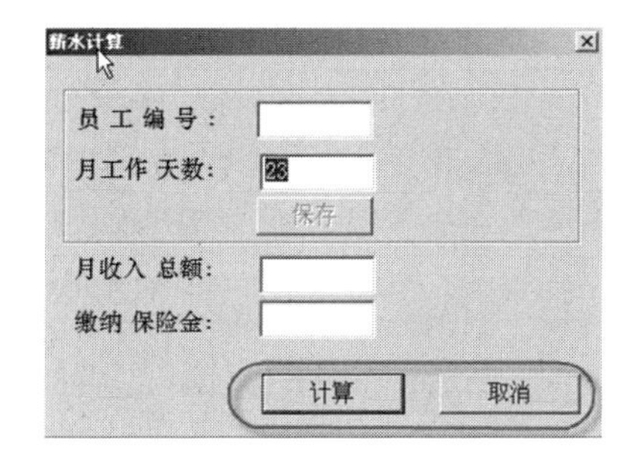

图 8-2 按钮控件的测试

2．按钮控件的测试

如图 8-2 所示是按钮控件的测试。对于按钮控件，主要测试以下内容：按钮功能是否实现，提示信息是否正确，对于不符合业务背景的输入数据是否有相应的解决方法。按钮控件的测试内容如表 8-5 所示。

表 8-5 按钮控件的测试内容

编号	按钮控件的测试内容	运行结果
1	单击按钮，功能操作正确。例如，单击图 8-2 中的“计算”按钮，可以正确执行薪水的计算；单击“取消”按钮，不执行薪水的计算，不修改任何默认值	
2	对非法的输入或操作给出足够的提示说明。例如，输入“月工作天数”为 32 时，单击“计算”按钮后，系统应提示“月工作天数不能大于 32”的信息	
3	错误提示说明应该清楚、明了、恰当，让用户明白错误出处	

续表

编　号	按钮控件的测试内容	运行结果
4	对可能造成数据无法恢复的操作必须提供确认信息，给用户放弃选择的机会，如删除、关闭、移动等操作。例如，单击“删除”按钮，系统应该给出提示“是否删除该文件？”；单击“关闭”按钮，若文件未保存，系统应给出提示“文件未保存，是否保存该文件？”	

3．单选按钮控件的测试

如图 8-3 所示实线框起来的部分是单选按钮控件的示例。对于单选按钮控件，需要测试以下内容：单选按钮是否同时只能选中一个，功能能否正确完成，初始状态时是否默认有被选中的选项。综合来说，单选按钮控件的测试内容如表 8-6 所示。

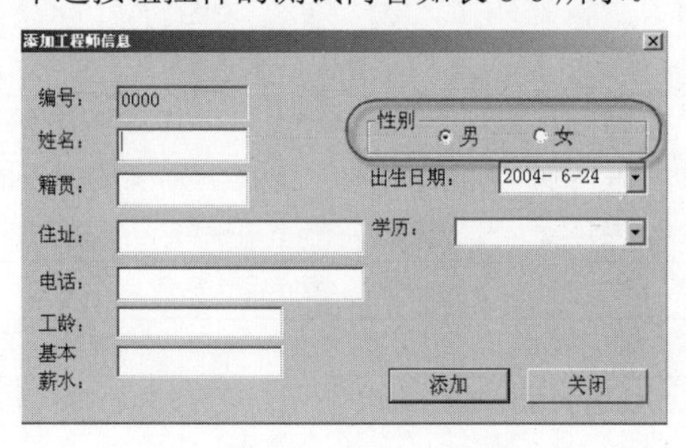

图 8-3　单选按钮控件的测试

表 8-6　单选按钮控件的测试内容

编　号	单选按钮控件的测试内容	运行结果
1	一组执行同一功能的单选按钮不能同时选中，只能选中其中一个。例如，图 8-3 中的“性别”按钮上，不能同时选中“男”和“女”	
2	逐一执行每个单选按钮的功能。分别选择“男”和“女”，查看数据库中的性别保存情况	
3	一组执行同一功能的单选按钮在初始状态时必须有一个被默认选中，不能同时为空	

4．复选框控件的测试

如图 8-4 所示实线框起来的部分为复选框示例。复选框可能有 3 种状态：全选中、全不选中和部分选中。复选框控件的测试内容如表 8-7 所示。

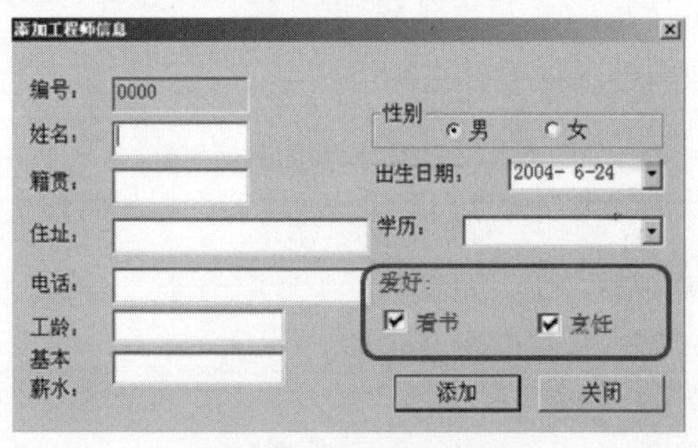

图 8-4　复选框控件的测试

表 8-7　复选框控件的测试内容

编　号	复选框控件的测试内容	运行结果
1	多个复选框可以同时选中。例如，在图 8-4 中同时选中“看书”和“烹饪”	
2	多个复选框可以被部分选中	
3	多个复选框可以都不被选中。例如，在图 8-4 中既不选中“看书”，也不选中“烹饪”	
4	逐一执行每个复选框的功能	

5．微调按钮控件+文本框控件组合测试内容

如图 8-5 所示实线框起来的部分为微调按钮控件的示例。对微调按钮控件+文本框控件组合需要测试的是，在对文本框的测试基础上，增加了上下箭头的测试。具体的测试方法如表 8-8 所示。

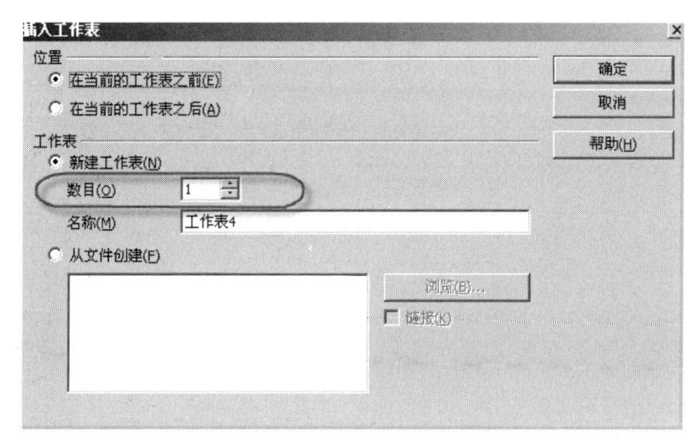

图 8-5　微调按钮控件+文本框控件组合测试内容

表 8-8　微调按钮控件+文本框控件组合测试内容

编　号	微调按钮控件+文本框控件组合测试内容	运行结果
1	直接输入数字或用上下箭头控制。例如，在图 8-5 中“数目”框直接输入插入的工作表数目 10，或者按上箭头，使数目变为 10	
2	利用上下箭头控制数字自动循环。例如，当新建工作表数目为最大数目 253 时，再按上箭头，数目自动变为 1；当新建工作表数目为 1 时，按下箭头，数目自动变为 253	
3	直接输入超边界数值。例如，在图 8-5 中“数目”框直接输入超过 253 的数字 260，单击“确定”按钮，系统提示“重新输入”	
4	输入默认值、空白。尝试插入数目为默认值，直接单击“确定”按钮；或者删除默认值，使内容为空白，单击“确定”按钮	
5	输入字符或粘贴字符，系统应该不允许输入；或者单击“确定”按钮后，系统提示输入错误	

6．下拉列表框控件测试

如图 8-6 所示为下拉列表框。对下拉列表框控件需要测试以下内容：条目内容的检查，条目功能是否实现，列表框中能否输入数据。下拉列表框控件的测试内容如表 8-9 所示。

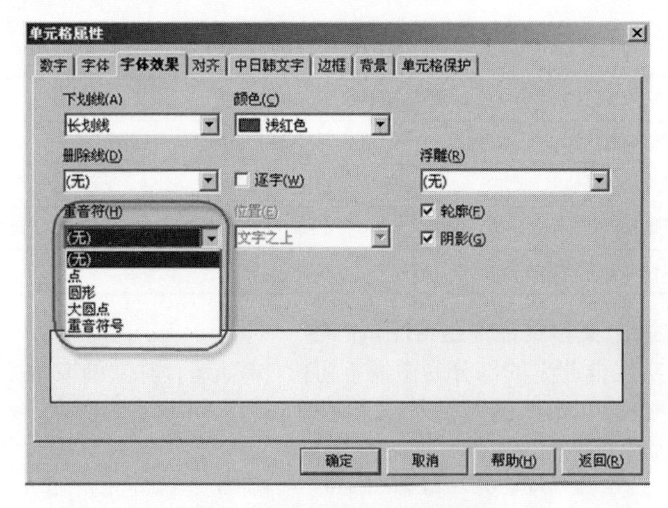

图 8-6　下拉列表框控件的测试

表 8-9　下拉列表框控件的测试内容

编　　号	下拉列表框控件的测试内容	运 行 结 果
1	条目内容正确。例如，在图 8-6 中“重音符”下拉列表框，内容为“点”“圆形”“大圆点”“重音符号”；如果丢掉了任何一项，或者错把其他项放入了重音符下拉列表框中，那就产生了缺陷。下拉列表框中的详细条目内容可以根据需求说明书来确定	
2	逐一执行列表框中每个条目的功能。例如，选择“大圆点”，单击“确定”按钮，选中的文字具有重音符的“大圆点”功能	
3	检查能否向下拉列表框输入数据。例如，系统不允许向“重音符”下拉列表框中输入数据，若可以输入数据，需要对输入数据的合法性进行检查，也就是增加对文本框的测试	

7. 列表框控件的测试

如图 8-7 所示实线框起来的部分是列表框控件的示例。对于列表框控件需要测试以下内容：条目内容是否正确，滚动条是否可以滚动，条目功能能否实现，列表框能否完全实现多选操作时的各种功能。列表框控件的测试内容如表 8-10 所示。

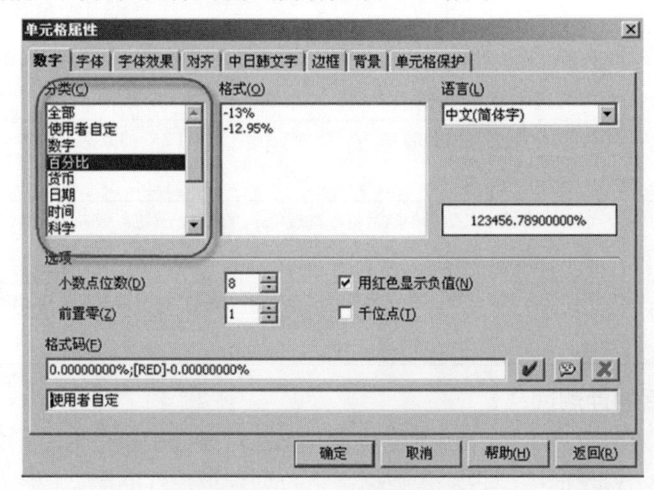

图 8-7　列表框控件的测试

表 8-10　列表框控件的测试内容

编　号	列表框控件的测试内容	运行结果
1	条目内容正确。同组合列表框一样，根据需求说明来确定列表各项内容正确，没有丢失或错误。例如，在图 8-7 中“分类”的列表框内容完整正确	
2	逐一执行列表框中每个条目的功能。例如，选择格式为“百分比”，单击“确定”按钮，选中的数字显示为百分比的格式	
3	列表框内容多，要使用滚动条。如果条目宽度超过列表宽度，鼠标焦点位于该条目时可以显示完整的条目内容	
4	列表框允许多选时，要分别检查按 Shift 键选中条目、按 Ctrl 键选中条目和直接用鼠标选中多项条目	

8．滚动条控件的测试

对滚动条控件需要测试以下几个方面的内容：滚动条是否可以拖动，拖动滚动条时屏幕的刷新情况，拖动滚动条时信息的显示情况，滚动条上下按钮是否可用。滚动条控件的测试内容如表 8-11 所示。

表 8-11　滚动条控件的测试内容

编　号	滚动条控件的测试内容	运行结果
1	滚动条的长度可以根据显示信息的长度或宽度及时变换，这样有利于用户了解显示信息的位置和百分比。例如，要在 Word 中浏览 100 页的文档，当浏览到第 50 页时，滚动条位置应该处于中部，提示用户当前位置大约是整个文档的一半；如果滚动条位置仍在最上面，就容易误导用户	
2	拖动滚动条，检查屏幕的刷新情况，并检查是否有乱码。例如，在预览一幅很大的图片时，可以上下左右拖动滚动条，检查屏幕能否及时被刷新显示	
3	拖动滚动条。例如，在 Word 中拖动滚动条，浏览文档	
4	单击滚动条。例如，在 Word 中单击滚动条，按浏览方式浏览文档，如按页、按脚注等	
5	用滚轮控制滚动条。例如，在 Word 中可以用滚轮控制滚动条（与拖动滚动条一样），浏览文档	
6	滚动条的上下按钮。例如，在 Word 中单击滚动条的上下按钮，查看 Word 文档是否可往上卷	

9．各种控件在窗体中混合使用时的测试

为测试各种控件在窗体中混合使用的情况，应重点考虑以下 5 个方面：

（1）控件间相互作用；

（2）Tab 键的顺序（Tab 键的顺序规律，一般是从上到下，在行间是从左到右）；

（3）热键的使用（逐一测试每个热键，都可以执行正确操作）；

（4）Enter 键和 Esc 键的使用；

（5）控件组合后功能的实现。

在测试中，应遵循由简到繁的原则，先进行单个控件功能的测试，确保实现无误后再进行多个控件的功能组合的测试。可以采用第 5 章中讲述的测试用例的设计方法进行测试，再

加上易用性测试内容。

如图 8-8 所示，以“登录”界面为例来讲述控件组合测试的功能易用性测试内容，如表 8-12 所示。此处重点讲解易用性测试要点，前面章节讲过“登录”界面的测试用例设计要点，请读者自行回顾。

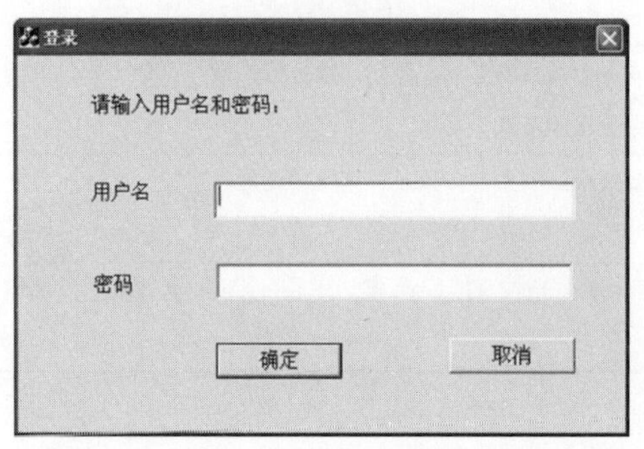

图 8-8 “登录”界面的控件组合测试

表 8-12 “登录”界面的控件组合测试内容

编　号	“登录”界面的控件组合测试内容	运行结果
1	输入正确的用户名和密码，单击“确定”按钮，用户可以正确登录	
2	输入不正确的用户名、正确的密码，单击“确定”按钮，系统提示错误	
3	输入正确的用户名、不正确的密码，单击“确定”按钮，系统提示错误	
4	输入不正确的用户名、不正确的密码，单击“确定”按钮，系统提示错误	
5	输入 3 次错误的登录信息，自动退出	
6	输入允许的最大长度为 20 个字符的用户名和最大长度为 20 个字符的密码，可以正确登录	
7	输入超过允许的最大长度的用户名和最大长度的密码，系统提示错误	
8	进入登录界面，接受默认值，即什么都不输入，直接单击“确定”按钮	
9	输入特殊字符。或者输入正确用户名，按 Backspace 或 Delete 键删除用户名	
10	单击“取消”按钮，退出程序	
11	输入正确的用户名或密码，单击“取消”按钮退出程序后，再次进入登录界面直接单击“确定”按钮，检查程序的默认值是否改变	
12	密码显示为*，不能显示为输入的具体字母或数字	
13	Tab 的顺序为“用户名”、“密码”、“确定”以及“取消”	

8.2.2 文档测试

在软件项目中，一般都认为软件是最重要的。实际上，人们购买的是软件产品，他们关心整个软件包的质量。从用户角度看，文档和软件都是产品的组成部分。假如联机帮助索引遗漏一个重要条目，或者文档中出现显眼的拼写错误，都属于与其他软件失败一样的软件缺陷。假如安装指导有误，或者不正确的错误提示信息把用户引入歧途，他们也会认为这是软件缺陷。作为软件测试人员，要先发现这些缺陷，对待软件文档要像对待代码功能的测试一样，给予同等关注和投入。

好的软件文档可以通过下述3种方式确保产品的整体质量：

（1）提高易用性。易用性大多与软件文档有关。

（2）提高可靠性。可靠性是指软件稳定和坚固的程度。软件是否按照用户预期的方式和时间工作？如果用户阅读文档，然后使用软件，最终得不到预期的结果，这就是可靠性差。

（3）降低支持费用。客户发现问题比早在产品开发期发现并修复的费用要高出10到100倍。其中的原因是用户有麻烦或者遇到意外情况就会请求公司的帮助，这是很昂贵的。好的文档可以通过恰当的解释和引导用户解决困难来预防这种情况。

以下列举一些需要测试的文档（不是每个软件包都包含以下列举的全部文档，但是如果有，就需要进行测试）：

（1）联机帮助。联机帮助可以直接向用户提供使用系统的帮助，比用户手册更灵活，具有索引和搜索功能，用户更容易查找所需要的信息。

（2）用户手册。用户手册一般是印刷好的一本说明书，为用户简单介绍如何使用系统。

（3）Readme 文件。包括程序的一些基本信息，若是升级版的程序还要包括新增和修改功能的简介，如产品名称、版本、开发公司名称、地址、电话、新增功能等。

（4）包装文字和图形，包括盒子、纸箱和包装纸。文档可以包含软件的屏幕截图、特性清单、系统要求和版本信息。

（5）市场宣传材料。用于促进相关软件的销售，包括系统功能的简介、系统要求和联系方式等。

（6）授权/政策登记表/用户许可协议。

（7）标签。可能出现在媒体、包装盒或者打印材料上。例如，软盘或光盘表面的标签，包括软件名称、版本号、支持语言、版本信息、安装序列号等，都需要检查，保证无错误。

（8）指南、向导。通常捆绑在联机帮助系统中，用户可以提出问题，然后由软件逐步指引完成任务，如微软 Office 中的助手。

测试文档时，一个有效的办法就是从用户的角度出发，像用户那样仔细阅读。跟随每个步骤，检查每个图像，尝试每个示例，以此找出软件和文档中的缺陷。无论文档是不是代码，像用户那样对待它都是非常有效的测试方法。如果有简单的代码，需要测试代码是否按照描述的方式运行。

如表8-13所示是一个通用的文档测试检查清单。

表8-13 通用的文档测试检查清单

编 号	通用的文档测试检查清单	测 试 结 果
1	术语。用户能否理解术语？是否需要定义？术语是否标准？术语使用是否一致？例如，“查询”是否一直叫“查询”，而不是有时叫“搜索”	
2	标题。标题是否合适？有无丢失的标题？标题是否和实际产品一致？功能已经从产品中去掉或修改了，该标题是否还存在	
3	内容。功能描述正确、清晰。涉及的各个菜单、控件的名称与软件系统的名称一致	
4	逐步执行。仔细阅读文字，完全按照提示操作，不要任何假设，将执行结果和文档描述进行比较，补充遗漏步骤，确保所有信息真实和实际产品功能一致。检查目录、索引和章节引用。检查搜索的正确性，检查网站 URL 都能正确链接	

续表

编 号	通用的文档测试检查清单	测试结果
5	图表和截屏。检查图表的准确度和精准度。确保截屏和实际产品一致，不是来源于修改过的版本，图表的标题正确	
6	示例。文档中的示例需要测试。例如，示例为一段代码，就要输入或复制并执行它，保证示例可以执行	
7	错别字。无错别字，标点符号正确	
8	排版。排版正确，风格一致	

最后，如果文档是软件驱动的，也要像软件其余部分一样进行测试。检查索引表是否完整，搜索结果是否正确，超级链接和热点是否跳转到正确的页面，利用等价类划分技术确定尝试哪些测试用例。

8.3 界面易用性测试

用于与软件程序交互的方式称为用户界面或 UI。界面是用户与软件交互的最直接的方式，界面的好坏决定用户对软件的第一印象。设计良好的界面能够吸引并引导用户自己完成相应的操作，起到向导的作用。如果界面设计失败或界面上含错别字、排版混乱，都会扰乱用户的思路，使用户对软件产生不信任感，再实用强大的功能都可能在用户的畏惧和放弃中付诸东流。

用户界面的好坏没有一个绝对标准，软件使用的场合、用户欣赏水平等因素都会对其产生很大影响，所以，界面测试有一定的主观性。目前界面的设计引起软件设计人员重视的程度还远远不够，经常出现很多问题。这里，将从窗体、控件、菜单和特殊属性几个方面介绍界面测试的内容。测试人员不需要利用人体工程学的知识去设计 UI，只需要把自己当作用户，去找出 UI 中的问题就可以了。

8.3.1 窗体界面测试

对窗体界面进行测试的清单如表 8-14 所示。

表 8-14 窗体界面测试清单

编 号	窗体界面测试清单	测试结果
1	窗体大小合适，内容控件布局合理，不过于密集，也不过于空旷	
2	快速或慢速移动窗体，背景及窗体本身刷新正确	
3	缩放窗体。窗体上的控件也应该随着窗体而缩放。如图 8-9 所示的情况就不符合该处检查内容	
4	不同的显示分辨率下，窗体内容正确。	
5	随着操作不同，状态栏的内容正确变化。例如图 8-10 中的状态栏内容	
6	工具栏图标显示和菜单中图标一致，直观地代表要完成的操作。例如图 8-11 中的工具栏显示的图标	
7	错误信息的内容。内容正确，无错别字	
8	显示的错误信息内容正确，不会模糊不清	
9	父窗体或主窗体的中心位置在屏幕对角线焦点附近	

续表

编　号	窗体界面测试清单	测试结果
10	子窗体位置在主窗体的左上角或正中	
11	多个子窗体弹出时应该依次向右下方偏移，以显示出窗体标题为宜	
12	重要的命令按钮与使用较频繁的按钮要放在界面上显目的位置	
13	界面长度接近黄金点比例，不要长宽比例失调，或宽度超过长度	
14	按钮大小基本接近，不用太长的名称	
15	按钮的大小与界面的大小和空间协调	
16	字体的大小与界面的大小比例协调，通常使用宋体，字号为 9～12 号	
17	前景以背景色搭配合理协调	
18	颜色使用柔和，杜绝刺目的颜色	
19	界面风格要保持一致，字的大小、颜色、字体要相同	

如图 8-9 所示，右图为单击左图的“最大化”按钮后的窗体界面，就不符合检查清单的第 3 条。

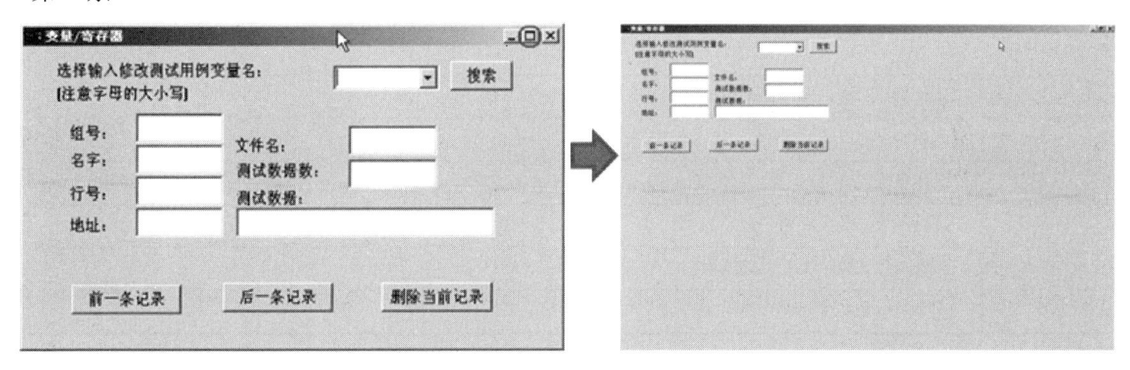

图 8-9　窗体错误案例

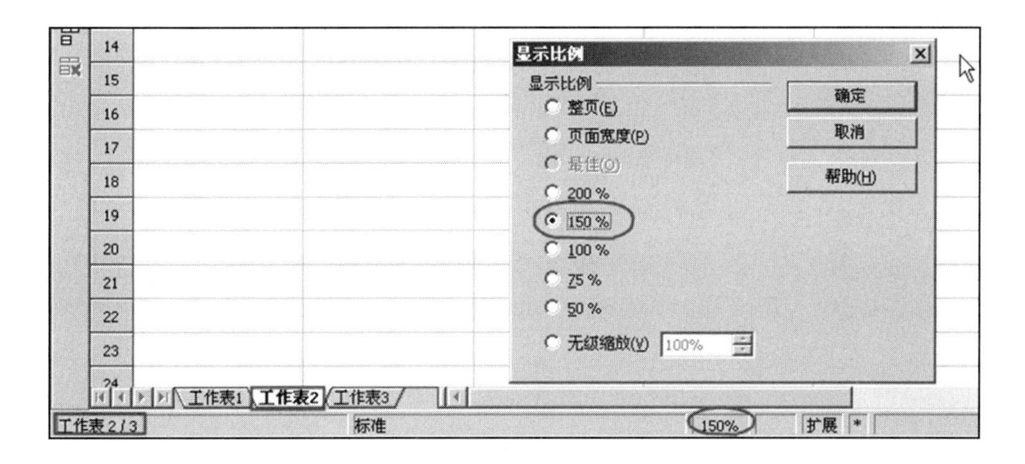

图 8-10　窗体界面测试-状态栏

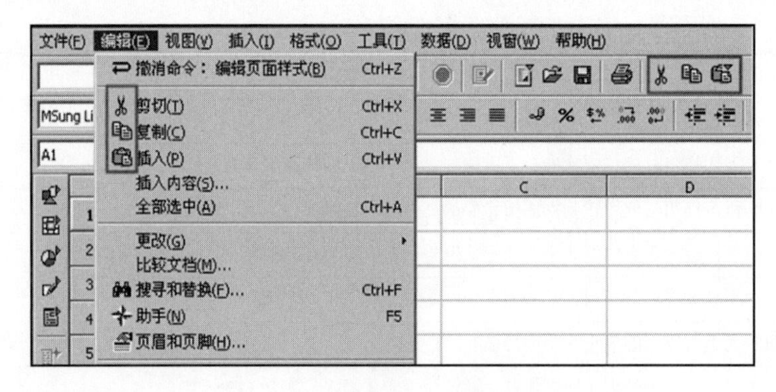

图 8-11　窗体界面测试-工具栏菜单和图标一致

8.3.2　控件界面测试

控件界面测试的测试内容如表 8-15 所示。

表 8-15　控件界面测试的测试内容

编　号	控件界面测试的测试内容	测 试 结 果
1	控件摆放对齐，间隔要一致，没有重叠区域	
2	无错别字	
3	无中英文混合	
4	控件的字体和大小要一致	
5	控件显示完整，不被裁切或重叠	
6	文字无全角和半角混合使用	

如图 8-12 和图 8-13 所示是带有缺陷的 2 个控件案例，读者试着来找一下它们的不合理之处吧。

【案例 1】如图 8-12 所示。

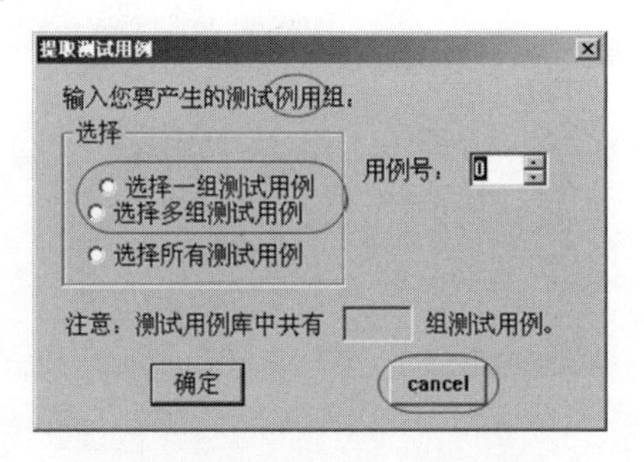

图 8-12　控件界面测试错误案例 1

如图 8-12 所示界面的不合理之处包括：

（1）“选择一组测试用例”文字位置和其他单选按钮没有对齐，而且文字“选择多组测试用例”的上部被覆盖。

（2）有错别字。“测试用例”被写成了“测试例用”。

（3）中英文混合。“cancel”为英文，没有翻译成中文。这类问题多发生于汉化软件的错误提示窗口中，汉化不彻底，个别文字或按钮没有被汉化。

【案例2】如图8-13所示。

图8-13　控件界面测试错误案例2

如图8-13所示界面的不合理之处包括：

（1）同为一个软件的不同窗口，字体和字号都不一致。

（2）全角和半角混合使用。“属性(0表示输入,1输出,2故障)”中的标点符号用了半角，而“类别号：”中的冒号用的是全角。

（3）控件被裁切或重叠。按钮“添加入库”被裁切，文字显示不完整。这种问题经常出现在汉化软件的测试中，因为英文原文的长度和翻译后的中文长度不一致，如果忘记改变控件的大小，就容易发生显示不完整的错误。

【案例3】如图8-14所示。

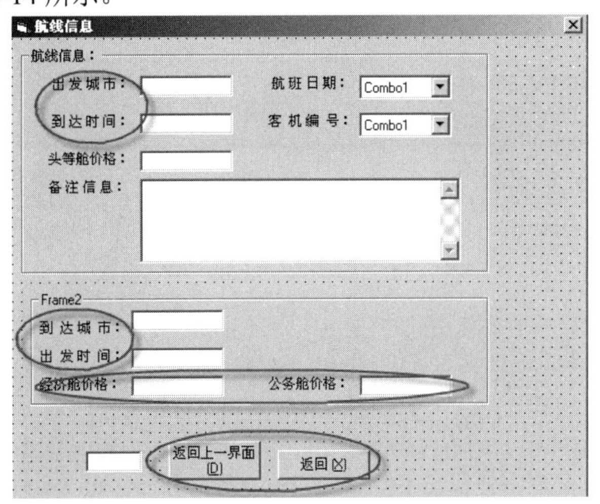

图8-14　控件界面测试错误案例3

如图8-14所示界面的不合理之处包括：

（1）“出发时间”应该和“到达时间”写在一起。

（2）“出发城市”应该和“到达城市”写在一起。

（3）“头等舱价格”、“经济舱价格”和“公务舱价格”应该写在一起。

（4）界面上有两处“返回”，让人产生疑惑。而且在按钮中，文字换行显得很不美观。

（5）界面上有多余的空格出现。

8.3.3 菜单界面测试

合理的菜单应该符合业务逻辑和操作习惯，容易识别，可以减少操作人员的记忆。菜单测试主要考虑以下几个问题：菜单设计的功能是否符合需求，菜单顺序是否合理，菜单用词是否准确。对菜单界面测试的测试内容如表 8-16 所示。

表 8-16　菜单界面测试的测试内容

编　　号	菜单界面测试的测试内容	测 试 结 果
1	菜单可以正常工作，菜单标题与实际执行内容一致。例如，选择“查找”命令，打开的对话框就不能是“打开”对话框	
2	无错别字	
3	快捷键无重复	
4	热键无重复	
5	快捷键和热键正常工作，与实际执行内容一致	
6	菜单的字体和字号一致	
7	无中英文混合	
8	菜单和语境相关。对于不同用户或执行不同功能，显示菜单不同	
9	与当前进行的操作无关的菜单应该被置为灰色	
10	鼠标右键菜单操作，同以上 1～9	
11	菜单采用“常用—主要—次要—工具—帮助”的位置排列，符合流程的 Windows 风格	
12	下拉菜单根据菜单的含义进行分组，并按照一定的规则进行排列，用横线隔开	
13	菜单深度一般要求最多控制在三层以内	
14	菜单前的图标适合，与文字高度保持一致	
15	主菜单数目适合，应为单排布置	

如图 8-15 所示是关于菜单界面测试的一个错误案例。

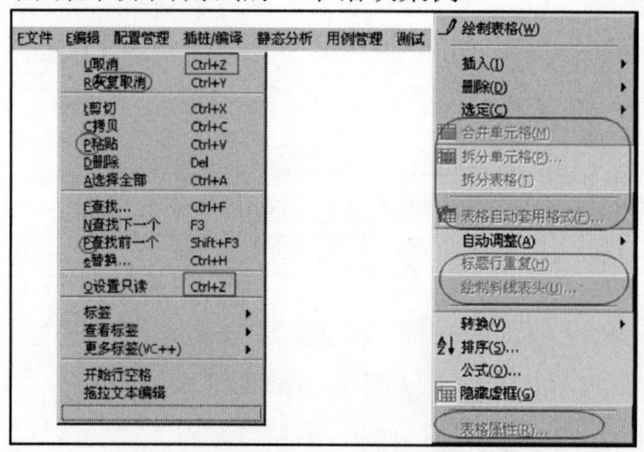

图 8-15　菜单界面测试的错误案例

如图 8-15 所示案例的不合理之处包括：

（1）有错别字。“灰复取消”应该为“恢复取消”。

（2）重复的快捷键。“取消”和“设置只读”操作的快捷键都是 Ctrl+Z，当使用快捷键操作时，其中一个操作就会失效。

（3）重复的热键。“粘贴”和“查找前一个”操作的热键都是 P。

（4）同一类型的操作没有放到一个框中，如“合并单元格”和“拆分单元格”。

8.3.4 特殊属性的测试点

不同公司设计的软件产品都会具有自己独特的风格，所以在实际测试过程中，除遵循通常的界面标准，还要注意被测产品的独特属性。特殊属性的测试内容如表 8-17 所示。

表 8-17 特殊属性的测试内容

编 号	特殊属性的测试内容	测 试 结 果
1	安装界面上要有公司介绍或产品介绍，并有公司的图标	
2	主界面以及大多数界面上最好有公司图标	
3	登录界面上有本产品的标志，同时包含公司图标	
4	帮助菜单的“关于”中有版权和产品信息	
5	公司的系列产品要保持一致的界面风格，包括背景色、字体、菜单排列方式、图标、安装过程、按钮用语等	

8.3.5 优秀 UI 的构成

优秀的界面包括以下 7 个要素：

（1）符合标准和规范。软件的用户界面应当符合一定的标准和规范。或者说界面的风格应当与运行环境基本统一。一般来说，操作系统的界面风格可以理解为标准和规范。如果在 Mac 或者 Windows 等平台上运行，苹果和微软公司已经确立了它们的标准。苹果的标准在 Addison-Wesley 出版的 *Macintosh Human Intereface Guidelines* 一书中定义，而微软的标准在 Microsoft Press 出版的 *Microsoft Windows User Experience* 一书中定义。两本书都详细说明了该平台上运行的软件对用户应该有什么样的外观和感觉。每一个细节都有定义，比如何时使用复选框而不是单选按钮，何时使用提示信息、警告信息或者严重警告是正确的。

如果测试在特定平台上运行的软件，就需要把该平台的标准和规范作为产品说明书的补充内容。这些标准和规范由软件易用性专家开发，它们是经由大量正规测试、使用、尝试而设计出的方便用户的规则。

平台也可能没有标准，也许测试的软件就是平台本身。在这种情况下，设计小组可能成为软件易用性标准的创立者，亲身经历制作规范的过程。

（2）具有直观性。软件的色彩、UI 的组织和布局是用户最直观的感觉。大家熟悉的计算机 UI 随着时间推移发生了变化。早期计算机最流行的用户界面是纸带、穿孔卡，非常不直观，只有接受过专门训练的人才能使用。后来出现了显示器，现在我们使用的个人计算机都有非常复杂的图形用户界面（GUI），界面直观易懂，每个人都可以在日常生活中使用计算机。

在测试用户界面时，可以考虑以下问题用来衡量软件的直观程度：

✧ 在界面的空间使用上，是否形成一种简洁明了的布局？

✧ 控件间是否间隔适当？分布是否均匀？且是否进行了适当分组？

✧ 重要元素是否放在了突出的位置？阅读顺序是否是从左到右、从上到下？

✧ 功能之间的切换是否方便？

✧ 前景与背景的反差是否合适？

✧ 窗口比例是否合适？

✧ 是否采用了一些柔和的、更中性化的颜色？

（3）一致性。一致性是指软件使用标准的控件或相同的信息表现方法，如在字体、标签风格、颜色、术语、显示错误信息等方面保持一致。被测试的软件本身必须与其他软件保持一致性。因为用户总是希望一个程序的操作方式能够带到另一个程序中，而不是重新熟悉新的操作。如果软件或者平台有一个标准，就要遵守它。如果没有，就要注意软件的特性，确保相似操作以相似方式进行。例如：

①布局是否一致，如窗口、标签、按钮的位置和对齐方式要一致。

②控件的大小、颜色、背景和显示信息要一致，特殊艺术处理除外。

③操作方法是否一致，如双击、单击鼠标的使用应当一致。

④快捷键的语义和操作方式是否一致。

在“记事本”程序中，“查找”命令是通过“编辑”菜单或者按 Ctrl+F 组合键执行的。在“写字板”工具中，“查找”命令也是通过“编辑”菜单或者按 Ctrl+F 组合键执行的。同一个程序中的相同操作更要保持一致。Windows 中常见的快捷键和保留键如表 8-18 所示。

表 8-18　一致性举例

功　能	快 捷 键	功　能	快 捷 键
删除	Ctrl+D	粘贴	Ctrl+V
查找	Ctrl+F	关闭	Ctrl+W
拷贝/复制	Ctrl+C	剪切	Ctrl+X
替换	Ctrl+H	打印	Ctrl+P
插入	Ctrl+I	新增记录	Ctrl+N
打开	Ctrl+O	保存	Ctrl+S
缺省按钮确认	Enter	取消按钮操作	Esc
Windows 的保留键			
下一窗口	Ctrl+Tab	任务列表	Ctrl+Esc
关闭窗口	Ctrl+F4	结束应用	Alt+F4
下一应用	Alt+Tab	上下文相关帮助	Shift+F1

（4）灵活性。用户喜欢灵活选择做什么和怎么做。例如，为了在 Word 中插入文字，可以用键盘输入、粘贴、从文件中读入、作为对象插入等方式，用户可以决定用哪种方式来操作。具有灵活性的软件为测试增加了复杂性，在测试过程中，各种情况都必须一一测试。

（5）舒适性。软件的舒适性是一种人的主观感觉，很难有一个具体的标准。软件应该用起来舒服，而不应该为用户工作制造障碍和困难。操作习惯、提示处理、错误处理以及系统响应这几个因素可以作为衡量舒适性的参考。例如，严肃的商业软件使用绚丽的色彩和音效；删除文件之前没有给出警告信息；读取文件缓慢，没有提示用户正在操作或反馈操作时间等，这些都不符合舒适性要求。

（6）正确性。舒适性被公认为是模糊的，但正确性却不然。测试正确性，就是测试界面是否做了该做的事。例如，错别字，语义表达是否正确。

（7）实用性。优秀用户界面的最后一个要素是实用性。软件的某项特性是否实用，该特性对软件是否具有实际价值，它们是否有助于用户执行软件设计的功能，如果认为它们没有必要，就要研究一下找出存在于软件中的原因，有可能存在没有意识到的原因。这些多余的特性，对用户都是不利的，同时还意味着需要更多的测试工作。

8.3.6　界面设计的总体原则

界面大小应该符合美学观点，感觉协调舒适，能吸引用户的注意力，具体要求如下：

（1）界面长宽比应接近黄金比例，切忌长宽比例失调。

（2）按钮大小基本相近，忌用太长的名称，免得占用过多的界面位置。按钮大小与界面不应该有很大的空缺位置。

（3）字体的大小要与界面大小比例协调，通常使用宋体，字号为 9～12 号，很少使用超过 12 号的字体。

（4）前景色与背景色搭配协调，反差不宜太大，少用深色，如大红、大绿等。常用色考虑使用 Windows 界面色调。如果使用其他颜色，主色要柔和，具有亲和力与磁力，坚决杜绝刺目的颜色。

（5）界面风格要保持一致，字的大小、颜色、字体要相同，除非是需要艺术处理或有特殊要求的地方。

（6）菜单中相关联的功能应放在一起，窗体布局合理，不宜放置太多控件。

（7）合理使用置灰、隐藏控件的功能，保持界面的简洁。

8.4　辅助选项易用性测试

易用性测试中的一个严肃主题是辅助选项测试（Accessibility Testing），也就是为有残疾障碍的人使用的一些辅助功能的测试。

随着人口老龄化和技术逐步渗透到生活的方方面面，软件易用性日益重要。据中国残疾人联合会官网上的数据统计，截至 2010 年末我国残疾人总人数达 8502 万人，其中，1263 万人视力障碍无法很好地阅读；2054 万人听力有障碍；2472 万人有肢体障碍；568 人有认知障碍；130 万人有言语障碍。这是一个庞大的群体。残疾有许多种，但只有下列几种残疾对使用计算机和软件会造成极大的困难。

（1）视力损伤。色盲、严重近视和远视、弱视、散光、白内障是视力缺陷的例子。有一种或者多种视力缺陷的人使用软件时存在着独特的困难。想象一下，试图看清鼠标的位置或者屏幕上出现的文字或者小图形的情形，如果根本看不见屏幕又会怎么样呢？

（2）听力损伤。某些人是全聋或者半聋，听不到特定频率的声音，无法在背景音乐中分辨出特别的声音。这种人听不到伴随视频的声音、语音帮助和系统警告。

（3）运动损伤。疾病和受伤可以致使人的手或手臂丧失部分或者全部运动能力。某些人难以正确使用键盘或者鼠标，甚至完全无法使用。例如，他们可能做不到一次按多个键，甚至不能每次只按一个键，连准确移动鼠标也做不到。

（4）认知和语言障碍。诵读困难和记忆问题可能造成某些人在使用复杂用户界面时面临困难。

8.4.1　法律要求

开发残疾人可以使用的用户界面的软件不仅仅是好想法、规范或者标准，还常常是法律要求。在美国，有 3 条法律适用于该领域，其他国家正在考虑采用类似的法律：

（1）美国公民残疾人条例（ADA）声明，15 人以上的商业机构必须在合理范围迁就残疾人就职或者预备就职。ADA 最近应用到了商业因特网网站，强制这些网站要能被公众访问到。

（2）居民条例第 508 款无障碍法要求残疾社会成员从联邦政府机构寻求信息和服务时，与非残疾社会成员一样有权接触和使用信息及数据。该标准适用于任何接受联邦基金资助的机构。

（3）通信条例第 255 款要求通过因特网、局域网或者电话线传输信息的所有硬件和软件必须能够由残疾人使用。如果不能直接使用，也必须与现有的硬件和软件辅助选项兼容。

8.4.2　软件中的辅助特性

软件可以有两种方式提供辅助，其中最容易的方式是利用平台或者操作系统内置的支持，Windows、Mac OS、Java 和 Linux 都在一定程度上支持辅助选项。虽然每个平台提供的特性略有不同，但是它们都致力于使软件应用程序更容易启用辅助选项。例如，Windows 操作系统就提供了一些辅助选项：

（1）粘滞键：允许 Shift、Ctrl 或者 Alt 键持续生效，直至按下其他键。

（2）筛选键：主要防止简短、重复（无意地）点击被认可。

（3）切换键：在 CapsLock、ScrollLock 或者 NumLock 键盘模式开启时播放声音。

（4）声音卫士：每当系统发出声音时，给出可视警告。

（5）声音显示：让程序显示其声音或者讲话的标题。这些标题需要在软件中编制。

（6）高对比度：利用为便于视力损伤者阅读而设计的颜色和字体设置屏幕。

（7）鼠标键：允许用键盘来代替鼠标操作。

（8）串行键：设置一个通信端口读取来自外部非键盘设备的击键。虽然操作系统会将这些设备识别为标准键盘，但是把它们加入配置测试的等价划分是个好主意。

第二种方式就是，如果测试的软件不在这些平台上运行，或者本身就是平台，就需要定义、编制和测试自己的辅助选项。

注意：如果正在测试产品的易用性，一定要专门为辅助选项设计测试用例。

8.5　本 章 小 结

本章主要讲的是易用性测试，主要包括安装易用性测试、功能易用性测试、界面易用性测试以及辅助选项易用性测试。安装易用性测试主要包括 3 个步骤：安装测试、运行测试以及卸载测试；功能易用性测试主要讲解了常见控件的易用性测试和文档测试；界面易用性测试又包括窗体界面测试、控件界面测试、菜单界面测试以及特殊属性的测试；辅助选项易用性测试包括法律要求和软件中的特殊要求。

易用性测试被公认是模糊的和主观的，易用性测试不需要编写测试用例，可以利用检查

清单来进行对比，但是要注意根据实际情况增加或减少测试内容。

本章列出的检查清单对于新人来说具有很好的指导意义，读者也可以在以后的工作中更新自己的 Check List。为了更好地进行易用性测试，建议读者阅读一些课外书，如用户行为心理学、人体工程学、Windows 平台界面规范以及界面美学等相关的书籍，相信这些内容可以为测试工作加分。

8.6 本章练习

一、单选题

（1）以下不属于易用性测试的是（　　）。

A．功能易用性测试　B．用户界面测试　C．辅助功能测试　D．可靠性测试

（2）以下不属于安装易用性测试的是（　　）。

A．安装测试　B．运行测试　C．卸载测试　D．功能测试

二、多选题

（1）文本框控件的测试常常从哪几个方面进行考虑？（　　）

A．内容　B．长度　C．类型　D．格式

（2）下列关于界面测试的说法中正确的是（　　）。

A．窗体界面测试中，重要的命令按钮与使用较频繁的按钮要放在界面上显目的位置。

B．控件界面测试中，控件可以中英文混合使用。

C．菜单界面测试中，菜单深度一般要求最多控制在三层之内。

D．特殊属性的测试中，公司的系列产品要保持一致的界面风格。

（3）好的文档以哪三种方式确保产品的整体质量？（　　）

A．提高易用性　B．提高可靠性　C．降低支持费用　D．减少页数

（4）哪几种身体的残疾会影响软件的使用？（　　）

A．视力损伤　B．听力损伤

C．运动损伤　D．认知和语言障碍

第9章

Web 测试

本章简介

Web 测试是软件测试的一部分，是针对 Web 应用的一类测试。本书之前的章节都是软件测试基本知识的介绍，而本章内容则是印证之前所学内容的极佳方式。

Web 网页是由文字、图形、声音、视频和超链接等组成的文档页面。网络客户端用户通过浏览器中的操作，搜索、浏览所需要的信息资源，服务器后台主要用于对网站前台信息的管理，如文字、图片、影音和其他日常使用文件的发布、更新、删除等操作，同时也包括对网站数据库的管理及网站的各种配置。

由于 Web 具有分布、异构、并发及平台无关的特性，因此它的测试要比普通程序复杂得多，不但需要检查和验证是否按照设计的要求运行，而且还要测试系统在不同用户的浏览器端的显示是否合适，还需要从最终用户的角度进行安全性和可用性测试。由于 Web 应用与用户直接相关，又通常需要承受长时间的大量操作，因此 Web 项目的功能和性能也都必须经过可靠的验证。

本章主要从以下几个方面来介绍 Web 网站测试：

- 页面内容测试；
- 功能测试；
- 性能测试；
- 图形用户界面测试；
- 配置和兼容性测试；
- 安全性测试；
- 数据库测试；
- 接口测试。

实际上，Web 网页各种各样，读者可以针对具体情况选用有针对性的测试方法和技术。

9.1 页面内容测试

页面内容测试用来检测 Web 应用系统页面文本的正确性、准确性和相关性。

信息的正确性是指信息必须是真实可靠的，不能是胡乱编造的。例如，一条不实的新闻报道或虚假的广告宣传可能会引起不良的社会影响，甚至会让公司陷入麻烦之中；再比如，

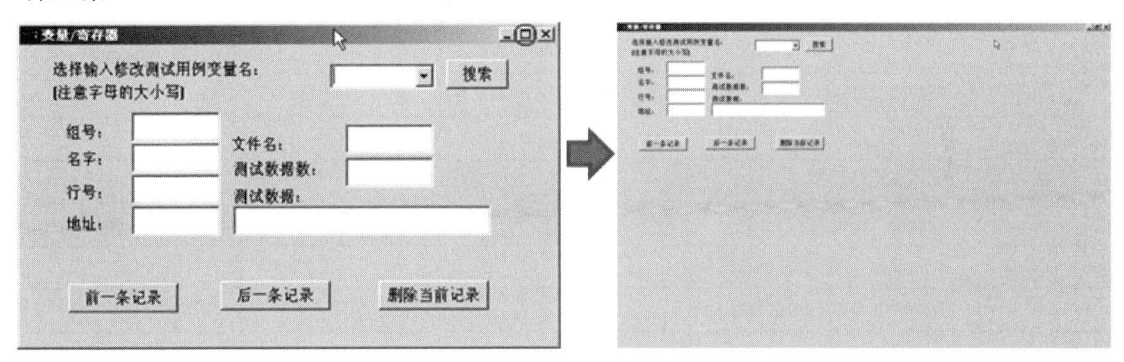

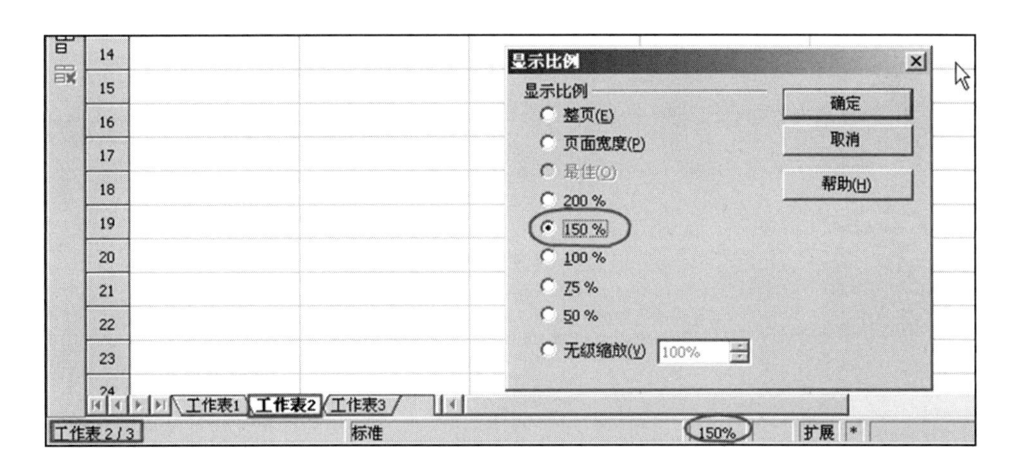

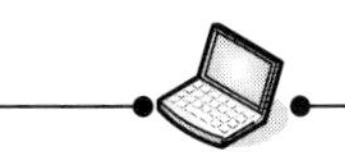

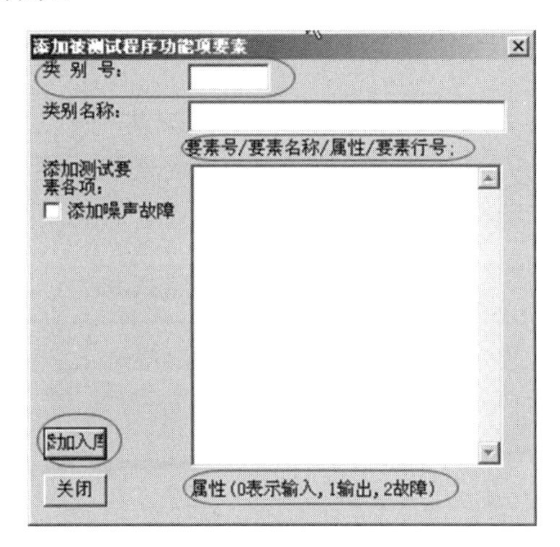

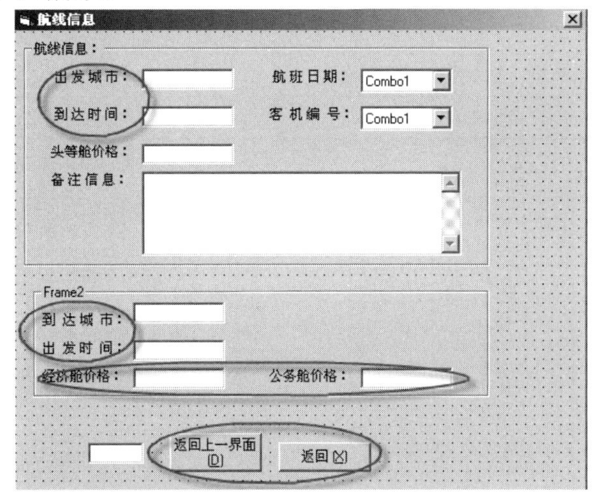

第 10 章

软件测试人员的职业素养

本章简介

通过前面章节的学习我们知道，软件测试绝对不是入门级的工作，也不是其他工作的垫脚石，而是一个专业技术学科，它要求富有经验的专门技术人员来完成。在复杂的测试工作环境中，测试人员除了必备的专业知识和测试技能，还需要具备一定的职业素养，才能做好软件测试工作。

本章主要介绍软件测试人员的必备技能和职业素养，测试部门的组织架构、管理，以及团队沟通技巧。也有一些软件测试人员更喜欢与客户打交道，他们拥有技术底蕴，又拥有良好的沟通表达能力，这种人也可以从事技术支持相关的工作。所以，本章补充介绍与软件测试和软件开发关系比较密切的技术支持相关岗位内容，以利于读者的多维度发展。

10.1　软件测试人员的必备技能和职业素养

软件测试作为产品上线前必不可少的质量控制环节，贯穿整个研发周期，处于非常重要的位置。要做好这项工作，对测试人员的要求就很严格，只有高能力、高素质的人才能把好关，最后给客户一个满意的交代。那么，测试人员都需要具备哪些职业技能和职业素养呢？

10.1.1　软件测试人员的必备技能

1. 需要掌握软件测试的基础知识

软件测试的基础知识也就是软件测试的入门技能，是所有软件测试岗位的技能基础，不管将来从事的是软件测试的哪个发展方向都需要掌握。要了解软件测试的相关专业术语和各流程阶段（单元测试、集成测试、系统测试、验收测试等）所使用的测试方法；要掌握文档的编写方法、测试用例的设计方法、测试策略的选择、缺陷的提交等；要了解软件工程中常见的质量管理体系，如 CMMI 和 ISO 9000；要掌握各种测试工具的使用，如自动化测试工具 QTP 和 Selenium，Bug 管理工具 QC 和 BugFree，项目管理工具禅道，配置管理工具 VSS 和 SVN，性能测试工具 LoadRunner 等。

这些内容在本书中都有详细的介绍，属于软件测试的入门知识，是软件测试领域从业人员的立足之本，是与项目成员交流沟通的基础。

2. 需要掌握计算机相关的基础知识

软件测试人员要想深入全面地做好软件测试工作，还需要掌握计算机相关的基础知识，重点包括：

（1）操作系统知识。大多数人熟悉的操作系统是 Windows 系列操作系统，除了一般的服务管理、网络配置、注册表编辑、命令行操作，还要掌握一些服务的搭建，如 FTP（File Transport Protocol）的安装，活动目录 AD（Active Directory）的安装，POP3 和 SMTP 服务的安装，MySQL 数据库的安装，IIS 环境的搭建等。现在的服务器大都采用 Linux 系统，所以，除了熟悉 Windows 操作系统，还需要掌握 Linux、UNIX 内核的操作系统，而且要掌握的不仅仅是简单的操作方法。因为，这些都是搭建软件测试环境的前提知识。

（2）数据库知识。作为软件测试人员，不一定需要具备 DBA 那样专业级操作数据库的能力，但是基本的数据库操作，如增、删、改、查、多表联查、子查询等必须掌握，对视图、索引、存储过程等有一定的了解。不管是 Oracle、DB2、MySQL 还是 SQL Server，至少应该能熟练使用其中的一到两种。

（3）计算机硬件知识。计算机硬件性能是软件性能测试中一个非常重要的指标，硬件知识如 CPU、内存、I/O、带宽等都需要掌握。如果是做硬件测试的话，那么交换机、路由器、防火墙等也都需要有所了解。例如，复制一个程序安装包到空间足够的 U 盘，但却无法成功，懂硬件的人可能很快定位到 U 盘格式的问题，直接将其格式化成 NTFS 即可。

（4）网络协议知识。身处网络繁荣发展的时代，很多信息都是通过网络传输的，具备网络相关知识势在必行，如 ISO 网络协议，Cookie 和 Session 的区别，TCP 和 UDP 有什么不一样，HTTP 数据传输方式都有哪些，等等。

（5）代码编写能力。虽然不会编写代码也能做软件测试工作，但是如果想在软件测试方面深入发展的话，那么代码编写能力就是必须掌握的，因为高级测试工程师的部分工作就是编写测试工具，或者做一些白盒测试以提高测试效率，而且很多软件测试工具也需要代码的支持。当然了，虽然软件测试需要编写代码，但并不需要像开发人员那样精通一门语言，而是需要了解很多种开发语言。举一个简单的例子，你现在参与的项目可能采用的 Java 语言，懂 Java 语言基础就可以了；但两年后你可能换工作了，新公司的开发语言是 C++或 VB，那么你就还要懂 C++或 VB 语言知识，所以，软件测试人员需要的是了解开发语言的广度。

3. 行业知识

一个专业测试工程师可能会认为深入地了解行业知识并不难，但是，如果软件面向的行业非常复杂，情况就没那么简单了。在工作中需要行业专家与开发人员紧密协作来分析需求，彻底地了解某些问题（如税法、劳动合同和物理学）可能需要花费几年的时间。而且，不同行业领域的业务逻辑也是不同的，如金融业务规则、医疗业务规则、通信业务规则、航天业务规则、拍卖业务规则等。行业知识需要通过工作经验来积累，不是看几本书就能知道的，有些知识也是在书本上学不到的。由于行业知识的特殊性，如果频繁更换工作，是很难学到深入的行业知识的。经验的积累需要通过实践来沉淀，所以常常会在招聘需求上看到“有××行业测试经验者优先”这样的字样。

4. 美学观

测试人员除了需要掌握软件测试知识、技术知识、行业知识，还要具备一定的美学观。这里的美学观除了美学、审美，还有完美。由于软件存在潜在缺陷，包括功能、性能、易用性、界面、安全等方面，所以对美的追求有助于提高对软件产品的要求，测试过程中容易发现更多细小的瑕疵。特别是面向用户的产品，如 Web、客户端、App 等，它们的界面布局、话术、导航条、提示信息等如果不合理，在拥有较高审美要求的人眼中更容易被发现和察觉。在软件工程中，不管是开发活动还是测试活动，最后的目标都是将产品推向市场并获得用户的认可。所以，如果产品在软件界面上就无法引人入胜，那么就算测试开发工作做得再好，这个项目也一样会失败。

10.1.2 软件测试人员的职业素养

前面介绍了那么多技能或者需要掌握的技术，但是，如果没有一颗发现缺陷之美的心，没有一颗以提高质量为前提投入工作的心，那么就算其他方面做得再好，也不过是众多软件测试从业人员中的普通一员。要想成为一名优秀的软件测试工程师，测试人员除了前述必备技能外，还要具备很高的个人素养，也就是说对个人的综合能力有较高的要求。真正优秀的测试工程师都具有如下秉性：

1. 工作热情

测试活动充满了艰辛和挑战。测试人员只有始终保持积极的工作态度和热情，才能出色地完成各种测试任务和接受各种挑战。没有激情的测试人员，只会满足于完成基本的测试任务；而充满激情的测试人员不仅能够完成基本的测试任务，还能够用积极的态度思考测试过程中遇到的各种问题，努力寻找更好的解决方案，创造性地解决这些问题。同时，还可以积极地进行自我反省，不断地寻找团队和自身的不足，从而持续地加以改进。

2. 怀疑精神

发现缺陷是测试过程的主要目的之一，因此，测试人员对被测产品要有怀疑精神，也就是怀疑测试对象存在缺陷或者无法正常工作。很难想象，缺乏怀疑精神的测试人员能够有效地发现软件产品中的缺陷，更不用说达到尽量多地发现缺陷的目标了。不抱有怀疑的态度，一般很难成为合格的测试人员。因为软件产品用户用起产品来是各式各样的，有些用户的水平和对产品的理解比专业人员还要深，所以一定要用逆向思维认真地测试每一个功能点，以怀疑的态度去分析和评估需求规格说明。同时，对于测试团队设计的测试用例，也不能盲目相信它们不会存在错误和缺陷。这都需要测试人员具有怀疑精神。

3. “三心二意”的精神

“三心二意”的精神是指：耐心、细心、责任心、团队合作的意识和缺陷预防的意识。

（1）耐心。对于测试人员来说，每天面对大量的程序功能和代码，需要做大量重复性的工作。在测试过程中经常出现这样的现象：尽管运行了很多的测试用例，但是却没有发现任何缺陷，而且即使测试对象出现了异常行为，也需要测试人员经过耐心的分析和研究，才可能最终确定是否是缺陷。通常来说，测试对象的异常经常隐藏在大量的系统正常行为之中。因此，需要测试人员耐心检查各种数据、操作和系统表现行为，才能发现其中的异常。如果缺乏足够的耐心，测试人员也许根本坐不住，无法静心思考用户可能的操作行为以及可能存在哪些问题。

（2）细心。光有耐心是不够的，因为并不是所有的缺陷都可以很容易地被找出来。如果不细心，就会忽视一些小的错误，而这些小错误以后可能成为软件的“死穴”。“细节决定成败”，这句话特别适用于软件测试人员。

（3）责任心。没有责任心，就不能做测试。要主动想着“我就是要破坏这个东西，我知道有错误而且要找出错误，这就是我的工作”。不能想着按照测试用例执行完毕就结束了，而

是要有保证产品质量的强烈责任心。

（4）团队合作的意识。团队精神是大局意识、协作精神和服务精神的集中体现。软件开发生命周期中的任务都是团队合作完成的，团队并不是一群人的机械组合，而是一个有机整体——离开了谁，产品的质量都将无法保证。没有任何一个项目可以让你做孤胆英雄。团队精神要求团队成员有统一的奋斗目标和价值观，而且需要相互信赖，需要正确而统一的企业文化理念的传递和灌输。

（5）缺陷预防的意识。要想着尽早介入软件项目，尽早发现软件缺陷，利用自己的专业技能尽量把大量缺陷扼杀在萌芽状态。

4．良好的沟通和表达能力

沟通技巧对软件测试人员来说，是指具有收集和发送信息的能力，能通过文字、口头与肢体语言等媒介，有效与明确地向他人表达自己的想法、感受与态度，亦能较快、正确地解读他人的信息，从而了解他人的想法、感受与态度。懂得沟通技巧并不意味着就会成为一名有效的软件测试人员，但缺乏沟通技巧必然会遇到许多麻烦和障碍。表达能力不好的话，将无法让开发人员快速理解测试人员的意图。

测试人员的大部分工作都是在沟通中完成的，包括与产品人员沟通需求，与开发人员沟通逻辑实现，与项目经理开会汇报测试进度，有时候还需要与客服打交道。所以，对测试人员来说，准确得体的表达能力非常重要。

5．良好的文档编写能力

在从事软件测试工作的过程中，需要测试人员编写很多文档，如软件测试计划、软件测试用例、软件缺陷报告、软件测试报告，所以需要良好的文档编写能力，这是做好软件测试工作的基本功。而且，测试中有文档测试和界面测试，如果连自己的文档都不能保证内容正确、界面干净整洁、方便阅读，缺乏基本的美感的话，又怎么测试别人的作品呢？

6．持续学习的能力

学习能力是智力结构中与学习密切相关的那部分能力，主要包括理解力、记忆力、问题解决能力以及评价能力。计算机技术发展日新月异，无论理论还是实践，知识更新都非常快，所以测试人员必须不断学习，了解和掌握最新的测试理论、测试技术以及其他领域的计算机技术，如云计算、敏捷开发与测试等，并在测试中将这些理论知识付诸实践，让测试人员的测试工作变得更有效、更高效。很多起点相同的人，在毕业一年到三年后会出现明显差距，就跟学习能力有很大的关系。

7．用户心理学

软件测试人员应该始终站在用户、使用者的角度考虑问题，而不应该站在开发人员、实现者的角度考虑问题。因此，要求测试人员必须掌握用户的心理模型、操作习惯等。

如果缺乏这些方面的知识，或者思维方式出现偏离，则很难发现用户体验、界面交互、易用性、可用性方面的问题。而这类在某些人看来很小的 Bug，却是用户非常关注的问题，甚至是决定一个产品是否成功的关键问题。

用户心理学一般应用在界面交互设计测试、用户体验测试等方面。

10.1.3 软件测试工程师应遵守的道德规范

软件测试并不仅仅是技术问题，更是职业道德问题。所以，软件测试人员一定要遵守相应的道德规范和职业素养。此处借鉴和引用 IEEE 对软件测试工程师道德规范的如下表述：

公共：合格的软件测试工程师的行为应与公共利益保持一致。

客户和雇主：合格的软件测试工程师在保证公共利益的前提下，应最大限度地保证客户和雇主的利益。

产品：合格的软件测试工程师应保证他们发布的（在测产品和系统中的）版本最大限度地符合专业标准。

判断：合格的软件测试工程师应在其提供的专业判断中保持公正性和独立性。

管理：软件测试管理人员和测试领导者应统一提供合乎道德要求的测试管理。

专业：合格的软件测试工程师应致力于提高职业的公正性和信誉并与公共利益保持一致。

同事：合格的软件测试工程师应在工作中热切地支持他们的同事并促进与软件开发人员的合作。

自身：合格的软件测试工程师应终身学习并不断促进职业实践的提升。

10.1.4 软件测试人员的团队协作

互联网项目中有三大团队：产品团队、开发团队、测试团队。这三者之间存在微妙的关系。2019 年 8 月，有一段在办公室打架的视频在互联网上流传开来，据称是某互联网公司产品经理提了个需求，要 App 开发人员实现该需求，由于开发人员认为该需求不合理，然后就出现了矛盾并激化，可见合作和沟通的重要性。在合作过程中，测试人员与其他团队的沟通“事故”也常有发生，特别是当测试人员只作为缺陷消息的传递者时，是不太受欢迎的。所以，如何与各团队良好地协作也是测试人员需要学习的一个课题。

在工作过程中，测试人员面对最多的人就是开发人员，所以，如何与开发人员进行沟通是每个测试人员需要面对的重要问题。

如图 10-1 所示是测试人员和开发人员沟通时开发人员可能常说的一些话。鉴于前面章节的学习，读者可以自行“脑补”开发人员说这些话的场景。当这些场景发生的时候，作为测试人员，你该如何处理呢？

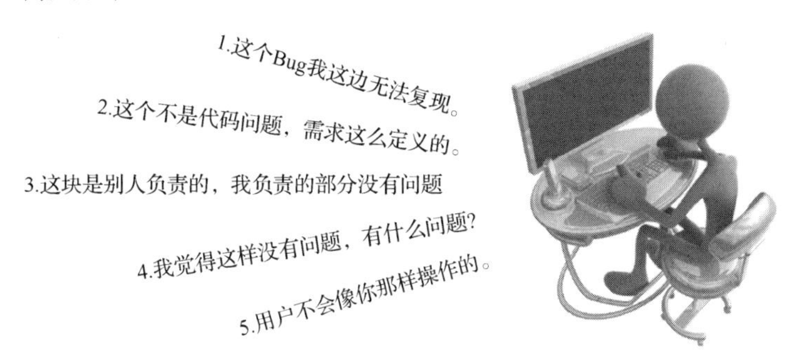

图 10-1 开发人员常说的话

由于测试人员的角色就是“挑刺”，所以常常“不受欢迎”。在一个团队里，总有测试工程师被“喜欢”和被“讨厌”，但是“喜欢”和“讨厌”不能作为衡量测试人员工作能力的标准。一般来说，能够帮助开发人员定位问题并可以很好地进行换位思考的测试人员，是最容易被开发人员认可的。

其实，作为测试人员和开发人员来说，双方类似于建筑方和质检方，一方负责建筑高楼大厦，另一方针对质量问题进行严格的检查。所以，两方有矛盾是再正常不过的事情。此处

提供一些参考建议——六“要”，四“不要”。软件测试人员在换位思考的情况下多去理解开发人员的情况，很多问题就可以化为无形。

1. 六“要”

（1）要耐心和细心。

耐心和细心是软件测试人员的基本素质之一。测试工程师是对质量负责的人，涉及质量问题就不能含糊，因此一定要细心：细心对待每一个可能的 Bug，细心对待每一段被检查的代码，细心对待每一份撰写的 Bug 报告，细心对待发出的每一封邮件。细心是一种态度，软件测试人员的态度迟早会感染与其合作的开发人员，而这往往是愉快合作的基础。

至于说到耐心，在实际工作中，不厌其烦地向开发人员解释一个 Bug，让他认识到 Bug 的重要性是经常的事情。其实想想这也很正常，对任何人来说，被人指出自己的缺点和不足都不是件让人舒服的事情，因此，稍微有点不耐烦的情绪就可能引起对方很大的反感，给自己的工作带来不必要的麻烦。

（2）要懂得尊重对方。

开发是一件需要全面和综合考虑的工作，由于各种原因导致程序中出现问题是正常现象。作为测试工程师，发现这些问题并不值得夸耀，也不能说明你比开发工程师更聪明。一个好的测试工程师一定是懂得尊重开发工程师的人，尊重对方的技术水平，尊重对方的代码，对他们最大的尊重就是承认其专业水平，认可他们的代码。对开发人员来说，代码就像自己的孩子一样。因此，可以在合适的时候表达你的尊重，赞扬其代码的精妙之处。

（3）要能设身处地为对方着想。

开发工程师一般都处在较大的工作压力之下，往往忙于赶进度，对测试工程师报上来的 Bug 可能会拖延解决甚至推脱，给测试工程师的感觉就是“很不合作”。那么在这个时候，就需要设身处地地为对方着想，每个人都会为自己的工作排定优先级，如果对方认为解决发现的 Bug 不是重要的事情，那么最大的可能就是没有向他解释清楚这个 Bug 的严重程度。遇到这种情况，心平气和地讨论一下 Bug 的严重程度，有助于提升开发工程师的配合程度。

（4）要有原则。

不要忘记，测试工程师需要对产品的质量负责，在这一点上一定要有原则。测试工程师可以和开发工程师建立良好的个人关系，但在具体的事情上，一定要按照公司的相关流程来处理。当然，在坚持原则的同时，可以采用一些委婉的表达方式，在允许的情况下尽量体谅开发工程师。但请记住，一个有原则的测试工程师才能真正帮助开发工程师，才能赢得他们的尊重。

（5）要主动承担。

如果开发工程师要求你承担不属于你的任务，例如，定位你发现的 Bug 到具体代码中，或者帮助他编写部分文档和代码（不要怀疑，真有这样的事情，比如让你写一个输入域的正则表达式），那么你会怎么做呢？建议尽量多承担，这样将有助于你个人的成长。这一点属于编者的个人意见，仅供参考。

（6）要客观。

使用建设性的沟通方式，以合作而不是争斗的方式开始项目。提醒项目每位成员“共同目标是追求高质量的产品”，对产品中发现的问题以中性的、以事实为依据的方式来沟通，不要指责开发人员，要明白出现 Bug 是产品整个生命周期中的一个正常现象，而不是这个开发人员本身有问题。要客观而实际地编写缺陷报告和评审发现的问题。

2. 四“不要”

（1）不要嘲笑。

不要嘲笑你所发现的 Bug，即使是非常愚蠢的错误也绝对不要嘲笑，说不定那个错误是因为开发工程师连续加班 24 小时犯下的。对别人的工作应该始终保持尊重。如果你觉得有必要提醒他不要再犯一些经常犯的错误，建议采用这样的方式：编写一份测试过程中发现的开发工程师常犯错误的文档（记住：千万不要写上谁犯了这些错误），适当地用轻松的口气“调侃”一下，发送给开发人员，这种方法一般都能很快被接受。

（2）不要在背后评论开发工程师。

永远不要在背后评论开发工程师的技术能力，这个绝对是非常忌讳的事情。一时的口舌之快可能使你无法再同他良好地开展合作。要知道，开发工程师最在意的就是别人对他技术能力的评价。其实这个不仅仅是作为测试工程师的准则，也应该是做人的准则。

（3）不要动辄用上司来压制对方。

在和对方出现意见分歧的时候，应该采用什么方式说服对方呢？直接向上司求助当然是一个办法，但这种办法带来的负面影响也是很明显的。首先是上司的处理结果可能不一定符合你的愿望，其次是动辄拿上层来压制对方只能给他人留下无用的印象，所以，在出现分歧时应尽量尝试通过沟通解决。

（4）与开发人员的沟通中不要只有 Bug。

除了 Bug，还有很多话题可以和开发工程师进行沟通，例如，午餐或集体活动时多和对方聊聊天，一方面可以增进彼此的感情，“混个脸熟”，方便以后开展合作；另一方面，从他那里了解业务知识以及他负责模块的方方面面，对自己也是提升的机会。编者就非常喜欢与开发工程师沟通，开发工程师其实一般都是比较健谈的，尤其是对他们程序的精妙之处。

综上所述，其实关键的就是两点：首先是多从别人的角度去思考问题，即所谓“换位思考”，多尊重对方就一定能得到对方的尊重与配合；其次是加强与开发工程师的沟通，让他清楚地认识到你的工作对他的价值，以及你发现的每一个 Bug 的重要性。

一个优秀的测试工程师一定是在公司里被所有人尊重的快乐分子，而不应该是一个“铁面判官”，要经常提醒自己、尊重对方。

项目中，只有大家团结协作、齐心协力，产品的质量才会越来越好。使用建设性的态度对发现的缺陷或问题进行沟通，可以避免测试人员、分析人员、设计人员以及开发人员之间的矛盾和不愉快。这个道理不仅适用于文档的评审过程，也适用于测试的过程。

10.2　软件测试部门的组织架构和考核

10.2.1　测试部门的组织架构

软件公司里软件测试部门的组织架构可能会决定测试人员未来的成长空间，同时也决定了工作模式。通常将测试部门的组织架构分成两种：一种叫作金字塔式管理模式；另一种叫作矩阵化管理模式。

1. 金字塔式管理模式

金字塔式管理模式主要出现在公司里有单独的测试部门的情况下，测试部门可能由上而下地有测试总监、测试经理，中间可能还会有测试组长、测试主管，最后是底层的基础测试

人员。金字塔式管理模式还会分成两种发展模式。

第一种发展模式：以产品线来构造。

如图 10-2 所示是以产品线来构造的组织架构。在一个测试总监下包含多个产品线；每一个产品线有自己的测试经理，其中有不同的分组；每一个测试经理下方有多个测试组长；每一个测试组长下面有多个测试人员。这样的管理模式，每个级别都是一对多的关系，底层测试人员除外。这种模式下对测试人员的管理更加清晰。

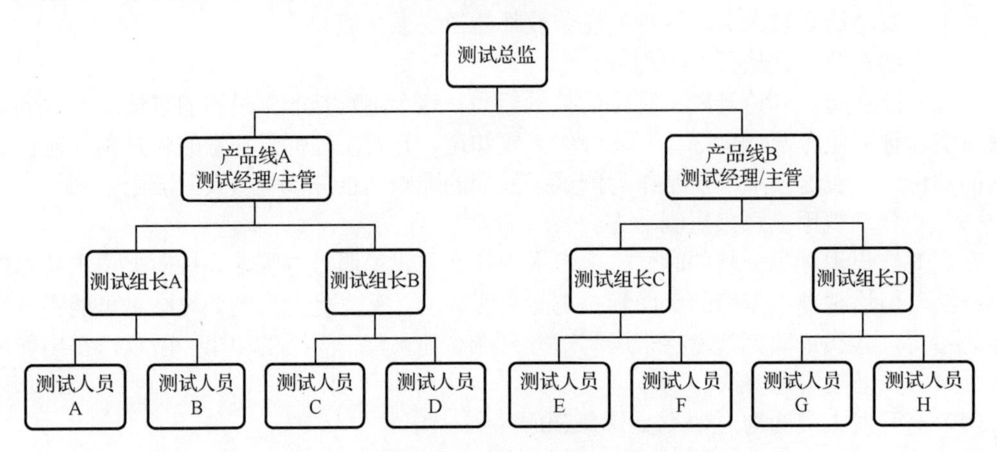

图 10-2　产品线构造的金字塔式管理模式

第二种：以测试专业方向来构造。

金字塔式管理模式还有一种发展模式，就是一个测试总监下分为不同功能的测试团队，可能分为自动化测试团队、性能测试团队、安全测试团队等，如图 10-3 所示。一些大型公司常常按这个体系划分，这样的划分模式对于测试人员的专业度和发展方向有更明确的定义和指向。擅长做自动化就可以去自动化测试组；擅长做一些安全方面的工作就去安全测试组；如果喜欢性能、喜欢压测、喜欢大并发、喜欢大数据，可以选择去性能测试组。

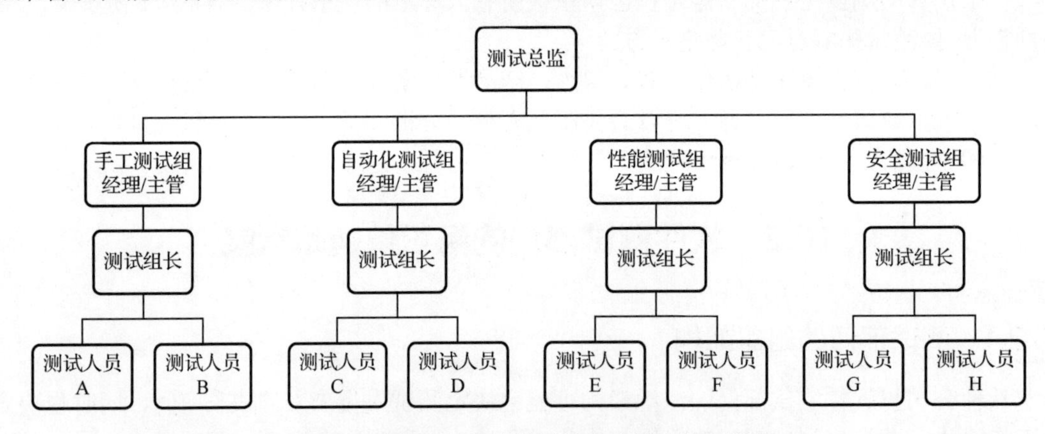

图 10-3　测试专业方向构造的金字塔式管理模式

以上两种团队组织发展模式都属于金字塔式管理模式。对于一些大型公司和一些专业性的公司，采用金字塔式管理模式的多一些。但是对于一些中小型公司来说，这样的管理会比较复杂，因为有时候测试总监并不知道各个产品线上到底需要什么样的人员、需要什么样的配置、需要什么样的策略，或者一人身兼多个测试专业技能，团队人数比较少，没必要再分

各个功能组。这时候可能采用现在比较流行的矩阵化管理模式会更好一些。

2．矩阵化管理模式

所谓矩阵化管理模式，就是每个人员都由两种角色的领导来管理：一种是项目层级的领导，一种是业务领域或者专业领域的领导。

各个不同的项目会有自己的项目经理，项目经理关注的是项目上的事情，如项目上的测试进度、现在测试的一些缺陷等。而对于职能部门的研发经理和测试经理来说，更加关注下属人员的未来发展和职业技能培训等。如图 10-4 所示是一个矩阵化管理模式。

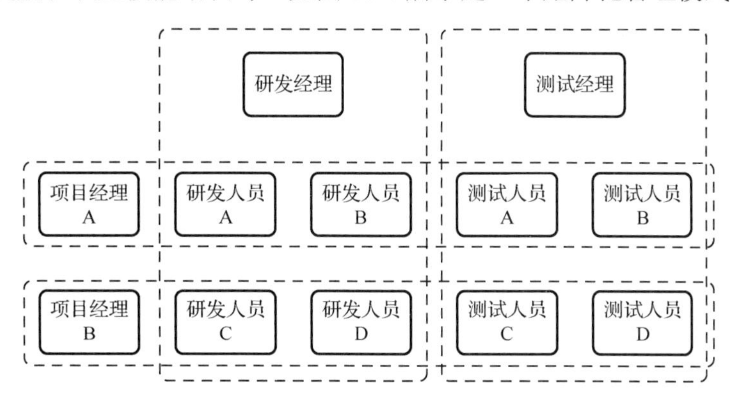

图 10-4　矩阵化管理模式

在这种模式下，测试人员工作的表现更多地是由项目经理来评定的，而测试方向上的发展则更多地由专业方向上的管理人员来进行管理。但是有时候会有一些模糊的地方。在这种模式下，更多的时候是以项目优先，要先去处理项目上的一些工作，在自己的其他时间，包括在不那么忙的时候，去完成专业领域上的一些晋升，这才是矩阵化管理模式的优势。

在未来职场中，不管面临哪种管理模式，目标一定要清晰，要明确自己职业发展方向上的规划。不管未来是想向技术领域发展，还是想向管理领域发展，都必须清晰自己的目标和晋升模式，这样才能够让个人发展最大化。

对于正规化的大公司，以上两种管理模式都比较常见，但还有其他不同的组织架构，尤其是小型开发团队（少于 10 人），常常是测试团队向开发管理人员汇报工作，开发管理人员同时管理开发团队和测试团队的工作。这有可能引起大的问题，就是测试小组的影响比较小，开发人员常常把测试人员的缺陷报告当作建议而不重视。有时候测试人员甚至还会被拖入调试或编码中去，很难保持一个单独的测试小组。

一个好的测试团队，一定是一个学习型的团队。学习型组织是有生命力的，测试人员可以不断地学习到更多的测试理论和技能。

10.2.2　软件测试人员的考核

对测试人员的考核不是度量软件测试人员的目的，而是通过考核测试人员的工作表现来促使测试人员意识到自己的不足，从而改进自己的工作，提高工作效率。对测试人员的考核指标通常分为硬指标和软指标。

1．硬指标

（1）缺陷逃逸率。

缺陷逃逸率是硬指标之一。缺陷逃逸是指有些缺陷本来应该是在测试阶段发现的，但由

于测试人员的漏测而逃逸到用户的手中，用户在使用过程中发现了缺陷。

按照软件测试的Pareto法则，80%的Bug在分析、设计、评审阶段都能被发现和修正，剩下20%的缺陷中的80%需要由系统的软件测试来发现，最后剩下4%左右的Bug只有在用户长时间的使用过程中才能暴露出来。因此，统计缺陷逃逸率有助于敦促测试人员在测试阶段尽量多地发现Bug。

0.5%是一个缺陷逃逸率的经验参考数值，应该按照具体项目的质量要求和对测试的要求来定义一个合理的缺陷逃逸率。缺陷逃逸率的考核公式如下：

缺陷逃逸率=用户发现的缺陷个数÷总共出现的缺陷个数×100%

当然，还可以进一步细化这个公式，将缺陷分级别统计，例如，严重级别的缺陷逃逸率不能超过多少，中等级别的缺陷逃逸率不能超过多少，轻微级别的缺陷逃逸率不能超过多少。

但缺陷逃逸率的考核始终是一种事后检查，对造成的损失于事无补。如果要防患于未然，还应该考虑更多基于过程的考核方法。

（2）测试效率。

测试效率是另一个硬指标。如果测试用例设计比较完善，可以按照测试用例执行测试，还可以用它来衡量测试人员的测试效率。测试效率的考核公式如下：

测试效率=执行的测试用例个数÷测试执行的工作日

统计测试效率需要注意测试人员的工作日计算，如果测试人员除了执行测试用例，还有其他的工作要做，应该统计真正用于测试执行的工作时间。

2．软指标

除了一些可以统计的硬指标被用于考核测试人员，还可以综合其他的软指标来衡量测试人员的工作质量。例如，评价一个测试人员的Bug报告和测试报告，通过这些报告，可以看出一个测试人员有没有用心去做好测试工作。常见的软指标包括：

（1）如果一个测试人员录入的Bug经常被Rejected（拒绝接受），可能就要问一下这个测试人员是否存在一些需求上的误解或者与开发人员的分歧。

（2）如果某个测试人员录入的Bug偏向单一的类型，例如，绝大部分是界面上的问题，那么就要看这个测试人员是否存在测试思维上的某些局限，需要进一步地突破和提高。

（3）一个测试人员只有真正认真地投入测试工作中，才能写出出色的测试报告，写出来的报告应该有各类数据充分地说明某些问题，应该包含很多总结出来的经验教训，能给其他测试人员学习和借鉴，甚至对程序员有很好的指导意义。

（4）其他软指标包括相关人员对其的评价，可参考每个角色对其的评价来综合评估测试人员的工作，也就是通常所说的360°评价。例如：

✧可参考测试经理对其在任务执行、工作效率等方面的评价；

✧可参考项目经理对其在提高产品质量方面的评价；

✧可参考其他测试人员对其在团队建设、知识共享等方面的评价；

✧可参考开发人员对其在Bug报告、协助调试、沟通等方面的评价；

✧可参考QA对其在文档编写、流程遵循、质量改进等方面的评价。

3．考核表

综合前面的一些度量方法和评估指标，测试部门可以制定相应的符合自己公司实际情况的考核表。如表10-1所示是某公司软件测试部门的测试人员考核表，供读者参考，以便对自己需要提升的地方给予更多的关注。

表 10-1　测试人员考核表

姓名：			日期：	
序　号	考 核 项 目	基　准　分	自 评 评 分	经 理 评 分
1	测试进度	**15**	-	-
1.1	单元任务测试进度符合程度	5		
1.2	阶段任务测试进度符合程度	5		
1.3	总体任务测试进度符合程度	5		
2	测试质量	**15**	-	-
2.1	集成测试质量情况	5		
2.2	集合测试质量情况	5		
2.3	阶段测试质量情况	5		
3	合作情况	**20**	-	-
3.1	和上司沟通情况	5		
3.2	和同事沟通情况	5		
3.3	工作报告情况	5		
3.4	和客户沟通情况	5		
4	需求跟踪情况	**10**	-	-
4.1	需求分析评审满足情况	3		
4.2	测试与需求符合情况	3		
4.3	需求跟踪达标情况	2		
4.4	客户需求跟踪反馈情况	2		
5	实施情况	**10**	-	-
5.1	实施计划执行情况	5		
5.2	实施达标情况	5		
6	服从项目经理情况	**10**	-	-
6.1	项目经理交代任务完成情况	5		
6.2	任务汇报情况	5		
7	工作态度	**10**	-	-
7.1	对客户热情，客户非常满意	5		
7.2	及时响应客户需求	5		
人事评分：				
8	人事考评	**10**	-	
8.1	公司考勤制度执行情况	10		
9	**总分/得分**	**100**	-	

10.2.3　软件测试人员的职业发展

对于大学生来说，应尽早在校园阶段就开始做好职业规划。因为毕业后的第一份工作，

会影响接下来5～10年的发展轨迹，甚至会对其一生产生影响。所以，选择一个合适的起点，是必须在校园内思考清楚的问题。

校园阶段的规划，可以在毕业前的1～1.5年就开始。要结合自己的专业教育背景、个人能力、兴趣爱好、长期目标等，做出理性的决策。主要是选择一个大的入门方向，也可以定一个长期目标，但没必要规划过细，因为在没有入行前一切都是未知的，把握好路线即可。软件测试，特别是黑盒测试，入门起点比较低，上手比较快，而且发展空间也比较大，对于很多大学生而言，作为进入IT行业的初级岗位是非常合适的。

入行后的3个月到1年之间属于入门阶段。对于刚入行的新人，这是最能学到新知识，也是最有热情和动力的时期。建议借这股"冲劲"，了解所在领域的全貌以及各个主要分支，根据当前的工作环境，并结合个人匹配程度和兴趣爱好，调整个人职业规划。

测试方面的专业技术发展一般包括黑盒测试、白盒测试、自动化测试、性能测试、测试工具开发等几类，测试管理方面的发展一般有测试管理、质量管理、项目管理等。这些方向的内涵是大家可以都了解的，然后确定其中的1～2个作为自己中长期的主攻方向。这个标准达到了，基本就算实现了测试入门，至于能否进入更高业务层级、达到更高业务水平，就要看个人的后期努力了。

入门后的3～5年属于提高阶段。这个阶段的人有了一定的工作经验，可以胜任本职工作。家庭、娱乐方面开始占据生活的主流，也是最容易懈怠的阶段。这个时期大多数人往往不超过30岁，此时懈怠是非常可怕的。所以，有规划地提高核心竞争力，在这个时候特别关键。这个时期可以考虑细化自己的中期规划。根据选定的方向，制订一个自我提升计划。不要急功近利，要稳扎稳打，忌做"万金油"，要让自己有一技之长。

对于入门后选择管理方向还是选择技术方向，关键要看自己的长期定位。选择技术的人，要熟悉所选技术方向的大多数细节；选择管理的人，可以介入管理，但不要全面进入管理。管理更多是一种思维和做事的方式，是一门很深的学问。可以选择带有技术含量的管理岗位，如高级软件测试工程师、测试组长等，这个时候的你应该能够胜任。

这个阶段的目标达成后，就可以跻身于"老手"行列了，甚至不会为找工作而犯愁，猎头也可能会时不时地"骚扰"你一下。

成为"老手"后的5～10年属于升华阶段。这时大多数人已经步入中年了，无论是做技术工作还是搞管理，都面临着家庭和社会的双重压力，可以考虑一个长远的发展规划。因为有前期的背景，所以需要提升自己的宏观把控能力。也可以考虑适当地转型管理，技术做得越好，管理的时候越容易切中要害。当然，纯管理和技术性管理还是有区别的。管理做得好的人，也可以做好其他方面的管理。不管管理的对象是什么，毕竟管理理念是相通的。而技术型管理的人主要是带好技术团队。

根据职业生涯规划双通道理论，一些大企业把团队的发展方向分成技术通道和管理通道两种。在软件测试人员的职业生涯规划双通道中，技术型偏向于测试设计和架构方面，而管理型则偏向于测试组织和协调方面，如图10-5所示。

测试人员的发展双通道，一个是往管理方向发展，另一个是往技术方向发展，两个方向都给予了同等的重视程度，让测试人员可以选择自己喜欢而且适合自己发展的路线。在发展的初级阶段，两条路线要经历的阶段是一样的，都是从实习测试员开始，先做好测试员的工作，成为正式的测试工程师后再往测试设计工程师晋升，然后再考虑往不同的方向发展。

高效的测试团队应该由具备专门技术的成员组成（如具备行业知识、专业技能、测试技

术等方面知识的人员)；同时也应该由具备各种经验等级的成员组成(如测试新手和测试专家，以及了解应用程序功能细节的行业专家)，他们在测试团队中起着重要的作用。

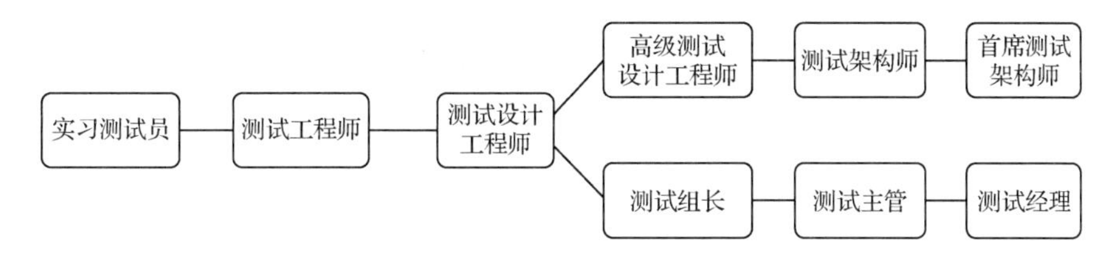

图 10-5　测试人员职业发展规划双通道

在微软公司，开发人员与测试人员之间经常互相转换，因为测试与开发都受到同等的重视。比尔·盖茨曾经说过："微软不是一个软件开发公司，而是一个软件测试公司。"在微软公司，很多测试人员都有很强的开发能力，而很多开发人员也会希望在测试领域锻炼自己。

10.3　软件技术支持

有一些软件测试人员不喜欢太过安稳的测试工作，他们更愿意出差跟人打交道，与客户交流。他们拥有很强的学习能力，善于处理人际关系，有良好的演讲能力、表达能力和沟通能力。再加上他们拥有一定的技术专长，这部分人可以从事技术支持的工作。技术支持工作要求相关人员既是一名优秀的技术人员，同时也是一名优秀的销售人员。那么接下来编者就站在技术支持的角度来谈谈行业情况。

对有的公司来说，技术支持只是一件必须有人去处理的事；但对有的公司来说，他们希望人才能从技术支持岗位往研发、DevOps 甚至架构方面发展，输送同时熟悉产品、用户、技术的人才。事实上，技术支持是很有潜力的、发展路线非常灵活的，却在传统上受到忽视的职位。技术支持是产品、研发、用户之间的桥梁，无论是往技术、销售、市场还是产品方面发展都会有很多优势。

当前，技术支持已经成为公司服务的一部分，也成为企业形象的重要组成部分。技术支持不仅仅是以解决技术问题为目的，更重要的是在客户的心里树立企业的形象，让人们记住企业形象，进一步记住企业的所有产品，最后达成服务与品牌的完美结合。

随着技术的进步，技术支持工作性质也不完全一样，例如，在软件领域中，技术支持分为售前技术支持和售后技术支持。软件领域对技术支持人员的技术要求很高，因为面对的是各种各样的客户，会遇到各种各样的问题，需要在技术上比用户更迅速地发现和解决问题。售前技术支持是指在销售遇到无法解答的产品问题时给予帮助或者设计问题解决方案；售后技术支持是指产品公司为其用户提供的售后服务的一种形式，帮助用户诊断并解决产品使用过程中出现的技术问题。

10.3.1　售前技术支持

售前技术支持的主要工作职责是协助销售做好市场调研，明确客户具体要求，并有针对性地进行客户分析，然后进行有效沟通，能够充分帮助销售人员掌握销售重点，做到有的放矢。售前技术支持岗位是一种综合性的岗位，以技术服务市场、服务销售，工作内容相对比较丰富。对于售前技术支持来说，技术是一个非常重要的层面。因为即使是写文档也需要牢

靠的技术功底，解答销售人员无法解答的问题更需要一定的产品知识和行业知识。

有了需求，就要进行需求分析，需求分析是项目提出方和承担方相互沟通的过程。客户是业务上的熟悉者，对业务流程有非常清晰的了解。但是，对于软件需求方面的描述是不了解的，他们所能提供的只是他们最终想要达到的功能，但是这其中包含的业务流程是非常复杂的。作为售前技术人员，拿到客户需求后，应该根据功能、流程进行初步的设计，构造出业务流程图，再让客户进行评审，提出业务流程上不对的地方进行修改。这样反复多次地交流沟通，最终才能取得较为全面的需求，并减少后期的修改。这部分工作内容和产品人员需要做的事情有部分重叠。作为优秀的售前技术支持人员，要了解需求并进行需求分析，需要考虑如下事情：

（1）改版目标的确认。改版目标是必须和客户明确的，包括数据指标和体验指标。改版效果的判断很大程度上依赖数据，预期带来什么样的增长甚至可能有怎样的风险，都需要在需求启动前确定。同时还要考虑用户黏性、细节转化、可推荐性、品牌价值传递等体验方面的指标。

（2）线上问题的收集。线上问题从两个方面可见：一是点击/转化数据，二是报错统计。这两部分都可以直接推导出问题的优化方向，也是需求中较为明确的部分。这部分的数据可以通过客户直接要过来。

（3）用户需求的获取。用户需求可以理解为这个功能要为用户解决什么问题。这些需求的获取途径有很多，如用户调研、用户问卷、用户反馈、用户交流等。这里用户交流是主要渠道，也是最重要的一环。将不同角色的用户和问题带入场景，就可能更贴近他们的真实需求，以目标为导向确定用户需求，防止功能堆砌。

（4）技术实现的方式。技术实现方面，包括功能实现方式、各平台兼容性等问题都是会影响后期工程的，需要事先与技术人员交流沟通好，沟通明确后可避免很多无谓的返工。

（5）竞争产品的分析。除了技术要求，还需要对竞品情况有所了解。竞品分析可以帮助我们了解业界形势和发展动态，这是一项日积月累的工作，属于自身基本功。

除了技术方面，售前技术支持的另一面是作为一名优秀的销售人员。新人初次与客户沟通时，难免会出现这样或那样的问题，也可能会因此而丧失合作和深入沟通的机会，所以需要掌握一些客户沟通的方式和技巧。

（1）注意称呼。对于不熟悉和正在开发中的客户，最好用正式的称谓，正式的称呼能让客户感受到他的权威和被认可的满足感，如刘总、张经理等。与客户熟悉到一定程度后，也要分场合，在公共场合还是正式的称谓比较妥当。

（2）沟通前充分准备。有了充分准备，与客户沟通时才会更自如。首先，着装打扮要得体大方，这是对客户的尊重，也能给客户留下良好的印象。其次，需要展示给客户观看的资料或示例，一定要提前分类准备好。再次，就是沟通话术的准备，如重点问题如何阐述，不同性格的客户用什么语言更容易交流等。

（3）守时。守时是基本的礼仪。一般来说建议提前 10～15 分钟在约定地点等待客户，以示尊重。如不能按时到达，一定要提前告知原因，并取得对方的谅解。

（4）选择合适的时间。选择合适的时间，会让沟通更有效。例如，客户刚上班需要打理基本的事情，可能没有时间和你沟通；快下班时，也没太多心情和精力与你沟通。应选择相对空闲的时间进行沟通，这样的沟通效果会更好。

（5）了解客户的心理期望。注意抓住客户的兴趣点，围绕兴趣点进行深入沟通，以调动

他的积极性，同时辐射到你想谈的重点。

（6）解决客户的疑虑。沟通时，客户肯定会有这样或那样的疑虑，此时不应回避这些问题，而应该想办法解决。如果用语言搪塞，聪明的客户是很容易感受到的，也就不会再深入沟通，更谈不上合作了。敢于面对客户的疑虑是一种认真的态度，即使你解决不了的问题，也可以告知客户需要请示后再回答。

售前技术支持人员要能充分地了解行业背景及产品特点，有良好的语言表达能力、沟通能力以及应变能力，这是销售成功与否的关键。

10.3.2 售后技术支持

对系统供应商的售后服务需求是全方位的。有一般性的技术支持服务需求，如用户无法自行处理与系统应用有关的问题，这会产生一定的售后服务需求；也有程序性需求，如各种原因而产生的修改、维护需求。这些需求产生的原因各有不同，因此也呈现出不同的特点和要求。

如何快速地解决用户在使用系统时出现的各种技术问题和业务问题，保证系统高效地运行，是售后工作的重点。维系好客户关系，才能争取更深入的合作。售后技术支持是维系客户关系的重要环节，不容忽视。售后技术支持的主要工作内容如下：

（1）产品安装和培训。售后技术人员需要为客户安装、调试产品，并要为客户培训相关的业务实现，解答业务人员提出的问题，保证客户方能顺利使用公司产品。

（2）处理客户在使用过程中遇到的问题。客户在使用产品过程中，可能会出现这样或那样的问题，由于他们不熟悉内部结构，所以就需要售后技术人员在客户和技术部门之间搭建一座沟通的桥梁，使得一些简单的技术问题不用经过技术部门也可以得到现场解决，提高公司的运作效率。对于当场无法解决的问题，也可以做好问题记录并跟踪问题的处理过程。

（3）维系客户关系，挖掘潜在需求，争取更深入的合作。

1. 客户培训

不同用户层次使用软件系统时的角色可能不同，使用功能的侧重点也就不同，因此，在项目中需要针对不同的用户层次提供针对性的用户培训，保障培训效果。

（1）普通用户。普通用户是应用系统功能的直接使用者。由于各部门使用的功能模块不尽相同，所以可以有针对性地分批培训，以便于对各自业务系统使用的把握。

（2）系统管理员和应用级管理员。系统管理员和应用级管理员是业主单位对系统进行管理维护的人员，他们掌握一定的信息技术。培训时应侧重于系统的建设原理和规划、总体架构、常见问题的解决、系统安装配置等内容。系统的维护和管理工作需要对应用系统较为熟悉，并且能处理运行过程中遇到的各类问题，因此，对于软件维护人员和管理员将采用共同参与项目维护和实施的方式，在长期实践中逐渐掌握系统维护知识，提升其技术技能和对系统的认识。

（3）技术人员。技术人员是指业主单位具备一定的应用系统开发能力和系统扩展能力的技术人员，他们未来可能会对系统进行二次开发和修改。针对这样的培训对象，主要侧重于对应用系统的开发原理、开发工具、系统架构等进行培训，使其掌握系统二次开发技术，为今后系统升级改造、功能扩展储备技术支撑。

2. 问题收集

认真听取用户的意见反馈，并将其作为一个缺陷报告详细地记录下来。缺陷报告作为售

后和研发之间的沟通桥梁，是售后人员价值的终极体现。好的缺陷报告可以减少研发部门的二次缺陷率，提高研发效率，提升售后人员的信誉度和产品的贡献度。对于一个有软件测试功底的售后技术支持人员来说，记录问题应该不成问题。

记录之后要有效地处理这些意见和问题，将它们当作需求变更，进行需求分析。有的反馈意见并不能算是真正的问题，可以通过变通的方式去实现，而有的需求则需要及时满足。

对于不合理的需求或者一些非常个性化的需求，最终目的是不修改，但又必须让客户信服。那么，作为售后技术支持人员要说服客户这样做的坏处，以及当前系统的处理方式有什么优点。

对于合理的需求，要进行需求分析、设计、开发、测试、发布这样的流程，当然也要考虑需求的优先级和重要性，这跟售前技术支持的工作是类似的。如果是多客户提出了同样的问题，那么可以对系统进行升级，为每一位客户提供该功能。通过不断的系统升级改造，使得客户对产品更加信任，增加安全感。

对于一般的软件和硬件问题，技术支持人员尽快记录并解决即可。对于重大的系统故障，如系统崩溃或第三方应用软件报错、硬件损坏等，可以指派后台高级工程师在报修后尽快恢复系统。

3. 服务方式

客户的每一个问题处理请求都要经过技术支持服务体系。一般来说，可以通过电话沟通、远程协助、邮件沟通、现场支持等途径来提供服务。包括但不限于以下几种方式：

（1）热线支持：通过客服电话、对系统服务请求的响应和答复，并配合远程网络登录的方式，完成服务请求响应的全过程，同时按要求填写相应文档和表单。

（2）网上支持：通过技术支持网站、邮件等方式回答关于软件相关问题，通过网络远程监控、诊断和解决各基层项目单位软件问题及故障。

（3）现场支持：根据要求配置专门的现场技术支持人员，用于响应事出紧急或无法通过常规方法（热线支持和网上支持）解决的系统基层单位的重大疑难问题。

10.4 本 章 小 结

为了让读者全面了解软件测试岗位，本章介绍了软件测试人员软技能，包括必备技能、职业素养、道德规范以及团队协作。可以在工作中提醒自己的不足，鞭策自己不断地学习。新入门的测试人员进入一个管理不那么规范的公司时，往往会感到困惑。所以本章同时介绍了测试团队的组织架构、测试人员的考核指标以及职业发展规划，这些知识有利于软件测试新人在实际工作中迅速找准定位和发展方向。

最后介绍了技术支持工作，包括售前技术支持和售后技术支持。这是实际工作中除了开发、运维、测试之外的很常见的工种，有利于读者的全面发展。

软件测试的目的概括来说就是寻找软件的缺陷，它要求软件测试人员时时要求完美，时时有发现问题的眼睛，越是优秀的测试人员就越喜欢追求完美，越喜欢发现问题。在此需要提醒一点的是，谨防“职业病”——我们不能因为前台姑娘在微笑时 8 颗牙齿没有全露出来就说不符合 UI 标准；不能因为在吃菜的时候发现了一只苍蝇，就怀疑可能还有蚊子、笤帚枝、小飞虫和头发丝并发誓全都要找出来；也不能因为你觉得小王的男朋友说爱她一生一世的用例测试难度较大就建议人家换个爱她时间在一年以内的；更不能因为地铁车门被东西挡

在中间而关不上，你就突然想测试下车门会持续开多长时间；有人找你问路，你不需要覆盖12 种走法……不过，如果在街上看见两个人吵架，你倒是可以过去劝一劝，本着以和为贵的精神告诉他们：“不要争了，看看 UI 就明白了。”

10.5 本章练习

一、多选题

（1）软件测试人员的必备技能有哪些？（　　）

A．软件测试的基础知识　　B．计算机相关的基础知识

C．行业知识　　D．美学观

（2）测试部门常见的组织架构有哪几种？（　　）

A．金字塔式管理模式　　B．职能式管理模式

C．矩阵化管理模式　　D．项目式管理模式

（3）考核软件测试人员的硬指标有哪几种？（　　）

A．缺陷逃逸率　　B．发现的缺陷数量

C．测试文档的数量　　D．测试效率

（4）在软件领域，技术支持包括哪两种？（　　）

A．售前技术支持　　B．售后技术支持

C．远程技术支持　　D．现场技术支持

（5）不同用户层次使用软件系统的角色不同，使用功能的侧重点也不同，以下说法中正确的是（　　）。

A．针对普通用户，侧重于按照不同部门的功能侧重点进行分批培训，便于对各自业务系统的把握。

B．针对系统管理员和应用级管理员，应侧重于系统的建设原理和规划、总体架构、常见问题的解决、系统安装配置等内容。

C．针对技术人员，侧重于应用系统的开发原理、开发工具、系统架构等的培训，使其掌握系统二次开发技术，为今后升级改造储备技术支撑。

D．针对全员，应做全面的培训，使客户公司每个成员都能掌握系统的全部资料和操作。

二、判断题

（1）测试人员需要拥有“三心二意”的精神。这里的“三心二意”是指细心、耐心、责任心、团队合作的意识以及缺陷预防的意识。（　　）

（2）一个好的测试团队，一定是一个学习型的团队。学习型组织是有生命力的，测试人员可以不断地学习到更多的测试理论和技能。（　　）

（3）测试人员和开发人员的沟通应该做到六“要”、四“不要”。（　　）

附录 A

常用正交表

（1）L_4（2^3）

列号 实验号	1	2	3
1	1	1	1
2	1	2	2
3	2	1	2
4	2	2	1

（2）L_8（2^7）

列号 实验号	1	2	3	4	5	6	7
1	1	1	1	1	1	1	1
2	1	1	1	2	2	2	2
3	1	2	2	1	1	2	2
4	1	2	2	2	2	1	1
5	2	1	2	1	2	1	2
6	2	1	2	2	1	2	1
7	2	2	1	1	2	2	1
8	2	2	1	2	1	1	2

（3）L_{12}（2^{11}）

列号 实验号	1	2	3	4	5	6	7	8	9	10	11
1	1	1	1	1	1	1	1	1	1	1	1
2	1	1	1	1	1	2	2	2	2	2	2
3	1	1	2	2	2	1	1	1	2	2	2
4	1	2	1	2	2	1	2	2	1	1	2
5	1	2	2	1	2	2	1	2	1	2	1
6	1	2	2	2	1	2	2	1	2	1	1

续表

实验号 \ 列号	1	2	3	4	5	6	7	8	9	10	11
7	2	1	2	2	1	1	2	2	1	2	1
8	2	1	2	1	2	2	2	1	1	1	2
9	2	1	1	2	2	2	1	2	2	1	1
10	2	2	2	1	1	1	1	2	2	1	2
11	2	2	1	2	1	2	1	1	1	2	2
12	2	2	1	1	2	1	2	1	2	2	1

（4）$L_9(3^4)$

实验号 \ 列号	1	2	3	4
1	1	1	1	1
2	1	2	2	2
3	1	3	3	3
4	2	1	2	3
5	2	2	3	1
6	2	3	1	2
7	3	1	3	2
8	3	2	1	3
9	3	3	2	1

（5）$L_{16}(4^5)$

实验号 \ 列号	1	2	3	4	5
1	1	1	1	1	1
2	1	2	2	2	2
3	1	3	3	3	3
4	1	4	4	4	4
5	2	1	2	3	4
6	2	2	1	4	3
7	2	3	4	1	2
8	2	4	3	2	1
9	3	1	3	4	2
10	3	2	4	3	1
11	3	3	1	2	4
12	3	4	2	1	3
13	4	1	4	2	3

续表

列号 实验号	1	2	3	4	5
14	4	2	3	1	4
15	4	3	2	4	1
16	4	4	1	3	2

（6）L_{25}（5^6）

列号 实验号	1	2	3	4	5	6
1	1	1	1	1	1	1
2	1	2	2	2	2	2
3	1	3	3	3	3	3
4	1	4	4	4	4	4
5	1	5	5	5	5	5
6	2	1	2	3	4	5
7	2	2	3	4	5	1
8	2	3	4	5	1	2
9	2	4	5	1	2	3
10	2	5	1	2	3	4
11	3	1	3	5	2	4
12	3	2	4	1	3	5
13	3	3	5	2	4	1
14	3	4	1	3	5	2
15	3	5	2	4	1	3
16	4	1	4	2	5	3
17	4	2	5	3	1	4
18	4	3	1	4	2	5
19	4	4	2	5	3	1
20	4	5	3	1	4	2
21	5	1	5	4	3	2
22	5	2	1	5	4	3
23	5	3	2	1	5	4
24	5	4	3	2	1	5
25	5	5	4	3	2	1

（7）L_8（4×2^4）

实验号 \ 列号	1	2	3	4	5
1	1	1	1	1	1
2	1	2	2	2	2
3	2	1	1	2	2
4	2	2	2	1	1
5	3	1	2	1	2
6	3	2	1	2	1
7	4	1	2	2	1
8	4	2	1	1	2

（8）L_{12}（3×2^4）

实验号 \ 列号	1	2	3	4	5
1	1	1	1	1	1
2	1	1	1	2	2
3	1	2	2	1	2
4	1	2	2	2	1
5	2	1	2	1	1
6	2	1	2	2	2
7	2	2	1	2	2
8	2	2	1	2	2
9	3	1	2	1	2
10	3	1	1	2	1
11	3	2	1	1	2
12	3	2	2	2	1

（9）L_{16}（$4^4\times2^3$）

实验号 \ 列号	1	2	3	4	5	6	7
1	1	1	1	1	1	1	1
2	1	2	2	2	1	2	2
3	1	3	3	3	2	1	2
4	1	4	4	4	2	2	1
5	2	1	2	3	2	2	1
6	2	2	1	4	2	1	2
7	2	3	4	1	1	2	2
8	2	4	3	2	1	1	1

续表

实验号 \ 列号	1	2	3	4	5	6	7
9	3	1	3	4	1	2	2
10	3	2	4	3	1	1	1
11	3	3	1	2	2	2	1
12	3	4	2	1	2	1	2
13	4	1	4	2	2	1	2
14	4	2	3	1	2	2	1
15	4	3	2	4	1	1	1
16	4	4	1	3	1	2	2

附录 B

部分练习参考答案及解析

第 1 章　软件测试概述

一、单选题

（1）【答案】　A

【解析】　IEEE 对测试的定义：使用人工或自动的手段来运行或测定某个系统的过程，其目的在于检验它是否满足规定的需求，或弄清楚预期结果与实际结果之间的差别。

软件测试是为了发现软件中存在的错误而执行一段程序的过程，其目标是查找出软件错误，证明软件存在错误，而不是去证明软件不存在错误。所以，选项 B 不正确。

软件测试按照执行方式可以分为手工测试和自动化测试。自动化测试虽然有很强的优势，但也存在不少局限性，所以自动化测试永远也不会完全取代手工测试，手工测试和自动化测试结合起来才是硬道理。所以，选项 C 和 D 不正确。

（2）【答案】　A

【解析】　人类历史上真正意识到软件缺陷的危害是通过一起医疗事故。20 世纪 80 年代，加拿大的一个公司生产了一种用于治疗癌症的放射性治疗仪。当时在加拿大和美国共有 11 台这样的放射性治疗仪投入使用，结果造成了 6 例病人很快死亡，原因是放射性治疗仪的软件存在缺陷。

（3）【答案】　A

【解析】　QA 是 Quality Assurance，即质量保证。质量控制是 Quality Control。

二、多选题

（1）【答案】　ABC

【解析】　软件是计算机系统中与硬件相互依存的一部分，包括程序、数据以及与其相关的文档的完整集合。其中，程序是按事先设计的功能和性能要求执行的指令序列；数据是使程序能正常操作信息的数据结构；文档是与程序开发、维护和使用有关的图文材料。

（2）【答案】　ABC

【解析】　通常情况下，软件测试至少要达到下列目标：确保产品完成了它所承诺或公布的功能，确保产品满足性能和效率的要求，确保产品是健壮的、适应用户环境的。软件测试只能尽量暴露软件中的缺陷，但不能保证软件当中没有缺陷。所以，选项 D 说法错误。

（3）【答案】　ABCD

【解析】　略。

（4）【答案】　BCD

【解析】　V 模型的测试级别包括单元测试、集成测试、系统测试和验收测试。所以，选项 A 不属于 V 模型的测试级别。

（5）【答案】　BC

【解析】　单元测试阶段主要使用白盒测试技术，而系统测试阶段可以使用各种测试技术相结合的方法。所以，选项 A 说法错误。

黑盒测试可以定位系统需求的缺陷；而白盒测试则是对程序内部逻辑结构的测试，它的缺点是无法检查程序的外部特性，无法对未实现的规格说明的程序内部欠缺部分进行测试。所以，选项 D 说法错误。

（6）【答案】　ABC

【解析】　自动化测试有很强的优势，它借助了计算机能力，可以重复地、不知疲倦地运行，对于数据能进行精确的、大批量的比较，而且不会出错。

当然，自动化测试也有其局限性，例如，测试工具本身不能满足所有的测试要求，测试工具的复杂性制约了人们的使用，而且有些测试工具非常昂贵，尤其是在程序本身不稳定时，不建议使用自动化测试。另外，自动化脚本的维护量也很大，需要专人去维护。手工测试胜在测试业务逻辑；而自动化测试胜在测试底层架构，如测试一些崩溃、挂起、错误返回码、异常和内存使用等，速度快，但是也困难一些。自动化工具永远也不可能代替手工测试，手工测试和自动化测试结合起来才是硬道理。所以，选项 D 说法错误。

（7）【答案】　ABCD

【解析】　验收测试有下面几种典型的类型：用户验收测试、运行（验收）测试、合同或法规性验收测试以及 α 测试和 β 测试。

用户验收测试一般是验证由商业用户使用一个系统的可用性。

运行（验收）测试主要是系统备份/恢复测试、灾难恢复测试、用户管理测试、维护任务测试、安全漏洞阶段性检查。

合同验收测试是根据合同中规定的生产客户定制软件的验收准则对软件进行测试。

α 测试是由用户在开发环境下进行的测试，也可以是公司内部的用户在模拟实际操作环境下进行的测试，试图发现错误并修正。

β 测试是由软件的最终用户在一个或多个客户场所进行的测试。

（8）【答案】　AB

【解析】　UFT 和 Selenium 属于功能自动化测试工具。

三、判断题

（1）【答案】　√

【解析】　软件测试是软件质量保证的一部分，有助于提高软件的质量，但不是软件质量保证的全部。软件质量保证与软件测试的主要区别是：质量保证侧重事前预防，而软件测试侧重事后检测；质量保证要管理和控制软件开发流程的各个过程，软件测试只能保证尽量暴露软件的缺陷。

（2）【答案】　√

【解析】 回归测试是对已修改过缺陷的程序进行重复测试，以发现在这些变更后是否有新的缺陷引入或被屏蔽。回归测试有两重含义：一是所做的修改达到了预期的目的，也就是确认测试；二是要保证不影响软件的其他功能的正确性。所以，回归测试是包含了确认测试的，同时要测试其他功能模块有没有引入新的缺陷。

（3）【答案】 ×

【解析】 配置测试是验证被测软件在不同的软件和硬件配置中的运行情况。配置测试执行的环境是所支持软件运行的环境。测试环境适合与否严重影响测试结果的真实性和正确性。题目中的这个概念是指兼容性测试。

第2章 软件测试流程和过程模型

一、单选题

（1）【答案】 D

【解析】 常见的软件测试过程模型有V模型、W模型、H模型，选项D中的瀑布模型属于开发过程模型。

（2）【答案】 D

【解析】 W模型又叫双V模型，开发是“V”，测试也是与此并行的“V”。W模型的开发环节有需求分析、概要设计、详细设计、编码实现、模块集成、系统构建、系统安装。测试环节有需求测试、概要设计测试、详细设计测试、单元测试、集成测试、系统测试、验收测试。所以，A、B、C均属于开发环节。

（3）【答案】 D

【解析】 程序中存在软件缺陷的可能性与该部分已经发现的缺陷成正比。意思是说，一段程序中已发现的错误数越多，意味着这段程序的潜在错误也较多，这是软件缺陷的集群现象。所以，选项D是错误的。

（4）【答案】 C

【解析】 程序员应该尽量避免测试自己编写的程序。但这并不意味着程序员就不能测试自己的程序，而是应该让独立的第三方来构造测试会更加客观、有效，并容易取得成功。因为人们常具有一种不愿意否定自己工作的心理，认为揭露自己程序中的问题总是一件很不愉快的事情，这一心理状态会成为程序员测试自己程序的障碍。另外，如果程序员本身对需求理解有误，就会带着同样的误解来测试自己的程序，这种错误就根本不可能测试出来。所以，选项C是错误的。

（5）【答案】 D

【解析】 大数据系统数据的特点是5V：大规模（Volume），类型多样（Variety），产生速度快（Velocity），商业价值高（Value），数据准确和可信赖（Veracity）。

二、多选题

（1）【答案】 BCD

【解析】 软件测试流程包括以下几个阶段：测试需求分析，测试计划制订，测试用例设计，测试环境搭建，测试数据准备，测试执行及缺陷处理，测试总结报告，测试文件归档。

而选项 A 中的编写需求文档是产品和需求人员需要做的事情。

（2）【答案】 ABCD

【解析】 软件项目过程中产生的文档很多都需要评审，如需求说明书、概要设计文档、详细设计文档、软件测试计划、软件测试用例、软件测试报告等。

（3）【答案】 ABC

【解析】 用户可能会在长时间、大范围的使用中发现其余 20%中的 20%的缺陷，也即是 4%的缺陷，所以，选项 D 错误。

（4）【答案】 ABC

【解析】 程序员应该尽量避免测试自己编写的程序。但这并不意味着程序员就不能测试自己的程序，而是应该让独立的第三方来构造测试会更加客观、有效，并容易取得成功。

因为人们常具有一种不愿意否定自己工作的心理，认为揭露自己程序中的问题总是一件很不愉快的事情，这一心理状态会成为程序员测试自己程序的障碍。

另外，如果程序员对需求理解有误，就会带着同样的误解来测试自己的程序，这种错误就根本不可能测试出来。而第三方测试一般都有专业成熟的测试技术。所以，选项 D 错误。

（5）【答案】 ABC

【解析】 新功能的测试，最好在类生产的迷你测试环境上进行，以免出现问题影响线上客户的正常使用。所以，选项 D 错误。

（6）【答案】 BCD

【解析】 常见的大数据获取方式有很多，也不难理解。例如，通过网络爬虫来“爬取”免费的网络数据，向一些数据机构购买有价值的数据，共享合作公司提供的数据，以及使用自己公司的自有数据。

获取自有数据比较准确、实时、高效。根据使用场景的不同，测试数据可以直接使用真实数据，也可以按照某种算法进行构造。如真实数据引流、生产环境数据复制、构造数据。

而选项 A 中“购买数据”一般都不是自有数据。所谓的自有数据，就是自己公司所拥有的数据，无须购买。

（7）【答案】 ABCD

【解析】 略。

（8）【答案】 ABCD

【解析】 大数据系统有其自身的特点，如数据规模大、数据多样、计算复杂度高、分布式结构等，使得对它的测试与传统软件测试有所不同，包括需要使用大数据测试工具、测试环境和数据的准备等，对测试人员提出了更高的专业要求。

三、判断题

（1）【答案】 √

【解析】 略。

（2）【答案】 √

【解析】 W 模型最大的局限性就是无法支持迭代。W 模型和 V 模型都把软件视为需求、设计、编码等一系列串行的活动。同样地，软件开发和测试也是保持一种线性的前后关系，需要有严格的指令表示上一阶段完全结束，才可正式开始下一个阶段的工作，这样就无法支持迭代。

（3）【答案】 √

【解析】 软件测试报告是一个展示测试人员工作过程的机会。软件缺陷列表和软件测试用例都太详细了，而且篇幅比较大，专业性又强，很多人对其不感兴趣，但是测试报告却是很多人都会看的一份文档。所以，学会撰写软件测试报告会帮助你更好地在工作中找到自己的价值。

第3章 软件测试计划

一、单选题

（1）【答案】 C

【解析】 测试计划中不应该包含测试详细规格和测试用例，要分开存放。测试计划和测试用例是战术与战略的关系，测试计划主要从宏观上规划测试活动的范围、方法及资源配置，而测试用例是完成测试任务的具体战术。

（2）【答案】 A

【解析】 测试计划中的测试进度通常会由于项目中的某些变更而发生改变，一定要对软件测试计划进行评审，而且根据评审意见和建议进行修正和更新。即便如此，在后续的软件测试执行过程中，仍然会出现“计划赶不上变化”的情况，所以测试计划需要不断更新。

（3）【答案】 D

【解析】 一般情况下，软件测试计划采用的形式是书面文档，但不能片面地认为制订软件测试计划就是写一篇文档。实际上，文档只是创建详细计划过程的一个副产品，并非计划过程的根本目的，测试过程的最终目标是交流软件小组的意图、期望以及对将要执行的测试任务的理解。所以，重要的是计划过程，而不是产生的结果文档。但这并不是说描述和总结计划过程结果的最终测试计划文档就不需要了，相反，仍然需要有一个记录测试计划过程的结果文档作为参考和归档使用——在一些行业中这是法律的要求。所以，选项D说法是错误的。

（4）【答案】 A

【解析】 测试资源包括软件资源、硬件资源和人力资源三大部分。

二、多选题

（1）【答案】 ABCD

【解析】 在项目管理中，决定项目成败的是项目三约束条件 TRQ，但通过实际项目的经验来看，当项目因为某种原因不能按计划完成，而 TRQ 都固定的情况下，项目组成员往往会选择牺牲项目质量，使软件变得粗制滥造。所以，软件质量在项目中也是一个非常重要的约束条件，是保证项目成功的重要因素之一。

（2）【答案】 BD

【解析】 根据需求来源的不同，软件分为产品类软件和项目类软件。每种软件需求获取方式不一样，对人员素质要求也不一样。

（3）【答案】 ABCD

【解析】 项目小组中的全部成员在高级质量和可靠性目标上达成一致是一件困难的事

情。所以，术语定义的第一个作用就是让小组内全体人员说法一致，另外也是为了让非专业人士能看懂这份测试计划文档。在术语定义中，需要列出文中出现的专门术语和外文首字母缩略语的原词组，包括通用词语在本文中的专用解释。

（4）【答案】 ABCDEF

【解析】 可能遇到的风险有需求风险、测试用例风险、缺陷风险、代码风险、测试环境风险、测试技术风险、回归测试风险、沟通协调风险、研发流程风险以及其他不可预计的风险。

三、判断题

（1）【答案】 ×

【解析】 虽然软件测试计划一般是由测试经理编写的，但作为软件测试新手，也需要学习如何编写测试计划，也要准备好向测试经理为测试计划提供自己负责模块的计划内容。

（2）【答案】 ×

【解析】 软件测试计划的内容和格式并不是一成不变的，文档只是软件测试计划的副产品，测试计划的过程才是计划的重点。要想编写出来的软件测试计划文档实用有效，就必须重视计划的过程，否则软件测试计划只能是“废纸一张”，在实际工作中可能被“束之高阁”。

（3）【答案】 √

【解析】 略。

（4）【答案】 ×

【解析】 软件测试计划是指导测试过程的纲领性文件，在项目执行中发挥核心作用，其设定了测试准备工作和执行测试的必备条件，同时形成了测试过程质量保证的基础。

第 4 章 软件测试用例概述

一、多选题

（1）【答案】 BD

【解析】 测试用例必须给定明确的预期结果，以便和实际结果相比较。所以，选项 A 说法错误。

编写测试用例是必须做的工作，一份好的测试用例具有如下几个作用：避免盲目测试，提高测试效率，确保功能需求不被遗漏，便于回归测试，为测试的度量提供评估基准。所以选项 C 说法错误。

（2）【答案】 CD

【解析】 选项 A 说法有误。测试用例并不是一成不变的，它需要不断地更新和维护，这是一个不断修改完善的过程。无论事先把测试用例设计得如何好，开始执行测试后，可能又会考虑编写新的测试用例。

选项 B 的说法也有误。测试用例文档的模板通常也不是固定不变的，可以在通用模板的基础上进行定制化，灵活运用，来指导实际的测试工作。

二、判断题

（1）【答案】 √

【解析】 略。

（2）【答案】 ×

【解析】 测试用例是需要不断更新和维护的。不管测试之前想得多么全面，等到真正测试的时候，仍然会发现缺少部分测试用例，此时应该更新测试用例。

（3）【答案】 √

【解析】 没有明确的需求文档的时候，软件测试人员可以像软件需求人员一样根据不同的项目类型去获取测试需求。除此以外，还要学会灵活应对，常用的方式有以下几种：阅读遗留文档，收集整理已有的需求；向相关人员咨询；参考同类产品的需求说明；采用探索性测试的解决方案。

（4）【答案】 ×

【解析】 探索性测试虽然在获取测试点的时候起到一定的作用，但它本身不是一个非常强大的测试技术，它不能预先规划，不能确定和衡量测试的覆盖率，无法保证重要的测试路径不会被遗漏。

（5）【答案】 √

【解析】 用例编号是标识该测试用例的唯一编号，用以区别其他测试用例。定义编号的规则主要是便于检索。

（6）【答案】 √

【解析】 测试数据是描述测试用例所需的输入数据或条件。除了数据之外，还可以是文件或具体操作（如单击鼠标、在键盘上做按键处理等）。

（7）【答案】 ×

【解析】 测试用例的编写需要遵守以下几条基本设计原则：测试用例的描述要明确、简洁；测试用例对需求的覆盖采用最小化原则；测试用例编写要有条理、逻辑性强；功能覆盖全面、深入，能发现软件中更多的缺陷。所以，对需求的覆盖并不是尽量宽泛。

（8）【答案】 √

【解析】 划分测试用例的优先级，可以为待定的自动化测试准备一个好的起点。那些反复被执行最多次数的测试用例，可以使用自动化的解决方案。BVTs 测试用例就是反复被执行最多次数的部分测试用例。

（9）【答案】 ×

【解析】 测试用例的优先级别划分在不同公司并不完全一样，可以灵活变动。例如，有的公司可能把测试用例的优先级分为“高”“中”“低”三个级别，或者“P1”和“P2”两个级别。只要分别对它们进行定义，并取得项目小组的一致认可即可。

第5章 高效设计测试用例

一、单选题

（1）【答案】 D

【解析】 根据边界值分析法，选择刚好小于、刚好等于、刚好大于边界的值作为测试数据，再增加一条正常的测试数据。故答案为D。

（2）【答案】 D

【解析】 有效日期应该包含全月缺勤和满勤，故有效等价类是0<=出勤日<=264。

（3）【答案】 D

【解析】 如果已知的等价类中各个元素在程序中的处理方式不同，则可以划分成更小的等价类。

（4）【答案】 A

【解析】 根据题目条件，按照判定表法推导出表格内容。第一列中，投入1元币，按“可乐”按钮，那么不会退还1元币，会送出“可乐”饮料，不会送出“雪碧”饮料，故ABC处填010。第二列中，投入1元币，不按任何按钮，那么不会送出“红茶”饮料，故D处填0。第三列中，投入2元币，按“红茶”按钮，那么会退还1元币，同时送出“红茶”饮料，故EF处分别填11。第四列中，不投入任何币，直接按“红茶”按钮，不会退还1元币，也不会送出“雪碧”饮料，故GH处填00。综上所述，应选择A。

（5）【答案】 C

【解析】 略。

（6）【答案】 D

【解析】 因果图约束中的输入约束包括异、或、唯一、要求。输出约束是强制。

（7）【答案】 D

【解析】 根据条件和动作，列出判定表如附表B-1所示。

附表B-1 “机器维修”初始判定表

		1	2	3	4	5	6	7	8
条件	功率大于50马力吗？	Y	Y	Y	Y	N	N	N	N
	维修记录不全吗？	Y	Y	N	N	Y	Y	N	N
	运行超过10年吗？	Y	N	Y	N	Y	N	Y	N
动作	进行优先处理	X	X	X		X		X	
	做其他处理				X		X		X

根据判定表的简化原理，简化后的判定表如附表B-2所示

附表B-2 简化后的“机器维修”判定表

		1	2	3	4	5
条件	功率大于50马力吗？	Y	Y	Y	N	N
	维修记录不全吗？	Y	N	N	--	--
	运行超过10年吗？	--	Y	N	Y	N
动作	进行优先处理	X	X		X	
	做其他处理			X		X

所以，选项D不正确。此题中有8种规则，但最终会产生5条测试用例。

（8）【答案】 A

【解析】 本题中因素数为3：姓名、身份证号码、手机号码；水平数为2：填或不填。那么正交表应该选择A。

（9）【答案】 D

【解析】 黑盒测试也称为功能测试，主要用于集成测试、确认测试和系统测试阶段。黑盒测试根据软件需求规格说明所规定的功能来设计测试用例，一般包括功能分解、等价类划分、边界值分析、判定表、因果图、状态图、随机测试、错误推测和正交实验法等。

在设计测试用例时，等价类划分是用得最多的一种黑盒测试方法。所谓等价类就是某个输入域的集合，对每一个输入条件确定若干个有效等价类和若干个无效等价类，分别设计覆盖有效等价类和无效等价类的测试用例。无效等价类是用来测试非正常的输入数据的，所以要为每个无效等价类设计一个测试用例。所以，选项D错误。

边界值分析通过选择等价类边界作为测试数据，不仅重视输入条件边界，而且也必须考虑输出域边界。在实际测试工作中，将等价类划分法和边界值分析结合使用，能更有效地发现软件中的错误。

因果图法是在用自然语言书写的程序规格说明的描述中找出因（输入条件）和果（输出或程序状态的改变），可以将因果图转换为判定表。

正交实验设计法，就是使用已经造好的正交表来安排实验并进行数据分析的一种方法，目的是用最少的测试用例达到最高的测试覆盖率。

（10）【答案】 B

【解析】 黑盒测试方法，设计测试用例的主要根据是程序外部功能（需求规格说明书）。

二、多选题

（1）【答案】 AC

【解析】 黑盒测试有2种基本方面的验证，就是“通过测试”和“失败测试”。通过测试是指确认软件能做什么；失败测试是指在确信软件能正确运行以后，可以采取各种手段通过“搞垮”软件的方式找出缺陷。

（2）【答案】 AD

【解析】 计算平方根功能，隐含的条件是实数>=0，所以，有效等价类为：输入值>=0；而无效等价类为：输入值<0。

（3）【答案】 ABD

【解析】 测试人员的经验越丰富、工作越细心，就越容易使用错误推测法来发现缺陷。所以，选项C说法错误。

（4）【答案】 ABD

【解析】 使用正交实验法有其局限性，目前常见的正交表数量有限，即使是已有的正交表，基本上也都要求每个控件中取值个数（水平个数）相等，在实践中很难说遇到的全是这种情况。所以，选项C说法错误。

（5）【答案】 CE

【解析】 正交实验法是考虑用最少的用例来覆盖大量组合的情况。它是一种基于正交表的、高效率、快速、经济的实验设计方法，它研究“多因素多水平”的情况，然后套用正交表来随机地产生用例，是一种提高测试覆盖率的简单易用的方法。所以，选项C说法错误。

正交法可以在兼容性测试中使用，例如，设计一个浏览器和操作平台的兼容性矩阵，就

可以采用正交实验法。所以，选项E说法错误。

（6）【答案】 ABD

【解析】 场景法的典型应用是偏重于大的业务流程，目的是用业务流把各个孤立的功能点串起来，为测试人员建立整体业务感觉，从而避免陷入功能细节而忽视业务流程要点的错误倾向。所以，选项C不正确。

三、判断题

（1）【答案】 √

【解析】 略。

（2）【答案】 √

【解析】 略。

（3）【答案】 ×

【解析】 因果图法也存在一定的缺点。输入条件与输出结果的因果关系有时难以从软件需求规格说明书中得到；有时即使得到了这些因果关系，也会因为因果图关系复杂导致图非常庞大，难以理解，测试用例数目也会极其庞大。事实上，画因果图只是一种辅助工具，通过分析最终得到判定表，再通过判定表编写测试用例，该过程比较麻烦，影响测试效率。

（4）【答案】 √

【解析】 略。

（5）【答案】 √

【解析】 略。

（6）【答案】 √

【解析】 大纲法是一种着眼于需求功能的方法，是从宏观上检验需求的完成度。大纲法是一种组织思维的工具，汇集了需求文档的核心内容，只能保证软件的大体功能没有被遗漏。

（7）【答案】 ×

【解析】 大多数互联网公司，一般走的都是敏捷开发模式，讲究小步快跑、快速试错，留给测试人员的时间非常短，需要我们做某种程度的妥协，也就是需要“简化测试用例”，只写测试点即可。这并不是说不考虑各种用户场景，而是尽可能地通过一句话描述出这个用例的概要，然后通过概要去执行测试。

第6章 软件缺陷报告

一、单选题

（1）【答案】 A

【解析】 通过对众多从小到大的项目进行研究，我们得出了一个惊人的结论：大多数软件缺陷并非源自程序错误，而是产品说明书。

（2）【答案】 D

【解析】 缺陷报告的基本信息包括缺陷标题、测试环境、复现环境（操作步骤）、实际结果、预期结果、注释。所以，答案是D。缺陷处理优先级属于软件缺陷报告的属性。

（3）【答案】　C

【解析】　选项A中描述太过笼统，什么时候不管用没有说明。选项B中描述太过笼统，没有说明错误的结果是什么。选项D中信息没有被充分隔离，所有的引号都如此吗？什么类型的引号？

（4）【答案】　D

【解析】　软件缺陷报告是针对产品的，针对问题本身，将事实和现象客观地描述出来就可以了，否则开发人员和测试人员很容易形成对立关系。不要使用类似“很糟糕”之类的带倾向性、个人观点或煽动性的措辞，不要对软件的质量优劣做任何主观性的批评和嘲讽。也不要使用一些带有情绪的强调符号，如黑体、全部字母大写、斜体、感叹号、问号等。不要使用自认为比较幽默的语言。少使用“我（I）”“你（You）”等人称代词，可以使用“用户（User）”代替。

（5）【答案】　B

【解析】　选项A属于功能错误。选项C属于接口错误。选项D属于界面错误。

（6）【答案】　D

【解析】　一般地，严重程度越高的软件缺陷具有较高的处理优先级，但这并不是绝对的。有时候严重程度高的软件缺陷，其优先级不一定高，甚至不需要处理；而一些严重程度低的缺陷却需要及时处理，反而具有更高的处理优先级。所以，选项A说法错误。

通常，功能性缺陷一般较为严重，具有较高的优先级；而软件界面类缺陷的严重性一般比较低，优先级也比较低，但这也不是绝对的。所以，选项B说法错误。

软件缺陷的优先级在项目期间也不是一成不变的，有时候也会发生变化。所以，选项C说法错误。

二、多选题

（1）【答案】　ABCDE

【解析】　略。

（2）【答案】　AC

【解析】　良好的复现步骤应该包含本质的信息，按照下列方式书写：提供测试的前提条件和测试环境；如果有多种方法触发该缺陷，请在步骤中包含；简单地一步一步地引导复现该缺陷，每个步骤尽量只记录一个操作；尽量使用短语和短句，避免复杂句型和句式；复现的操作步骤要完整、准确、简短；只记录各个操作步骤是什么，不要包含每个操作步骤执行后的结果；将常见的步骤合并为较少的步骤。所以，选项B和D都不正确。

（3）【答案】　ABC

【解析】　回归测试是测试人员非常头疼的一件事情，时间紧迫是回归测试的一大难题，不可能对每一个小的改动都做Full Regression测试。所以，可以使用“基于风险的测试方法”。也需要在测试的适当阶段引入新的测试人员来补充测试，让新加入的测试人员带来新的灵感。另外，推荐在适当的项目中使用自动化测试工具来进行回归测试。所以，选项D不正确。

（4）【答案】　ABC

【解析】　BugFree有三大功能模块，包括Bug、Case、Result。所以，选项D错误。

（5）【答案】　ABCD

【解析】　略。

三、判断题

（1）【答案】 √

【解析】 并不是每个提交的缺陷都会被修复，原因如下：提交的可能根本不是一个缺陷，而是测试人员的误解导致的；迫于项目的压力，没有足够的时间修复缺陷；限于现有开发人员的能力和技术问题，无法解决软件缺陷；有些不值得修复的缺陷发生在用户使用频率非常低的模块中；有些缺陷看似很简单，但修改它可能会引起底层架构的变更。

（2）【答案】 √

【解析】 对于存在分歧的缺陷，不能由开发人员或测试人员单方决定，一般要通过某种评审、分析、讨论和仲裁。评审缺陷的委员会，可能由开发经理、测试经理、项目经理和市场人员等共同组成，不同角色的人员从不同的角度来思考，以做出正确的决定。

（3）【答案】 ×

【解析】 从技术上讲，所有的软件缺陷都是能够修复的，但常常会由于某些原因导致缺陷不被修复，测试人员要做的就是能够正确判断什么时候不能追求软件的完美。对于整个项目团队来说，要做的是对每一个软件缺陷进行取舍，或者根据风险决定哪些缺陷需要修复。

（4）【答案】 ×

【解析】 缺陷报告处理流程的复杂度可以根据实际工作的需要进行调整。

（5）【答案】 ×

【解析】 对于随机缺陷采取适当的方法处理。首先，一定要及时详细地记录缺陷并提交到缺陷管理工具中。其次，寻找合适的时间去尽量复现，或者等开发人员有空的时候再一起调试。要避免因为一棵大树而丢掉整个森林，保证项目的正常进度。

（6）【答案】 ×

【解析】 对于被开发人员拒绝的缺陷，测试人员也要进行跟踪，不能置之不理。

（7）【答案】 √

【解析】 在实际结果中，为了确保导致软件缺陷的全部细节是可见的，可以使用截图的方式；如果描述的是一个变化的流程缺陷，也可以使用 GIF 动图，或者更直接地使用手机或计算机录制视频，这将给开发人员定位问题提供很大的帮助。

（8）【答案】 ×

【解析】 对于标记为“不是缺陷”的缺陷报告，在实际项目中经常存在争议。作为测试人员，要先确认提交的缺陷描述是否有歧义，导致了开发理解错误；如果自己的描述没有问题，那么要和开发人员沟通他认为不是缺陷的原因，或许是彼此对需求的理解不一致导致的；如果双方沟通后，都还坚持己见，那么就要找 PM 进行判定，可以追溯到用户需求，PM 有最终决定权。

第 7 章 软件测试报告

多选题

（1）【答案】 ABC

【解析】 综合来说，软件测试总结报告的作用主要有 3 个：一是对整个项目的测试过程和质量进行评价；二是对产品各阶段的遗留问题进行总结；三是为后续的测试过程改进提供依据。软件测试总结报告中的结论也可能是不同意发布上线，所以，选项 D 错误。

（2）【答案】 ABCD

【解析】 软件测试总结报告的内容也不是固定的模板，但常见的包括项目概述、测试概要、缺陷统计和分析、测试结论和问题改进等几项。

（3）【答案】 ABC

【解析】 RUP 以三类形式的报告提供缺陷评估：缺陷分布（密度）报告、缺陷龄期报告、缺陷趋势报告。

（4）【答案】 ABCD

【解析】 对于缺陷分布（密度）报告，常用的缺陷参数主要有 4 个：缺陷状态、缺陷优先级、缺陷严重级别、缺陷起源等。

（5）【答案】 AB

【解析】 现在常见的软件质量管理体系有 ISO 9000 和 CMM 标准，这两者都强调形成文档的制度、规范和模板，严格按照制度办事，按照要求形成必要的记录，检查、监督和持续改善。PDCA 是各行业通用的质量方法；TDD 是测试驱动开发，不属于质量管理体系。

（6）【答案】 ABCDE

【解析】 略。

第 8 章　易用性测试

一、单选题

（1）【答案】 D

【解析】 易用性测试的分类没有统一的划分标准，可以是针对应用程序的测试，也可以是对用户手册等系统文档的测试，本章主要介绍通用的安装易用性测试、功能易用性测试、界面易用性测试和辅助选项易用性测试。所以，选项 D 不属于本章的易用性测试范畴。

（2）【答案】 D

【解析】 安装易用性测试至少包括三个步骤：安装测试、运行测试和卸载测试。

二、多选题

（1）【答案】 ABCD

【解析】 文本框的主要作用是接受用户输入的数据，对于它的测试应该从输入数据的内容、长度、类型、格式等几个方面来考虑。

（2）【答案】 ACD

【解析】 控件界面测试中，控件不可中英文混用。所以，选项 B 错误。

（3）【答案】 ABC

【解析】 好的软件文档可以通过下述 3 种方式确保产品的整体质量：提高易用性，提高可靠性，降低支持费用。

（4）【答案】 ABCD

【解析】 略。

第 9 章　Web 测试

一、单选题

（1）【答案】　D

【解析】　Web 页面内容的测试包括页面内容的正确性、准确性和相关性，美观性属于 GUI 测试。

（2）【答案】　D

【解析】　网站的性能测试对于网站的运行非常重要，可以通过负载测试、压力测试和连接速度的测试来监控性能的各项指标。

二、多选题

（1）【答案】　ABCD

【解析】　功能测试是 Web 测试的重点，主要检验 Web 站点的功能能不能用，测试 Web 站点的功能是否符合需求说明书的各项要求。Web 功能测试主要从以下几个方面开展：链接、表单、Cookie、设计语言。

（2）【答案】　ABC

【解析】　页面链接测试可以使用工具自动进行，有一款简单好用的软件可以推荐：Xenu Link Sleuth，它是一款免费、绿色、免安装的软件，能快速查出一个页面中的死链接，而且可以检查多级链接。题目中的 HttpClient 和 SoapUI 两个工具都是接口测试工具。所以，选项 D 错误。

（3）【答案】　ABC

【解析】　略。

单用户单交易的情形也是性能测试的关注点，但通常用来做基准对比，并不需要重点关注。

（4）【答案】　ABCD

【解析】　略。

三、判断题

（1）【答案】　√

【解析】　配置测试是指使用各种硬件来测试软件运行的过程。基于标准 Windows 的 PC 有很多配置的可能性，如 PC、模块化部件、外部设备、接口、可选项和内存、设备驱动程序等。

兼容性测试是指检查软件之间能否正确地交互和共享信息。例如，图片在不同的浏览器上的显示是否正确，HTML 语言的解释上也有细微的差异，这些差异都有可能导致应用程序的错误。

（2）【答案】　√

【解析】　有些站点需要用户进行登录，以验证其身份，同时要阻止非法用户登录。测试人员需要验证系统能够阻止非法的用户名/口令进行登录，而同时能够允许有效的登录通过。

（3）【答案】 √

【解析】 数据库测试的主要因素有数据完整性、数据有效性以及数据操作和更新。

数据完整性是指测试的重点是检测数据损坏程度。数据有效性是确保信息的正确性，使得前台用户和数据库之间传送的数据是准确的。数据操作和更新是指根据数据库的特性，数据库管理员可以对数据进行各种不受限制的管理操作。

（4）【答案】 √

【解析】 接口测试其实是功能测试的一种，只不过采用测试接口的方式进行。接口测试可以发现一些页面操作发现不了的问题，它的优势在于，当页面还未开发完成的时候，就可以提前介入进行接口测试，它弥补了界面操作测试的遗漏点。

第10章 软件测试人员的职业素养

一、多选题

（1）【答案】 ABCD

【解析】 软件测试作为产品上线前必不可少的质量控制环节贯穿整个研发周期，地位还是很重要的。那么要做好这项工作，对测试人员的要求就很严格，只有高能力、高素质的人才能把好关，最后给客户一个满意的交代。软件测试人员除了需要掌握软件测试的基础知识，还需要掌握计算机相关的基础知识、行业知识以及美学观。

（2）【答案】 AC

【解析】 一个公司里软件测试部门的组织架构，可能会决定测试人员未来的成长空间，同时也决定了我们的工作模式。通常测试部门的组织架构分成两种：一种叫作金字塔式管理模式，一种叫作矩阵式管理模式。金字塔式又分为以产品线构造的金字塔模式和以测试专业方向来构造的金字塔模式。

（3）【答案】 AD

【解析】 对测试人员的考核指标通常有硬指标和软指标。硬指标有两个：一个是缺陷逃逸率（缺陷逃逸率=（用户发现的缺陷个数/总共出现的缺陷个数）×100%），一个是测试效率（测试效率=执行的测试用例个数/测试执行的工作日）。

（4）【答案】 AB

【解析】 随着技术的进步，技术支持工作性质也不完全一样。在软件领域，技术支持分为售前技术支持和售后技术支持。

售前技术支持是指在销售遇到无法解答的产品问题时给予帮助或者设计问题解决方案。

售后技术支持是指产品公司为其用户提供的售后服务的一种形式，帮助用户诊断并解决产品使用过程中出现的技术问题。

（5）【答案】 ABC

【解析】 不同用户层次使用软件系统时的角色可能不同，使用功能的侧重点也就不同，因此在项目中需要针对不同的用户层次提供针对性的用户培训，保障培训效果。所以，选项D错误。

二、判断题

（1）【答案】 √

【解析】 略。

（2）【答案】 √

【解析】 略。

（3）【答案】 √

【解析】 测试人员和开发人员的沟通应该做到六“要”、四“不要”。六“要”是指：要有耐心和细心，要懂得尊重对方，要能设身处地地为对方着想，要有原则，要主动承担，要客观；四“不要”是指：不要嘲笑，不要在背后评论开发工程师，不要动辄用上层来压制对方，和开发人员的沟通不要只有Bug。

参 考 文 献

[1] 杜文洁，景秀丽. 软件测试基础教程. 北京：中国水利水电出版社，2008.

[2]〔美〕Glenford J. Myers，〔美〕Tom Badgett，〔美〕Corey Sandler. 软件测试的艺术（原书第 3 版）. 张晓明，黄琳译. 北京：机械工业出版社，2012.

[3]〔美〕Ron Patton. 软件测试（原书第 2 版）. 张小松，王珏，曹跃等译. 北京：机械工业出版社，2006.

[4] 陈能技，黄志国. 软件测试技术大全：测试基础、流行工具、项目实战（第 3 版）. 北京：人民邮电出版社，2015.

[5] 贺平. 软件测试教程（第 3 版）. 北京：电子工业出版社，2014.

[6] 殷人昆等. 实用软件工程（第三版）. 北京：清华大学出版社，2010.

[7] 朱少民. 软件测试方法和技术（第 3 版）. 北京：清华大学出版社，2014.

[8]〔芬〕Lasse Koskela. 测试驱动开发的艺术. 李贝译. 北京：人民邮电出版社，2010.

[9]〔美〕Paul C. Jorgensen. 软件测试（原书第 2 版）. 韩柯，杜旭涛译. 北京：机械工业出版社，2003.

[10] https://www.cnsoft.cn/

[11] https://www.bbs.csdn.net/

[12] https://www.opentest.net/

[13] http://www.51testing.com

[14] http://www.17testing.com/

[15] https://www.51cto.com/